农产品中污染物检测分析与防控措施

◎ 邢希双　汤学英　杜瑞焕　主编

 中国农业科学技术出版社

图书在版编目（CIP）数据

农产品中污染物检测分析与防控措施／邢希双，汤学英，杜瑞焕主编 . --北京：中国农业科学技术出版社，2021.7

ISBN 978-7-5116-5399-4

Ⅰ.①农… Ⅱ.①邢… ②汤… ③杜… Ⅲ.①农产品–污染物分析②农产品–污染控制 Ⅳ.①S37

中国版本图书馆 CIP 数据核字（2021）第 130628 号

责任编辑	崔改泵　马维玲
责任校对	李向荣
责任印制	姜义伟　王思文

出 版 者	中国农业科学技术出版社
	北京市中关村南大街 12 号　邮编：100081
电　　话	（010）82109194（编辑室）　（010）82109702（发行部）
	（010）82109709（读者服务部）
传　　真	（010）82109194
网　　址	http://www.castp.cn
经 销 者	各地新华书店
印 刷 者	北京建宏印刷有限公司
开　　本	185 mm×260 mm　1/16
印　　张	13.5
字　　数	304 千字
版　　次	2021 年 7 月第 1 版　2021 年 7 月第 1 次印刷
定　　价	86.00 元

《农产品中污染物检测分析与防控措施》
编 委 会

前　　言

　　农产品的安全关系到广大人民群众的切身利益,关系到经济发展和社会稳定。为适应农产品质量监管为导向的检验机构的要求,培养专业技术人员对农产品污染物检测岗位的适应性,依据唐山市农产品质量安全检验检测中心专业人才培养模式,本着"以职业技能培养为核心、以职业素养养成为主线、以专业知识传播为支撑"的原则编写本书。本书将分析化学、食品分析、仪器分析及检验技术等内容进行优化整合,把基础知识与专业技术融于一体,突出基础理论的应用性;为培养技术人才的创新精神和实践能力,全面实施农产品质量高效监管提供理论支撑;可供农产品检验机构教学和培训使用。

　　本书系统分析了影响农产品安全的各类因素和主要检测方法,并且重点介绍了常见农产品安全问题的主要检测原理、方法和应用实例,既有全面系统的理论分析,又有紧密结合生产实际的应用实例,突出"重点、难点、要点",以国家标准为基础,理论联系实际,对重要的内容尽量用自行设计或精选的简明、直观和形象化的图或表格表示。

　　本书分为6章,系统介绍了农产品的检测理论和方法,主要包括农产品质量安全的内涵、环境污染对农产品安全性的影响、农药残留检测技术、重金属污染对农产品的检测和生物性污染。本书由唐山市农产品质量安全检验检测中心邢希双、汤学英、杜瑞焕担任主编,分工如下:唐山市农产品质量安全检验检测中心王磊、邢希双(第1章、第6章),张利伟、汤学英(第2章、第6章),陈光、徐淑媛(第3章),刘珊珊、樊蕊(第4章),董辉、范婧芳(第5章),杜瑞焕、张宁(第6章),其中齐彪、王学成、闫艳华负责查阅资料,项爱丽、段晓然、刘洋、祝佳强、陈雪峰负责统稿,张立田、张谊、汤思凝负责初稿修改,黄晓春、周禹、康俊杰负责核实数据。

　　由于本书涉及的领域广泛,编者的水平有限,书中难免有不足之处,敬请广大读者提出宝贵意见,以便再版时补充修正。

编　者

2021 年 4 月

目 录

第1章 绪　　论

在现代农业发展进程中，化肥、农药等农用化学品的大量使用使得农产品的产量不断增加，在基本满足人们对量的需求的同时，也引起了农产品的质量安全和产地环境污染的问题，直接威胁人体健康。近年来，镉大米、蔬菜重金属超标、农残超标等众多农产品安全事件频有发生，农产品质量安全已成为时下最让人担忧的问题之一。

1.1　农产品安全现状

1.1.1　影响我国农产品质量安全问题的主要因素

农产品质量安全的内涵有广义和狭义之分：广义的农产品质量安全包括农产品数量保障和质量安全。狭义的农产品质量安全，是指农产品在生产加工过程中所带来的可能对人、动植物和环境产生危害或潜在危害的因素，如农药残留、兽药残留、鱼药残留、重金属污染、亚硝酸盐污染等。

1.1.1.1　产地环境污染

产地环境是农业生产的基础条件，绿色食品产地安全是绿色食品质量安全的根本保证。产地环境不仅直接影响食品的经济效益，而且关系到人体健康。产地环境具有隐蔽性、滞后性、累积性和难恢复等特征，一旦被污染，所带来的危害将是灾难性的，主要表现在产量降低和产品污染等方面。据报道，我国受污染耕地占所有耕地面积的 8.3%，其中大部分为重金属污染。据悉，我国单位面积的农药使用量约为世界平均水平的 2.5 倍。农药过量或不合理使用导致有机氯、有机磷在土壤中大量残留，甚至可转化为毒性更强或致癌的持久性有机污染物多氯联苯、多环芳烃等。

1.1.1.2　物理性污染

物理性污染主要是指由于农产品生产或收获过程中操作不规范，如在收获过程中，人工或机械混杂作业导致农产品中混入有毒有害物质，或石块、沙粒、金属碎屑等杂质而造成污染；或是因需要延长储藏期而进行核辐射，对农产品造成的放射性污染等。专家指出，只要严格遵守操作规范，物理性污染是可以预防和避免的。

1.1.1.3　生物性污染

对人和生物有害的微生物、寄生虫等病原体污染水、空气、土壤和食品，影响农产品的产量和品质，危害人类健康，这种污染称为生物污染。目前，生物污染在整个食品安全抽检不合格样品中，占的比重较高。食品中生物污染的途径概括起来可分为两大类：凡是动植物体生活过程中，由于本身带有的微生物而造成的食品污染，称为内源性污染；而食品原料在收获、加工、运输、储藏、销售过程中导致食品发生污染称为外源性污染。以上 2 种污染途径在食品生产过程中都比较常见。

1.1.1.4　化学性污染

化学性污染主要是指农用化学物质、食品添加剂、食品包装容器和工业废弃物的污染，汞、镉、铅、氰化物、有机磷及其他有机或无机化合物等所造成的污染。近年来，随着化学工业的发展，农药、肥料、激素、添加剂等农业化学品引起的农产品质量安全问题，已引起人们普遍关注。加之化学物质在食品生产、加工和储藏过程中的广泛应用，使得食品中有害物质种类和来源也进一步扩大。化肥、农药等农用化学品的大量使用，从源头上给食品质量和安全带来极大隐患。农产品加工过程中的各种加工工艺，如分离、干燥、发酵、清洗、杀菌、腌制、熏制、烘烤等，也会对食品安全存在不同程度的潜在影响。此外，包装的原材料、辅料、工艺方面的安全性也会直接影响食品质量安全。

化学污染物对健康的危害可分为高剂量暴露和低剂量长期暴露，对农药、兽药和食品添加剂的危险性评价必须以丰富的资料为基础。危险性评价应特别考虑高敏感人群（如儿童、孕妇及老年人），永久性有机污染物（POP）中应特别注意农药残留和其他化学物质对内分泌系统的影响。目前化学性污染有越来越严重的趋势，很可能成为 21 世纪最严重的食品污染问题。

污染途径包括 4 种：一是源头污染，主要指农业种植、养殖过程中由于滥施化肥、农药、兽药、饲料添加剂、植物催熟剂、增长剂造成的有害物质残留污染；二是环境污染，主要指部分地区受到工业生产的污染造成食品生产的环境恶化；三是加工污染；四是储运污染。

1.1.1.5　农产品质量安全体系不完善

创建农产品质量安全区域，有一套完整的标准体系，即六大体系，分别是农业生产质量标准体系、农业标准生产示范体系、农产品质量认证和检测体系、农业投入品监管体系以及农产品质量安全监管体系。当这套标准体系实施起来，就会催生出提质增效的化学反应。与发达国家相比，我国在环境保护法规、技术标准、质量认证以及对绿色包装、标志、标签使用和管理方面还存在一定差距，生产者缺乏标准意识，"无标准生产""无标准上市"现象普遍，农产品质量安全检验监测体系不适应"从土地到餐桌"全程质量控制的要求。农产品质量安全体系的完善能够有效推动现代农业的发展，推进农业供给侧结构性改革。

1.1.1.6 新技术带来的新的农产品安全问题

近年来，随着发达国家生物技术公司的全球扩张，转基因农产品的环境污染问题以及转基因食品的安全问题受到各国环保人士与消费者的关注。当前科学技术的不断发展，转基因技术、辐射技术、纳米技术等新技术、新产品的不断产生和应用，使有害物质的种类和来源进一步繁杂化。

由于国际上关于转基因食品的安全问题、转基因农产品的花粉污染以及转基因生物技术公司专利垄断问题尚有争论，特别是目前一些国家对转基因农产品采取的生产流通分类管理（IP）与转基因食品标示制度，使得转基因技术成本高且未达到应有的实际效果。转基因技术是一把双刃剑，处理不好，有可能影响我国的粮食安全与非转基因粮食出口国的地位。

1.1.1.7 发展带来的安全隐患

农业和食品工业的一体化以及农产品、食品贸易发展的全球化，对农产品的生产和销售方式提出了新的挑战。食品和饲料的异地生产、销售形式为食源性疾病的流行传播创造了条件。日趋加速的城市化发展状况导致农产品和食品的运输、储存及制作需求增加。

1.1.2 农产品污染物的类型

从污染的途径和因素考虑，农产品的安全问题，大体上可以分为物理性污染、化学性污染、生物性污染和本底性污染。

物理性污染是指由物理性因素对农产品质量安全产生的危害。主要是由于在农产品收获或加工过程中操作不规范，不慎在农产品中混入有毒有害杂质，导致农产品受到污染。如在小麦中混入毒麦，该污染可以通过规范操作加以预防。

化学性污染是指在生产、加工过程中不合理使用化学合成物质而对农产品质量安全产生的危害。例如使用违禁农药，过量、过频使用农药、兽药、鱼药、添加剂，安全间隔期不够等造成的有毒有害物质残留污染。该污染可以通过标准化生产进行控制。

生物性污染是指自然界中各类生物性因子对农产品质量安全产生的危害，如致病性细菌、病毒以及毒素污染等。生物性危害具有较大的不确定性，控制难度大，有些可以通过预防控制，而大多数则需要通过采取综合治理措施加以控制。

本底性污染是指农产品产地环境中的污染物对农产品质量安全产生的危害，主要包括产地环境中水、土、气的污染，如灌溉水、土壤、大气中的重金属超标等。本底性污染治理难度最大，需要通过净化产地环境或调整种养品种等措施加以解决（表1.1）。

表 1.1　主要食用农产品受污染情况

农产品	污染源	污染程度	污染后果
蔬菜	农药残留（有机磷、氨基甲酸酯）、重金属、硝酸盐、亚硝酸盐	禁用高毒农药检出或其他农药超标	食物中毒、出口受阻
水果	农药残留（有机磷、氨基甲酸酯）、重金属、病原微生物	禁用高毒农药检出或其他农药超标	影响健康、出口受阻
茶叶	重金属（铅）农药残留（拟除虫菊酯、有机氯）	重金属超标、拟除虫菊酯或有机氯农药超标	出口受阻
稻米	农药残留、重金属、矿物油、雕白块（甲醛次硫酸氢钠）、色素	农药残留或添加剂超标	影响健康
林产品	农药残留（氨基甲酸酯）	禁用高毒农药检出，甚至接近急性中毒程度	急性中毒、国内市场拒入
畜禽肉	饲料添加剂（盐酸克伦特罗）、兽药残留、动物疫病、重金属	禁用饲料添加剂检出或兽药残留超标	急性中毒、出口受阻、国内市场拒入
乳制品	抗生素	抗生素检出	影响健康
水产品	兽药残留或抗生素、农药残留、饲料或食品添加剂、病原微生物、寄生虫、毒素（组胺、贝类毒素）	兽药残留超标或抗生素检出	出口受阻
蜂产品	兽药残留或抗生素、农药残留（拟除虫菊酯、脒类）	兽药或农药残留超标、重金属超标	出口受阻
食用菌	甲醛、农药残留（有机磷、拟除虫菊酯）	甲醛或农药残留超标	出口受阻

1.1.3　危及农产品安全的主要污染物

由于人类活动的加剧，大气圈、水圈、土壤以及生物圈都会受到不同程度的污染。在农产品的生产、运输、储藏以及深加工、包装和销售等各个环节都有可能受到污染。目前，国际上主要考虑的污染物包括生物污染物和化学污染物两大类。

1.1.3.1　生物源污染物

农产品生物污染除了病原菌毒素外，还有转基因产品的潜在影响。病原菌毒素主要包括以下 3 类：其一，病原菌，包括真菌、细菌、病毒或其他低等生物。它们是一大类具有生命的物质，一旦环境条件合适，就会大量繁殖。其中对食物安全威胁最大的是沙门氏菌。现在发现有越来越多的病原菌可以污染食品。如甲肝病毒、出血性大肠埃氏菌、禽流感病毒、疯牛病病原物均引起过人类食物污染的重大事件。其二，真菌毒素类。目前已知的主要有黄曲霉毒素类、镰刀菌毒素类、青霉菌和曲霉菌毒素类。其三，海藻毒素类，在水环境特别是海洋中生活近百种藻类，主要是双鞭毛藻、硅藻和蓝藻，能分泌一些毒素并对水产品或海产品造成污染，进而威胁食物安全。特别是当这些藻类大量繁殖形成"赤潮"时能产生多种毒素（健忘毒素、腹泻毒素、神经毒素、麻痹毒素）污染水生贝壳类动物。淡水中的蓝藻能够分泌出有毒的微囊藻毒素，对温血动物具有强烈的肝毒效应。我国对这些污染物中的相当一部分污染毒物还没有引起足够的重视。

1.1.3.2 化学污染物

农产品的化学污染除了工业"三废"污染外，农业生产过程中农用化学品不合理的大量施用已成为农产品最主要的污染源。包括以下 4 类：其一，有机污染物，主要有化学农药，多氯联苯（PCBs）、邻苯二甲酸酯（PAEs）、直链型烷基苯磺酸盐（LAS）、有机染料、六氯苯、多环芳烃类、农用塑料及其残膜等。这些有机污染物不仅毒性强，而且许多是"环境激素"，或直接影响人类健康，或通过食物链的富集、浓缩，最后危及人类。其二，重金属，主要包括汞、铅、镉、镍、铜、砷等，它们在农产品污染中相当普遍。重金属对人体具有"三致"（致畸、致癌、致突变）作用，能诱发肝肿大、腹泻、皮炎、白细胞增多、甲状腺肿大、关节炎、肾炎、肺心病和癌症等。其三，硝酸盐类，亚硝酸盐具致癌作用，硝酸盐是食品中一种潜在的毒物，为了控制这种污染，欧洲食品委员会于 1995 年设置了其 ADI 值为 3.65mg/kg 体重，FAO/WHO/UN 的食品添加剂专家委员会设置的 ADI 值为 3.7mg/kg 体重。对于蔬菜中的硝酸盐，欧盟和一些成员国也设置了指导性和控制性标准。而美国许多专家认为没有必要设置这种标准，也没设置官方的控制性或指导性标准。实际上，蔬菜中硝酸盐对人体造成的危害远没有人们所想象的那么严重，真正值得关注的是饮用水的硝酸盐浓度和蔬菜由于储藏不当引起的亚硝酸盐积累过多的问题。我国规定饮用水中硝酸盐的含量不得超过 20mg/L（以 N 计），国外工业化国家为 10mg/kg mg/L。FAO/WHO/UN 的食品添加剂专家委员会为亚硝酸盐设置的 ADI 值为 0.06mg/kg 体重。其四，兽药，现已发现许多兽药具有致畸、致癌、致突变作用，如雌激素、硝基呋喃类和喹噁啉类等都已被证明具有致癌作用。

1.1.4 农产品污染现状

农产品污染是指环境中出现的因其化学成分或数量而阻碍自净过程并产生有害于

环境和健康的物质。

1.1.4.1 农产品重金属污染现状

在大田作物中，农产品的主要污染物为重金属类，其中以铅、镉、汞、铜最为突出。在农业生产的过程中，土壤中的重金属会对农产品的产量以及质量造成很大的影响，一般而言，将相对密度 5 以上的金属成分称为土壤重金属，在农业生产的过程中，常见的土壤重金属包括汞、铅、铬、镍、铜、锌等，这些重金属元素的来源很多，包括了农药化肥的不合理使用、工业污水的随意排放以及矿产开采过程中的污染泄漏和工业废弃物的随意堆积等，这些都会导致农产品产地土壤重金属污染。

根据相关的调查统计发现，目前全世界范围内都存在不同程度的农产品产地土壤重金属污染。据统计，全世界平均每年排放汞约 1.5 万 t、铜 340 万 t、铅 500 万 t、锰 1 500 万 t、镍 100 万 t，这些污染物因为得不到相应的处理，往往会通过水循环系统而进入土壤中，导致土壤重金属含量急剧超标。

目前，我国重金属污染趋势越来越严重，对我国农业的发展产生了极大的影响，对人们的身体状况也产生了很大的负面影响。近年来，国内由于土壤重金属污染而直接或间接导致的人体中毒频频出现，屡见不鲜。我国的实际国情是要用不到世界 9% 的耕地养活超过 22% 的世界人口，同时由于环境问题不断凸显，土地面积不断缩减。在大多数的农村地区和贫困地区，其食物主要依靠当地供给。但是据统计，中国每年有 1 200 万 t 粮食受土壤重金属污染，造成损失每年可达 200 亿元人民币。

1.1.4.2 农产品农药和亚硝酸盐污染现状

在过去 20 年来，我国农业生产普遍存在着以农产品增产、高产为目标，注重农业投入的产量效应，忽视环境效应的倾向。改革开放以来，随着农业集约化水平的提高，农业加大投入，农业生产取得了突破性进展，解决了温饱问题。但随着工业快速发展，农业集约化水平的提高，化肥、农药等农用化学品的大量投入，农业环境污染日趋严重，生态环境质量退化、农产品安全性的问题正日益暴露出来。

近几年来对农产品污染的调查表明，我国农产品化学污染超标率已相当高，且分布普遍。农业农村部等有关部门组织的调查监测结果表明，主要农产品（包括粮、果、菜、肉、蛋、奶等）均有农药、重金属和亚硝酸盐的污染超标现象，造成的经济损失估计超过 100 亿元。农产品中重金属、农药、硝酸盐污染已成为潜在危险的"化学定时炸弹"，不仅对环境生态安全和人民健康构成严重威胁，而且已严重制约我国农产品的出口创汇以及加入 WTO 后的国际竞争能力。

1.1.4.3 农产品兽药污染现状

我国在食品安全意识上与发达国家的差距甚大，动植物食品均如此，畜产品安全状况堪忧。由于环境污染严重和饲料、药物、添加剂的滥用，造成畜产品药物和重金属残留严重超标，兽药对食品源头的污染是主要问题，表现为生产者和经营者违法使用抗生素、激素等兽药；随着集约化饲养的普及，常用药物的抗药性日趋严重，因而在饲料中药物的添加量、治疗时药物的使用量越来越大；一些兽药厂和饲料厂在利益的驱使下，在产品中添加的药物量远远超过了其标示量。

抗生素虽然在改善动物生产性能和促进动物生长方面有作用，然而长期在饲料和疾病治疗中大量使用和滥用抗生素会导致细菌产生耐药性，各种病原菌交叉感染产生较强的抗药性，导致不断有新的疫情出现，其概况如下：病原体型和病型增多；新的疫病增多；复合感染不断增多，病况复杂，人畜共患病增加；兽药管理和流通使用混乱；兽药残留超限日趋严重；动物性食品安全性低下。非法使用违禁药物也是导致动物性食品产生兽药残留的原因之一。在经济利益的驱使下，一些国家明令禁止使用或规定了使用范围的药物被广泛使用于实际生产中，造成严重后果。

1.2 农产品中主要污染物的危害

1.2.1 农产品重金属的危害

1.2.1.1 农产品重金属危害特性

从环境污染方面所说的重金属，实际上主要是指铅、镉、汞、砷、铬等金属或类金属，也包括具有一定毒性的一般重金属，如铜、锌、镍、钴、锡等。

自然性：长期生活在自然环境中的人类，对于自然物质有较强的适应能力。有人分析了人体中60多种常见元素的分布规律，发现其中绝大多数元素在人体血液中的百分含量与它们在地壳中的百分含量极为相似。但是，人类对人工合成的化学物质，其耐受力则要小得多。铅、镉、汞、砷、铬等重金属，是由于工业活动的发展，在人类周围环境中富集，通过大气、水、食品等进入人体，在人体某些器官内积累，造成慢性中毒，危害人体健康。

毒性：决定污染物毒性强弱的主要因素是其物质性质、含量和存在形态。例如铬有二价、三价和六价3种形式，其中六价铬的毒性很强，而三价铬是人体新陈代谢的重要元素之一。

活性和持久性：表明污染物在环境中的稳定程度。活性高的污染物质，在环境中或在处理过程中易发生化学反应，毒性降低，但也可能生成比原来毒性更强的污染物，构成二次污染，例如汞可转化成甲基汞，毒性更强。与活性相反，持久性则表示有些污染物质能长期地保持其危害性，例如重金属铅、镉等都具有毒性且在自然界难以降解，并可产生生物蓄积，长期威胁人类的健康和生存。

生物可分解性：有些污染物能被生物所吸收、利用并分解，最后生成无害的稳定物质。而大多数重金属都不易被生物分解，因此重金属污染一旦发生，治理更难，危害更大。

生物累积性：一是污染物在环境中的累积；二是污染物在人体中的累积。例如镉可在人体的肝、肾等器官组织中蓄积，造成各器官组织的损伤。

对生物体作用的加和性：多种污染物同时存在，对生物体相互作用。污染物对生物体的作用加和性有 2 类：一类是协同作用，混合污染物使其对环境的危害比污染物质的简单相加更为严重；另一类是拮抗作用，污染物共存时使危害互相削弱。

1.2.1.2　农产品中重金属污染来源分析

农产品的主要重金属污染源有 3 个：一是环境因素，如空气、水、覆土材料、栽培基质等被重金属污染，或其本身就含有一定量的重金属；二是内部因素，农产品自身具有一定的富集重金属的能力，造成农产品的食用危害；三是加工和运输途径中的重金属污染。

空气：冶金、采矿、化工等是大气中的重金属粉尘污染的主要来源，另一重要来源为石油燃烧以及汽油防爆燃烧排气等。公路附近生长的农产品受污染较大，如 Garica et al.（1998）发现鸡腿菇中铅含量最高可达 6.51mg/kg，并且铅含量与环境污染的相关性显著，建议把鸡腿菇作为一种生物指示器，用于检测环境中铅污染。Demirbas（2001）对采集自黑海东部的 18 个农产品进行检测，其中铅含量最高的为生长在公路边的簇生黄韧伞，铅含量为 6.88mg/kg。由于环境污染对农产品中重金属的含量影响较大，所以其栽培场所应远离工厂附近和公路，避免排放的工业废气等有害物质被子实体所吸附。

水：水是农产品生长发育的关键因素。富含有害重金属的工业废弃物的大量排放，以及化肥、农药、除草剂等的过度使用，导致水资源的污染加剧，可能造成有害物质如镉、铅、汞等重金属超标。Michelot et al. 研究表明，在空气污染很少的地区，水体或土壤成为农产品中重金属的主要污染源。

土壤：重金属离子在土壤中，多数以活性较低的形态存在，少数以能影响土壤微生物代谢活性的有效态形式存在。如镉在土壤中有可交换态、离子态、吸附态、难溶络合物和化学沉淀态等形态，其中水溶性和交换态镉对农产品危害最大。影响土壤中重金属形态的因素主要有重金属本身的含量和性质、土壤组成及环境条件。研究表明，有机土的富镉能力最强，其次为黏土，砂质土最不容易吸附镉。

内部因素和运输污染：内部因素主要是部分农产品对某些重金属具有一定的吸收能力，使子实体能够富集栽培料中微量的重金属，同时农产品在加工过程中，加工设备、卫生环境、包装物、添加物、储运工具和运输环境，都可能造成食用菌的重金属污染。例如含铅器皿在加工、储运过程中使用，造成铅的污染等。

1.2.1.3 重金属对农产品的影响

重金属原义是指比重大于 5 的金属（一般来讲密度大于 $4.5g/cm^3$ 的金属），包括金、银、铜、铁、铅等。什么是重金属，目前尚没有严格的统一定义，在环境污染方面所说的重金属主要是指汞（水银）、镉、铅以及类金属砷等生物毒性显著的金属。重金属不能被生物降解，相反却能在食物链的生物放大作用下，成百上千倍地富集，最后进入人体。重金属在人体内能和蛋白质及酶等发生强烈的相互作用，使它们失去活性，也可能在人体的某些器官中累积，造成慢性中毒。微量重金属也可产生毒性效应，一般重金属的毒性范围为 $1\sim10mg/L$，毒性较强的汞、镉等重金属，产生毒性的范围为 $0.01\sim0.001mg/L$。

重金属污染，不仅仅威胁着化工厂周边的人群，这个"隐形杀手"在不知不觉中还侵蚀着人类的机体。人类正在承受牺牲环境、盲目发展经济带来的严重后果。并且由于重金属污染已经渗透到生活中的每一个环节，人类几乎无处可逃，别无选择。重金属因为对生态质量有明显的影响而成为环境中一种主要的污染源，人类活动会导致环境中重金属污染增加。重金属污染由于其难降解性、易于积累及滞留时间长等特点而成为环境污染治理中的一个棘手难题。

土壤中的重金属具有富集性、生物积累性、不可逆性等特点，不能或不易被分解转化，可通过食物链逐级浓缩放大对生物产生毒性效应，重金属的食物链污染直接威胁人体健康。可对植物产生危害且毒性最强的重金属有汞、镉、铜、铅、铬和类金属砷，在食物链上易对人体健康产生危害的重金属元素主要是汞、镉、砷和铅。农作物受重金属污染的程度主要反映在农作物的产量、品质和重金属含量等方面。

重金属对农产品生物学特性的影响。重金属对同一种植物的作用效果多呈现"低促高抑"现象。重金属超标会扰乱作物体内的各种生理生化过程，可与植物中的蛋白质结合，妨碍作物对氮、磷、钾等矿质元素的正常吸收，导致农作物生长缓慢，从而影响作物的产量。重金属镉主要累积在 $0\sim20cm$ 的表层土壤中，镉胁迫抑制韭菜等种子萌发，并且可使韭菜的发芽指数和活力指数随镉浓度的增加而下降；在重金属镉的胁迫下，水稻、小米、小麦的根长、根系干物质量、根系总数、根系表面积和体积、根系活力明显受到抑制，叶片叶绿素、蛋白质含量下降，丙二醛含量和细胞膜透性增加，水稻、花生的株高、穗长、有效穗数、结实率、千粒质量和产量有所下降，严重者可导致根系发黑，地上茎叶枯萎，农作物死亡。镉胁迫可使常规水稻"黄华占"和"武运粳 27"的减产量分别高达 62.1% 和 39.9%。当铬的浓度为 $10\mu mol/L$ 时可明显抑制玉米根部生长，为 $100\mu mol/L$ 时幼苗停止生长，含水量明显下降，冠根比增大，受到严重的氧化胁迫。当铅浓度为 $125mg/kg$、锌浓度为 $80mg/kg$ 时，可对玉米叶片叶绿素、芽、根、株高和干鲜质量产生影响。

重金属对农产品营养品质的影响。研究表明，重金属对作物粗蛋白、还原糖、淀粉、脂肪、氨基酸等营养指标有较大影响，可降低作物品质。高砷水灌溉抑制作物对硒、镍和锌等有益元素的摄入，会降低作物的营养价值。铜过量使得甘蔗的出汁率、还原糖含量增加，纤维含量降低，产糖量下降。随土壤中锌、铬浓度的增加，稻米垩白米率、粗蛋白含量呈增加趋势，而直链淀粉含量则呈降低趋势，土壤中的锌、铬对水稻籽粒中铬含量产生协同效应。镉可使糙米中粗蛋白、粗淀粉、赖氨酸、直链淀粉等的含量显著减少，降低糙米的营养价值，也可使小麦籽粒中的支链淀粉含量下降。镉胁迫降低了花生籽仁中的脂肪含量，增加其亚油酸含量，降低硬脂酸和油酸含量以及油酸与亚油酸的比值，导致花生制品货架寿命变短。

重金属对农产品安全品质的影响。产地环境中的重金属含量关系到农产品中的重金属含量。研究发现，土壤中的重金属含量和植物地上部、稻米、小麦籽粒、蔬菜中的重金属含量具有显著的线性相关关系。有研究指出，蔬菜、小麦各器官中的铅主要来自根从土壤中吸收的有效铅，表明经根系从土壤中吸收铅是作物铅积累的主要方式。与其他重金属相比，土壤镉很容易迁移到蔬菜可食用部分和谷物籽粒中，这主要是由于土壤中的镉活性高、移动性强，尤其当土壤 pH 值低于 5.5 时，土壤中镉的植物有效性提高，并且土壤镉浓度在达到毒害植物之前就可以使植物的可食用部分镉含量超过食用标准而危害人类健康，此时应严格限制外源镉进入土壤。在大气污染较重的地区，叶片对重金属的吸收不可忽视。据不完全统计，大气重金属污染对城郊蔬菜的重金属污染百分率可高达 10%。利用盆栽对比试验和铅同位素研究高速公路路边水稻中的重金属来源，结果表明，稻米中 41% 的镉和 46% 的铅来自叶片对大气的吸收，表明高速公路两旁的作物生产布局须要考虑农产品的安全。

不同重金属在作物体内富集的部位有所差异。在重金属胁迫条件下，玉米、水稻、油菜、花生、小麦体内铅、镉、铬含量的分布表现为根>茎（秸秆）>叶>籽粒，玉米根系的铬含量是茎部的 4~20 倍。玉米各器官中锌的富集量高低顺序为叶>籽粒>根>秸秆。甘蔗中的铜的积累能力表现为根>茎>叶>梢头，且随外源铜浓度的增加而增加，呈显著的正相关关系。作物的品种差异使得其对重金属的积累能力和转运能力存在显著差异。

1.2.2 有机污染物对农产品的影响

有机污染物主要通过根部吸收或通过大气沉降到植物叶表面扩散进入植物体内，其中分子量大、疏水性较强的有机污染物通过根部被吸收，几乎所有的非离子型有机污染物都是在蒸腾拉力的作用下被动吸收进入植物体内的，只有极少数有机污染物如苯氧基酸型除草剂可被植株主动吸收。

有机污染物可抑制农作物的生长发育及其对矿质营养的吸收利用，降低农产品产量和品质，通过生物富集和放大作用，最终危及人体健康。研究表明，有机污染物（邻苯二甲酸酯、表面活性剂等）可导致菠菜出苗率低，植株矮小；使花椰菜叶片卷曲，结球迟，成球少；萝卜、黄瓜根系老化，萝卜减产 12.8%~60.0%。另外，邻苯二甲酸酯可通过干扰类胡萝卜素合成而致使叶绿素功能发生障碍，最终导致青花菜和菠菜可食用部位的维生素 C 含量有所下降；表面活性剂可明显降低小麦体内的氨基酸含量，促进植物对重金属和农药的吸收富集，降低作物的营养品质和安全品质。石油烃浓度较高时会在植物根系上形成 1 层黏膜，阻碍根系对营养元素的吸收及其呼吸功能，甚至引起根系腐烂，且有毒物质进入植物体内可产生一定的毒害作用，抑制植物生长。研究表明，土壤中的高石油烃含量导致大豆生长受到明显抑制，出苗率、产量、籽粒品质明显下降。挥发性有机污染物苯系物可导致植物叶片光合系统受到损害，叶绿素、可溶性糖含量降低，抑制小麦根和芽的伸长。由于苯并（α）芘的疏水性，根部只限于接触吸收（吸附）而难以通过根部组织向地上部运输水，水稻、小麦籽实中的苯并（α）芘主要来自大气污染，土壤和水是次要的，因此应重点关注大气中的苯并（α）芘。

农药的大量使用引发越来越多食品安全问题的最直接原因是农产品的农药残留严重超标。农药会直接附着或渗入作物内部。据报道，我国农药的有效利用率为 30%~40%，大部分农药扩散到周围土壤、空气或水体中，污染农产品产地环境。土壤中的残留农药不仅可导致下茬作物种子根尖、芽梢等部位变褐或腐烂，降低出苗率，且可通过作物根系吸收在农产品内富集，导致作物农残污染，引发食品安全事件。

1.3 现代农产品安全检测技术

目前农产品安全检测方法以仪器分析方法为主，如光谱法、分光光度法、气相色谱法、液相色谱法、气-质联仪法、液-质联仪法和核磁共振法等，这些方法可检出样品中的痕量污染物，检测限低、精确度高。同时，基于生物学原理建立的农产品安全检测技术也多种多样，如以免疫方法、酶化学方法、生物传感器等。与仪器分析法相比，这些方法不需大型设备，检测快速、成本低，可以了解农产品中污染物的生物毒性与基因毒性效应，可作为精密的仪器分析法的补充，有效降低检测成本。

1.3.1 现代仪器农产品安全检测技术

1.3.1.1 气相色谱法

气相色谱法（Gas Chromatgraphy，GC）是以惰性气体为流动相的柱色谱法，是一种物理化学分离、分析方法。这种分离方法是基于物质溶解度、蒸汽压、吸附能力、立体化学等物理化学性质的微小差异，使其在流动相和固定相间的分配系数有所不同，而当两相做相对运动时，组分在两相间进行连续多次分配，达到彼此分离的目的。气相色谱技术具有高效、高速、高灵敏度、样品用量小等优点。

气相色谱法已广泛应用于农产品安全检测中，如农产品中 DDT、六六六及狄氏剂等有机氯农药残留量分析；甲氨磷、敌敌畏、辛硫磷、氧化乐果、甲拌磷、杀灭硫磷、对硫磷、倍硫磷和水胺硫磷等有机磷农药残留量分析；溴氰菊酯、氰戊菊酯、氯氟氰菊酯、甲氰菊酯和氯菊酯等拟除虫菊酯类杀虫剂残留量分析。

1.3.1.2 气相色谱-质谱联用分析技术

气相色谱-质谱联用分析技术是一种把气相色谱和质谱两种技术有机地结合起来可扬长避短的现代分析技术。气相色谱-质谱联用仪（简称 GC-MS 仪）是由气相色谱仪和质谱仪通过色质联用接口连接而成。发展至今，GC-MS 在技术上已相当成熟，仅需几微克样品就能成功地分析出混合物中的上百个乃至更多的样品组分，现在气相色谱-质谱联用仪，既可对未知物定性，还可以对痕量组分定量，这些优势使得它成为复杂混合物分析的最有效的手段之一。GC-MS 仪的发展方向是小型化、自动化、多功能化、高灵敏度、高稳定性和廉价。该仪器现已广泛应用于化工、生物、药物、环境化学、食品、农药学等众多领域。

目前 GC-MS 联用技术已广泛应用于农产品安全分析中，如农产品中有多达上百种农药（如有机磷类、有机氯类、氨基甲酸酯类、拟除虫菊酯类以及有机杂环类等）残留量的检测中，能同时做到定性和定量。在兽药残留检测方面，GC-MS 广泛用于一些违禁药物的确证分析，如肉中克仑特罗和沙丁胺醇等残留量的检测及确证；水产品、蜂产品及乳制品中氯霉素残留量的检测；肉制品中一些磺胺类药物的确认等。

1.3.1.3 高效液相色谱法

高效液相色谱法（High Performance Liquid Chromatography，HPLC）由于采用了新型高效填料，使色谱柱的柱效、分离效率大大提高，按理论塔板数来表示柱效率，最高每米可达 3 万个塔板以上。HPLC 具有高压、高速、高灵敏度的特点；能溶解在流动相中的物质原则上均可以用高效液相色谱法分析，不受样品挥发度和热稳定性的限制，它非常适合不易挥发、对热敏感的物质、离子型化合物及生物大分子的分离分析，在目前已知的有机化合物中，有 70%～80% 的有机化合物能用高效液相色谱法分析。

随着 HPLC 技术的日臻完善，该技术现在已被广泛用于农产品安全分析，如农药残留、兽药残留、生物毒素、食品添加剂、激素分析等诸多领域。

1.3.1.4 液相色谱-质谱联用技术

从 20 世纪 90 年代开始，随着电喷雾（ESI）和大气压化学电离源（APCI）等大气压电离技术的运用，较为成功地解决了液相色谱与质谱间的接口难题，液相色谱-质谱联用技术在世界范围内出现了飞速发展。具体来说，液-质联用仪（LC-MS）具有以下特点：特点一，解决气-质联用仪（GC-MS）难以解决的问题，LC-MS 可以分析易热裂解或热不稳定的物质（如蛋白质、多糖、核酸等大分子物质），弥补了 GC-MS 在这一分析领域的不足。特点二，生物、生命科学研究。利用 LC-MS 技术应用于生命科学研究是近年来最突出的成就，LC-MS 的使用可以从分子水平上研究生命科学，比如蛋白质、核酸、多糖等物质的组成等。特点三，解决液相色谱分离的定性、定量能力问题。与液相色谱的常用检测器相比，质谱作为检测器使用时，可以提供相对分子质量和大量碎片结构信息。特点四，提高液相色谱的检测限。

随着 LC-MS 技术的不断完善，该技术现在已被广泛用于农产品安全分析。已被用于农药残留、兽药残留、生物毒素、色素、抗氧化剂、激素分析等诸多领域。LC-MS 在农药残留分析中主要用于沸点较高或热不稳定的氨基甲酸酯，部分除草剂、杀虫剂等农药残留分析。如灭多威、呋喃丹、灭梭威、异丙威、残杀威、克百威、甲萘威、抗蚜威、灭虫威、杀虫丹和速灭威等氨基甲酸酯类农药；四环素类、磺胺类、大环内酯等兽药。

1.3.1.5 高效毛细管电泳法

高效毛细管电泳（High Performance Capillary Electrophoresis，HPCE），是近年来发展起来的一种高效、快速的分离分析技术，是经典电泳技术和现代微柱分离相结合的产物。一般认为 HPCE 的优点可概括为"三高二少一广"，即：高灵敏度，紫外检测器的检测限可达 10~15mol，激光诱导检测器可达 10~21mol；高分离效能，每米理论塔板数可达几百万甚至几千万；高速度，通常分析时间不超过 30min；样品用量少，只需纳升级的进样量；分析成本低（消耗少），只需少量（几毫升）流动相，分析过程是在价格低廉的毛细管柱中进行；应用范围广，可分离小分子（氨基酸、药物等）、离子（无机及有机离子）、生物大分子（蛋白质等），甚至各种颗粒（如细胞、硅胶颗粒等），具有"万能"分析功能或潜力。

毛细管电泳技术也在农产品安全领域应用，如利用毛细管胶束电动色谱分离测定对硫磷、甲基对硫磷、水胺硫磷和克百威。

1.3.1.6 薄层色谱法

薄层色谱法（Thin Layer Chromatography，TLC）是以薄层吸附剂为固定相，溶剂为流动相的分离、分析技术。根据固定相的性质和分离机理不同，薄层色谱法可分为吸附薄层法、分配薄层法、离子交换薄层及凝胶薄层法等类型。其中，以吸附、分配薄层法的应用最广泛。分配薄层色谱法是利用试样中各种组分在固定相与流动相间分配系数的不同，各组分在板上移动速率不同而获得分离的方法。在吸附薄层色谱中，将不同组分的混合溶液点在薄板一端，在密闭的容器中用适当的溶剂展开，此时各组分首先被吸附剂吸附，然后又被展开剂所溶解而解吸附，且随展开剂向前移动，遇到新的吸附剂各组分又被吸附。然后又被展开剂解吸，各组分在薄层板上吸附、解吸、再吸附、再解吸，这一过程在薄层板上反复无数次。

薄层色谱技术在农产品安全上应用也很广泛，如进行动物源性食品中阿维菌素药物残留量和黄曲霉毒素 B_1、B_2、G_1 和 G_2 的测定。

1.3.1.7　紫外-可见分光光度法

分光光度法是通过测定被测物质在特定波长处或一定波长范围内光的吸收度，对该物质进行定性和定量分析的方法。即利用紫外光、可见光、红外光和激光等测定物质的吸收光谱，利用此吸收光谱对物质进行定性、定量分析和物质结构分析的方法。紫外-可见分光光度法是以测量分子对紫外光区域、可见光区域辐射的吸收为基础的。在这一波长区域的辐射可引起在各表征分子中分子结构的波长处的电子跃迁。它有灵敏度高、准确度较高、操作简便、快速、仪器设备较为简单和应用广泛等特点，几乎所有的无机物质和许多有机物质都能用此法进行测定。

1.3.1.8　红外吸收光谱分析技术

红外吸收光谱法（Infrared Absorption Spectrometry，IAS）是利用物质分子对红外光的吸收，得到与分子结构相应的红外光谱图，从而来鉴别分子结构的方法。红外光谱仪具有价格低廉、易于操作的特点。该技术应用于农产品安全检测时间虽然较短，但由于它在鉴定食品中有害物质的结构方面的特点，尤其是 GC/FTIR 技术的出现，使得红外光谱技术在食品安全检测中的应用越来越广泛。

1.3.1.9　原子吸收分光光度法

原子吸收分光光度法（Atomic Absorption Spectrometry，AAS）是 20 世纪 50 年代中期出现并逐渐发展起来的一种新型仪器分析方法，它是基于蒸汽相中被测元素的基态原子对其原子共振辐射的吸收强度来测定试样中被测元素含量。原子吸收分光光度法作为一种测定痕量和超痕量元素的最有效方法之一，已被人们普遍承认和接受。随着高新技术在原子吸收光谱分析仪器中的不断运用，特别是计算机技术的迅猛发展和普及运用，使该方法得到了不断的发展和创新，在冶金、地质、石油、农业、医药、环保、检验检疫等部门得到了日益广泛的应用。

原子吸收分光光度法广泛应用于元素测定，在农产品安全领域，原子吸收分光光度法已作为测定大多数元素的标准分析方法，如农产品中铬、铅、镉和汞等重金属含量的测定。

1.3.1.10 原子荧光光谱法

原子荧光光谱分析（Atomic Fluorescence Spectrometry，AFS）是一种利用线光源或连续光源将原子激发到较高的电子能级，并测量被激发的电子返回至基态时所发射出的荧光辐射的分析方法。原子荧光光谱法是一种独特的痕量分析技术，是介于原子发射（AES）和原子吸收（AAS）之间的光谱分析，具有原子发射和原子吸收两种技术的优点，并克服了它们存在的不足之处，且有灵敏度高、谱线简单、检出限低、线性范围宽、可同时多元素分析等特点。原子荧光光谱法广泛应用于元素测定，如农产品中铬、铅和汞等重金属含量的测定。

1.3.1.11 电感耦合等离子体-原子发射光谱及质谱法

电感耦合等离子体-原子发射光谱法（Inductively Coupled Plasma-Atomic Emission Spectrometry，ICP-AES）是以 ICP 等离子炬作为激发光源，使样品中各成分的原子被激发并发射出特征谱线，通过特征谱线的波长和强度来确定样品中所含的化学元素及其含量的分析技术。可对约 70 种元素（金属元素及 P、Si、As 等非金属元素）进行定性及定量分析。这种方法可有效地用于测定高、中、低含量的元素，分析的灵敏度较高，分析物在高温和 Ar 中进行激发、原子化，基本上无化学和电离干扰，基体效应小，元素间干扰效应较低，许多试样可在溶样后直接进行光谱测定，不必采用预分离富集技术。

在农产品安全领域，电感耦合等离子体-原子发射光谱及质谱法也已应用于农产品中的元素分析，如用 ICP-MS 测定蜂蜜中 K、P、Fe、Ca、Zn、Al、Na、Mg、B、Mn、Cu、Ba、Ti、V、Ni、Co 和 Cr 等 17 种元素含量（GB/T 18932.11—2002）。

1.3.1.12 γ 谱仪法

大多数放射性核素在其衰变过程中都会发出 γ 射线，而每种核素衰变放出的 γ 射线能量是特定的，所以通过测量这些特征 γ 射线的能量和强度也可以测量放射性核素的活度。某一个能量范围不同能量 γ 射线的计数称为 γ 谱，通过测量分析 γ 谱来求出放射性核素活度的方法就是 γ 谱仪法。因其采用半导体探测器直接测量样品的 γ 射线，所以它有着制样简单、定性准确、定量快速等诸多优点，唯一的缺点是它只能测量产生 γ 射线的放射性核素。

涉及用 γ 谱仪法测量食品中 γ 放射性核素的国标方法就有好几个，比如食品中放射性物质检验—碘-131 的测定（GB 14883.9—1994）；食品中放射性物质检验—铯-137 的测定（GB 14883.10—1994）；水中放射性核素的 γ 能谱分析方法（GB/T

16140—1995）和生物样品中放射性核素的 γ 能谱分析方法（GB/T 16145—1995）。

1.3.2 基于生物学原理的农产品安全检测技术

1.3.2.1 免疫法

免疫分析是以抗原抗体的特异性、可逆性结合反应为基础的分析技术。抗原是一类能刺激机体免疫系统产生特异性应答，并能与相应免疫应答产物（即抗体和致敏淋巴细胞）在体内或体外发生特异性结合的物质。抗原的前一种性能称为免疫原性或抗原性，后一种性能称为反应原性。抗体是机体在抗原刺激下所产生的特异性球蛋白，抗体是免疫分析的核心试剂。

抗原抗体反应的高度特异性是由于抗原决定簇和抗体 Fab 段超变区之间具有高度互补性。抗原抗体的结合是各种分子间作用力的综合作用，结合物的亲和常数达 109 或更高，因而具有单独任何一种理化分析技术难以达到的选择性和灵敏度。1959 年 Berson 和 Yalow 将放射性同位素示踪与免疫反应相结合建立了放射免疫分析（Radio-immunoassay）技术，用来测定糖尿病患者血浆中胰岛素的含量，开创了免疫分析这一崭新领域。此后随着各种抗原或抗体标记技术、包被技术的出现，多种免疫分析方法如荧光免疫测定（Fluorescence Immunoassay，FIA）、酶免疫测定（Enzyme Immuno Assay，EIA）和化学发光免疫分析（Chemiluminescence）被应用于实践。

简单的小分子物质通常只有反应原性而无免疫原性，如大多数的多肽、多糖、类脂和药物，但当其与大分子载体物质（如蛋白质）结合后可具有免疫原性。这一发现开辟了有机化合物的血清学研究，奠定了小分子免疫分析的基础，尤其是对农兽药残和环境危害物的监测分析。可以说，经过 50 多年的发展，免疫分析已成为测定病原微生物、病毒微量乃至痕量蛋白、激素和小分子药物等常用和重要的方法之一。

免疫分析在农产品安全检测领域也获得了广泛应用，几乎覆盖了所有的农产品安全领域。农产品中有害微生物检测领域有：沙门氏菌的单克隆酶免疫色度分析筛选方法；大肠杆菌 O15：H7 的免疫磁珠分离和金标免疫法分析；李斯特氏菌的自动酶联荧光免疫分析。农产品中毒素检测领域，如小麦中 T-2 毒素的酶联免疫吸附测定方法（ELISA）。农产品中化学危害物检测领域有：青霉素族抗生素残留的放射免疫分析；动物肌肉中四环素族药物残留量的固相萃取-酶联免疫分析。农产品中转基因成分检测领域有：ELISA 法检测转基因的抗虫玉米 MON810；Bt9 玉米检测 ELISA 试剂盒检测玉米粉中 Tarlink CRY9C 蛋白方法。

1.3.2.2 聚合酶链式反应检测技术

1985 年美国 PE-Cebus 公司人类遗传研究室的 Mullis et al. 发明了具有划时代意

义的聚合酶链反应（Polymerase Chain Reaction，PCR）。其原理类似于 DNA 的体内复制，只是在离心管中给 DNA 的体外合成提供合适的条件：模板 DNA、寡核苷酸引物、底物、DNA 聚合酶和合适的缓冲体系等，并给予合适的 DNA 变性、复性及延伸的温度与时间。1988 年 Saiki 从温泉中分离的 1 株水生嗜热杆菌中提取到 1 种耐热 DNA 聚合酶。此酶具有以下特点：其一，耐高温，在 70℃下反应 2h 后其残留活性大于原来的 90%；在 93℃下反应 2h 后其残留活性是原来的 60%；在 95℃下反应 2h 后其残留活性是原来的 40%。其二，在热变性时不会被钝化，不必在每次扩增反应后再加新酶；大大提高了扩增片段的特异性和扩增效率，增加了扩增长度（20kb）。该酶命名为 TaqDNA 聚合酶（Taq DNA polymerase），该酶的发现促使 PCR 技术被广泛应用。聚合酶链式反应（PCR）技术自从 1985 年问世以来，经过十几年的发展，已成为实验室的常规技术。

聚合酶链式反应在农产品安全检测领域也获得了广泛应用。

PCR 在食品微生物检测中的应用。其一，农产品中常见微生物的定性 PCR 检测，如单增李氏菌、英诺克李斯特菌、绵羊李斯特菌、金黄色葡萄球菌、粪链球菌、肠出血性大肠杆菌、肠炎沙门氏菌、伤寒沙门氏菌、霍乱弧菌和创伤弧菌等微生物。其二，农产品中常见微生物的实时荧光 PCR 检测，如单增李斯特菌、英诺克李斯特菌、绵羊李斯特菌、金黄色葡萄球菌、粪链球菌、肠出血性大肠杆菌、肠炎沙门氏菌、伤寒沙门氏菌、霍乱弧菌和创伤弧菌等微生物。其三，动物源性饲料中牛羊源性成分检测。

PCR 技术在转基因食品检测中的应用，如大豆、玉米中转基因成分的定性 PCR 检测。

PCR 技术在动植物检疫中的应用，如检疫小麦印度腥黑穗病菌。它是一种世界性的检疫性有害生物，该病菌不仅引起小麦减产，更重要的是含有病原菌的小麦如超过 3%，则由此所加工的面粉因含有鱼腥味，人不能食用。

1.3.2.3　生物芯片检测技术

生物芯片（Biochip）是指在固相基质上集成各种可以作为受体（Receptor）的生物信息，包括采用光导原位合成或微量点样等方法，将大量生物大分子比如核酸片段、多肽寡核苷酸、蛋白质/酶、抗原/抗体、细胞等，利用受体与连接物间的反应进行生物学检验的方法。生物芯片技术是融合微电子学、生物学、物理学、化学、计算机科学为一体的高度交叉的新技术。由于常用玻片/硅片作为固相支持物，并且在制备过程模拟计算机芯片的制备技术，所以称为生物芯片技术。生物芯片技术主要包括 4 个基本要点：芯片制备、样品制备、生物分子间的反应和芯片信号检测。

生物芯片也应用在食品安全检测中，如在单增李斯特菌和霍乱弧菌等常见食源性致病菌检测。

第2章 重金属检测分析

2.1 重金属种类

2.1.1 定义

密度在 $4.5g/cm^3$ 以上的金属，称作重金属。原子序数从 23（V）至 92（U）的天然金属元素有 60 种，除其中的 6 种外，其余 54 种的密度都大于 $4.5g/cm^3$，因此从密度的意义上讲，这 54 种金属都是重金属。但是，在进行元素分类时，其中有的属于稀土金属，有的划归为难熔金属。最终在工业上真正划入重金属的有 10 种金属元素：铜、铅、锌、锡、镍、钴、锑、汞、镉和铋。这 10 种重金属除了具有金属共性及密度大于 $4.5g/cm^3$ 以外，并无其他特别的共性，每种重金属各有各的性质。

2.1.2 危害

空气、泥土，甚至是水中都含有重金属，如引起衰老的自由基、对肌肤有伤害的微粒、空气中的尘埃、汽车排气等，包括自来水都含有重金属，甚至有些护肤品如润肤乳等中的一些重金属原料比如镉，也是其中之一。有些重金属通过食物进入人体，干扰人体正常生理功能，危害人体健康，被称为有毒重金属，包括铅、镉、铬、汞等。

这类金属元素在水中无法被分解，在同其余化合物结合之后，能形成具有较大毒性的无机物以及有机物，对人体有较大的危害。重金属累积后对人体的危害相当大，为了避免受到该种危害，需要做好重金属检测技术的研究，通过这部分技术的应用保障人体健康。基于此，本章从重金属检测技术研究进展及其在农产品检测中的运用展开分析。

下面对几种主要的重金属危害进行介绍，包括铅、镉、汞、砷、锡、镍、铬。

2.1.2.1 铅

铅是重金属中毒性较大的一种，对神经、造血系统和肾脏危害大，一旦进入人体很难排除。它会直接伤害人的脑细胞，特别是胎儿的神经板，可造成先天大脑沟回浅、智力低下；造成老年人痴呆、脑死亡；损害骨骼造血系统引起贫血、脑缺氧、脑水肿、出现运动和感觉异常等。

2.1.2.2　镉

镉可在人体中积累可引起急、慢性中毒。急性中毒可使人呕血、腹痛、最后导致死亡，慢性中毒能使肾功能损伤，破坏骨骼，致使骨痛、骨质软化、瘫痪。

2.1.2.3　汞

重金属汞主要危害人的中枢神经系统，使脑部受损，汞中毒可引起四肢发麻、运动失调、视野变窄、听力困难等症状，严重的甚至会心力衰竭而死亡。中毒较重者会出现口腔病变、恶心、呕吐、腹痛、腹泻等症状，皮肤黏膜及泌尿、生殖等系统也会受到损害。在微生物作用下，甲基化后成为甲基汞，毒性比汞更大。

2.1.2.4　砷

重金属砷可引起慢性中毒，可导致皮肤病变、神经系统、消化和心血管系统障碍，有积累性毒性作用，破坏人体细胞的代谢系统。

2.1.2.5　锡

锡与铅是古代剧毒药"鸩"中的重要成分，入腹后凝固成块，致人死亡。

2.1.2.6　镍

镍是一种金属离子，镍和镍盐的毒性相对较低，但如果镍离子摄入过多也会出现镍中毒的情况，对人体造成一定的伤害。如果接触了挥发性质的镍离子会造成接触性的皮炎，出现红疹、斑疹、疱疹、丘疹等或皮肤糜烂和腐蚀。如果血流中发现了镍离子或镍盐，会出现一系列的消化系统的症状，如恶心、呕吐、腹胀、腹泻等。如果长期慢性接触镍元素，还会造成上消化道出血、脱发等情况，大量接触镍离子会造成慢性肾功能不全、肝功能不全等伤害。

2.1.2.7　铬

重金属铬对皮肤、黏膜、消化道有刺激作用和腐蚀性，致使皮肤充血、糜烂、溃疡、鼻穿孔，患皮肤癌。可在肝、肾、肺积聚。

2.1.3　检验方法

目前，对于重金属的检验，普遍适用的有光谱法和质谱法，光谱法又分为石墨炉原子吸收光谱法、原子荧光光谱分析法、火焰原子吸收光谱法、冷原子吸收光谱法、液相色谱-原子荧光光谱联用方法、液相色谱-脉冲火焰光度检测器检测方法等，质谱法主要是电感耦合等离子体质谱法。下面对铅、镉、汞、砷、锡、镍、铬等重金属的检验方法加以汇总，详见表 2.1。

主要以重金属的检测方法进行介绍，每种检测方法可能会检测多种元素，原理相同，只是涉及的元素标液不同。

表 2.1　主要重金属的检验方法及相关标准

检验项目	国家标准	检测方法
铅	GB 5009.12—2017 食品安全国家标准食品中铅的测定	石墨炉原子吸收光谱法 火焰原子吸收光谱法 二硫腙比色法
	GB 5009.268—2016 食品安全国家标准食品中多元素的测定	电感耦合等离子体质谱法
镉	GB 5009.15—2014 食品安全国家标准食品中镉的测定	石墨炉原子吸收光谱测定方法
汞	GB 5009.17—2014 食品安全国家标准食品中总汞及有机汞的测定	食品中总汞的测定 原子荧光光谱分析法 冷原子吸收光谱法
		食品中甲基汞的测定 液相色谱-原子荧光光谱联用方法
砷	GB 5009.11—2014 食品安全国家标准食品中总砷及无机砷的测定	总砷的测定 电感耦合等离子体质谱法 氢化物发生原子荧光光谱法 银盐法
		食品中无机砷的测定 液相色谱-原子荧光光谱（LC-AFS）法 液相色谱-电感耦合等离子质谱（LC-ICP/MS）法
锡	GB 5009.16—2014 食品安全国家标准食品中锡的测定	氢化物发生原子荧光光谱法 苯芴酮比色法
镍	GB 5009.138—2017 食品安全国家标准食品中镍的测定	石墨炉原子吸收光谱法
铬	GB 5009.123—2014 食品安全国家标准食品中铬的测定	石墨炉原子吸收光谱法

2.2　重金属检测技术

2.2.1　石墨炉原子吸收光谱法检测技术

以 GB 5009.12—2017《食品安全国家标准食品中铅的测定》为例介绍石墨炉原

子吸收光谱法，此方法也适用于重金属镉 GB 5009.15—2014《食品安全国家标准食品中镉的测定》、镍 GB 5009.138—2017《食品安全国家标准食品中镍的测定》、铬 GB 5009.123—2014《食品安全国家标准食品中铬的测定》的检测。

2.2.1.1　原理

试样消解处理后，经石墨炉原子化，在 283.3nm 处测定吸光度。在一定浓度范围内铅的吸光度值与铅含量成正比，与标准系列比较定量。

2.2.1.2　试剂和材料

除非另有说明，本方法所用试剂均为优级纯，水为 GB/T 6682 规定的二级水。

（1）试剂

①硝酸（HNO_3）。

②高氯酸（$HClO_4$）。

③磷酸二氢铵（$NH_4H_2PO_4$）。

④硝酸钯［$Pd(NO_3)_2$］。

（2）试剂的配制

①硝酸溶液（5+95）：量取 50mL 硝酸，缓慢加入 950mL 水中，混匀。

②硝酸溶液（1+9）：量取 50mL 硝酸，缓慢加入 450mL 水中，混匀。

③磷酸二氢铵-硝酸钯溶液：称取 0.02g 硝酸钯，加少量硝酸溶液（1+9）溶解后，再加入 2g 磷酸二氢铵，溶解后用硝酸溶液（5+95）定容至 100mL，混匀。

（3）标准品

硝酸铅［$Pb(NO_3)_2$，CAS 号：10099-74-8］：纯度>99.99%。或经国家认证并授予标准物质证书的一定浓度的铅标准溶液。

（4）标准溶液配制

①铅标准储备液（1 000mg/L）：准确称取 1.598 5g（精确至 0.000 1g）硝酸铅，用少量硝酸溶液（1+9）溶解，移入 1 000mL 容量瓶，加水至刻度，混匀。

②铅标准中间液（1.00mg/L）：准确吸取铅标准储备液（1 000mg/L）1.00mL 于 1 000mL 容量瓶中，加硝酸溶液（5+95）至刻度，混匀。

③铅标准系列溶液：分别吸取铅标准中间液（1.00mg/L）0mL、0.500mL、1.00mL、2.00mL、3.00mL 和 4.00mL 于 100mL 容量瓶中，加硝酸溶液（5+95）至刻度，混匀。此铅标准系列溶液的质量浓度分别为 0μg/L、5.00μg/L、10.0μg/L、20.0μg/L、30.0μg/L 和 40.0μg/L。

注：可根据仪器的灵敏度及样品中铅的实际含量确定标准系列溶液中铅的质量浓度。

2.2.1.3 仪器和设备

注：所有玻璃器皿及聚四氟乙烯消解内罐均需硝酸溶液（1+5）浸泡过夜，用自来水反复冲洗，最后用水冲洗干净。

①原子吸收光谱仪：配石墨炉原子化器，附铅空心阴极灯。

②分析天平：感量 0.1mg 和 1mg。

③可调式电热炉。

④可调式电热板。

⑤微波消解系统：配聚四氟乙烯消解内罐。

⑥恒温干燥箱。

⑦压力消解罐：配聚四氟乙烯消解内罐。

2.2.1.4 分析步骤

（1）试样制备

注：在采样和试样制备过程中，应避免试样污染。

①粮食、豆类样品：样品去除杂物后，粉碎，储于塑料瓶中。

②蔬菜、水果、鱼类、肉类等样品：样品用水洗净，晾干，取可食部分，制成匀浆，储于塑料瓶中。

③饮料、酒、醋、酱油、食用植物油、液态乳等液体样品：将样品摇匀。

（2）试样前处理

①湿法消解：称取固体试样 0.2~3g（精确至 0.001g）或准确移取液体试样 0.500~5.00mL 于带刻度消化管中，加入 10mL 硝酸和 0.5mL 高氯酸，在可调式电热炉上消解［参考条件：120℃/（0.5~1h）］；升至 180℃/（2~4h、升至 200~220℃）。若消化液呈棕褐色，再加少量硝酸，消解至冒白烟，消化液呈无色透明或略带黄色，取出消化管，冷却后用水定容至 10mL，混匀备用。同时做试剂空白试验。亦可采用锥形瓶，于可调式电热板上，按上述操作方法进行湿法消解。

②微波消解：称取固体试样 0.2~0.8g（精确至 0.001g）或准确移取液体试样 0.500~3.00mL 于微波消解罐中，加入 5mL 硝酸，按照微波消解的操作步骤消解试样，消解条件参考表 2.2。冷却后取出消解罐，在电热板上于 140~160℃ pH 值至 7.0 左右。消解罐放冷后，将消化液转移至 10mL 容量瓶中，用少量水洗涤消解罐 2~3 次，合并洗涤液于容量瓶中并用水定容至刻度，混匀备用。同时做试剂空白试验。

③压力罐消解：称取固体试样 0.2~1g（精确至 0.001g）或准确移取液体试样 0.500~5.00mL 于消解内罐中，加入 5mL 硝酸。盖好内盖，旋紧不锈钢外套，放入恒温干燥箱，于 140~160℃下保持 4~5h。冷却后缓慢旋松外罐，取出消解内罐，放在

可调式电热板上于 140~160℃ pH 值至 7.0 左右。冷却后将消化液转移至 10mL 容量瓶中，用少量水洗涤内罐和内盖 2~3 次，合并洗涤液于容量瓶中并用水定容至刻度，混匀备用。同时做试剂空白试验。

表 2.2　微波消解升温程序

步骤	设定温度/℃	升温时间/min	恒温时间/min
1	120	5	5
2	160	5	10
3	180	5	10

（3）测定

①仪器参考条件：将仪器性能调至最佳状态。参考条件见表 2.3。

表 2.3　石墨炉原子吸收光谱法仪器参考条件

元素	波长/nm	狭缝/nm	灯电流/mA	干燥	灰化	原子化
铅	283.3	0.5	8~12	85~120℃/40~50s	750℃/20~30s	2 300℃/4~5s

②标准曲线的制作：按质量浓度由低到高的顺序分别将 10μL 铅标准系列溶液和 5μL 磷酸二氢铵-硝酸钯溶液（可根据所使用的仪器确定最佳进样量）同时注入石墨炉，原子化后测其吸光度值，以质量浓度为横坐标，吸光度值为纵坐标，制作标准曲线。

③试样溶液的测定：在与测定标准溶液相同的实验条件下，将 10μL 空白溶液或试样溶液与 5μL 磷酸二氢铵-硝酸钯溶液（可根据所使用的仪器确定最佳进样量）同时注入石墨炉，原子化后测其吸光度值，与标准系列比较定量。

2.2.1.5　分析结果的表述

试样中铅的含量按式 2.1 计算：

$$X = \frac{(\rho - \rho_0) \times V}{m \times 1\,000} \tag{2.1}$$

式中：

X——试样中铅的含量，单位为毫克每千克或毫克每升（mg/kg 或 mg/L）；

ρ——试样溶液中铅的质量浓度，单位为微克每升（μg/L）；

ρ_0——空白溶液中铅的质量浓度，单位为微克每升（μg/L）；

V——试样消化液的定容体积，单位为毫升（mL）；

m——试样称样量或移取体积，单位为克或毫升（g 或 mL）；

1 000——换算系数。

当铅含量≥1.00mg/kg（或 mg/L）时，计算结果保留 3 位有效数字；当铅含量<

1.00mg/kg（或 mg/L）时，计算结果保留 2 位有效数字。

2.2.1.6 精密度

在重复性条件下获得的 2 次独立测定结果的绝对差值不得超过算术平均值的 20%。

2.2.1.7 其他

当称样量为 0.5g（或 0.5mL），定容体积为 10mL 时，方法的检出限为 0.02mg/kg（或 0.02mg/L），定量限为 0.04mg/kg（或 0.04mg/L）。

2.2.2 电感耦合等离子体质谱法（ICP-MS）

此方法为 GB 5009.268—2016《食品安全国家标准　食品中多元素的测定》，适用于食品中多元素的测定，下面对此方法进行介绍。

2.2.2.1 原理

试样经消解后，由电感耦合等离子体质谱仪测定，以元素特定质量数（质荷比，m/z）定性，采用外标法，以待测元素质谱信号与内标元素质谱信号的强度比与待测元素的浓度成正比进行定量分析。

2.2.2.2 试剂和材料

除非另有说明，本方法所用试剂均为优级纯，水为 GB/T 6682 规定的一级水。

（1）试剂

①硝酸（HNO_3）：优级纯或更高纯度。

②氩气（Ar）：氩气（≥99.995%）或液氩。

③氦气（He）：氦气（≥99.995%）。

④金元素（Au）溶液（1 000mg/L）。

（2）试剂配制

①硝酸溶液（5+95）：取 50mL 硝酸，缓慢加入 950mL 水中，混匀。

②汞标准稳定剂：取 2mL 金元素（Au）溶液，用硝酸溶液（5+95）稀释至 1 000mL，用于汞标准溶液的配制。

注：汞标准稳定剂亦可采用 2g/L 半胱氨酸盐酸盐+硝酸（5+95）混合溶液，或用其他等效稳定剂。

（3）标准品

①元素储备液（1 000mg/L 或 100mg/L）：铅、镉、砷、汞、硒、铬、锡、铜、

铁、锰、锌、镍、铝、锑、钾、钠、钙、镁、硼、钡、锶、钼、铊、钛、钒和钴，采用经国家认证并授予标准物质证书的单元素或多元素标准储备液。

②内标元素储备液（1 000mg/L）：钪、锗、铟、铑、铼、铋等采用经国家认证并授予标准物质证书的单元素或多元素内标标准储备液。

（4）标准溶液配制

①混合标准工作溶液：吸取适量单元素标准储备液或多元素混合标准储备液，用硝酸溶液（5+95）逐级稀释配成混合标准工作溶液系列，各元素质量浓度见表2.4。

注：依据样品消解溶液中元素质量浓度水平，适当调整标准系列中各元素质量浓度范围。

②汞标准工作溶液：取适量汞储备液，用汞标准稳定剂逐级稀释配成标准工作溶液系列，浓度范围见表2.4。

③内标使用液：取适量内标单元素储备液或内标多元素标准储备液，用硝酸溶液（5+95）配制合适浓度的内标使用液，内标使用液浓度见表2.4。

表 2.4　ICP-MS 方法中元素的标准溶液系列质量浓度

序号	元素	单位	标准系列质量浓度					
			系列 1	系列 2	系列 3	系列 4	系列 5	系列 6
1	B	μg/L	0	10.000	50.000	100.000	300.000	500.000
2	Na	mg/L	0	0.400	2.000	4.000	12.000	20.000
3	Mg	mg/L	0	0.400	2.000	4.000	12.000	20.000
4	Al	mg/L	0	0.100	0.500	1.000	3.000	5.000
5	K	mg/L	0	0.400	2.000	4.000	12.000	20.000
6	Ca	mg/L	0	0.400	2.000	4.000	12.000	20.000
7	Ti	μg/L	0	10.000	50.000	100.000	300.000	500.000
8	V	μg/L	0	1.000	5.000	10.000	30.000	50.000
9	Cr	μg/L	0	1.000	5.000	10.000	30.000	50.000
10	Mn	μg/L	0	10.000	50.000	100.000	300.000	500.000
11	Fe	mg/L	0	0.100	0.500	1.000	3.000	5.000
12	Co	μg/L	0	1.000	5.000	10.000	30.000	50.000
13	Ni	μg/L	0	1.000	5.000	10.000	30.000	50.000
14	Cu	μg/L	0	10.000	50.000	100.000	300.000	500.000
15	Zn	μg/L	0	10.000	50.000	100.000	300.000	500.000
16	As	μg/L	0	1.000	5.000	10.000	30.000	50.000
17	Se	μg/L	0	1.000	5.000	10.000	30.000	50.000
18	Sr	μg/L	0	20.000	100.000	200.000	600.000	1 000.000
19	Mo	μg/L	0	0.100	0.500	1.000	3.000	5.000
20	Cd	μg/L	0	1.000	5.000	10.000	30.000	50.000
21	Sn	μg/L	0	0.100	0.500	1.000	3.000	5.000

续表

序号	元素	单位	标准系列质量浓度					
			系列 1	系列 2	系列 3	系列 4	系列 5	系列 6
22	Sb	μg/L	0	0.100	0.500	1.000	3.000	5.000
23	Ba	μg/L	0	10.000	50.000	100.000	300.000	500.000
24	Hg	μg/L	0	0.100	0.500	1.000	1.500	2.000
25	Tl	μg/L	0	1.000	5.000	10.000	30.000	50.000
26	Pb	μg/L	0	1.000	5.000	10.000	30.000	50.000

注：内标溶液在配制混合标准工作溶液和样品消化液中手动定量加入，也可由仪器在线加入。

2.2.2.3 仪器和设备

①电感耦合等离子体质谱仪（ICP-MS）。

②天平：感量为 0.1mg 和 1mg。

③微波消解仪：配有聚四氟乙烯消解内罐。

④压力消解罐：配有聚四氟乙烯消解内罐。

⑤恒温干燥箱。

⑥控温电热板。

⑦超声水浴箱。

⑧样品粉碎设备：匀浆机、高速粉碎机。

2.2.2.4 分析步骤

（1）试样制备

①固态样品：

干样：对于豆类、谷物、菌类、茶叶、干制水果、焙烤食品等低含水量样品，取可食部分，必要时经高速粉碎机粉碎均匀；对于固体乳制品、蛋白粉、面粉等呈均匀状的粉状样品，摇匀。

鲜样：对于蔬菜、水果、水产品等高含水量样品必要时洗净，晾干，取可食部分匀浆均匀；对于肉类、蛋类等样品取可食部分匀浆均匀。

速冻及罐头食品：经解冻的速冻食品及罐头样品，取可食部分匀浆均匀。

②液态样品：软饮料、调味品等样品摇匀。

③半固态样品：搅拌均匀。

（2）试样消解

注：可根据试样中待测元素的含量水平和检测水平要求选择相应的消解方法及消解容器。

①微波消解法：称取固体样品 0.2~0.5g（精确至 0.001g，含水分较多的样品可

适当增加取样量至 1g）或准确移取液体试样 1.00~3.00mL 于微波消解内罐中，含乙醇或二氧化碳的样品先在电热板上低温加热除去乙醇或二氧化碳，加入 5~10mL 硝酸，加盖放置 1h 或过夜，旋紧罐盖，按照微波消解仪标准操作步骤进行消解（消解参考条件见表 2.5）。冷却后取出，缓慢打开罐盖排气，用少量水冲洗内盖，将消解罐放在控温电热板上或超声水浴箱中，于 100℃ 加热 30min 或超声脱气 2~5min，用水定容至 25mL 或 50mL，混匀备用，同时做空白试验。

②压力罐消解法：称取固体样品 0.2~1g（精确至 0.001g，含水分较多的样品可适当增加取样量至 2g）或准确移取液体试样 1.00~5.00mL 于消解内罐中，含乙醇或二氧化碳的样品先在电热板上低温加热除去乙醇或二氧化碳，加入 5mL 硝酸，放置 1h 或过夜，旋紧不锈钢外套，放入恒温干燥箱消解（消解参考条件见表 2.5），于 150~170℃ 消解 4h，冷却后，缓慢旋松不锈钢外套，将消解内罐取出，在控温电热板上或超声水浴箱中，于 100℃ 加热 30min 或超声脱气 2~5min，用水定容至 25mL 或 50mL，混匀备用，同时做空白试验。

表 2.5　样品消解仪参考条件

消解方式	步骤	控制温度/℃	升温时间/min	恒温时间
微波消解	1	120	5	5min
	2	150	5	10min
	3	190	5	20min
压力罐消解	1	80	—	2h
	2	120	—	2h
	3	160~170	—	4h

2.2.2.5　仪器参考条件

（1）仪器操作条件

仪器操作条件见表 2.6。

表 2.6　电感耦合等离子体质谱仪操作参考条件

参数名称	参数	参数名称	参数
射频功率	1 500W	雾化器	高盐/同心雾化器
等离子体气流量	15L/min	采样锥/截取锥	镍/铂锥
载气流量	0.80L/min	采样深度	8~10mm
辅助气流量	0.40L/min	采集模式	跳峰（Spectrum）
氦气流量	4~5mL/min	检测方式	自动
雾化室温度	2℃	每峰测定点数	1~3
样品提升速率	0.3r/s	重复次数	2~3

（2）元素分析模式

元素分析模式见表2.7。

表2.7 电感耦合等离子体质谱仪元素分析模式

序号	元素名称	元素符号	分析模式	序号	元素名称	元素符号	分析模式
1	硼	B	普通/碰撞反应池	14	钾	K	普通/碰撞反应池
2	钠	Na	普通/碰撞反应池	15	钙	Ca	碰撞反应池
3	镁	Mg	碰撞反应池	16	钛	Ti	碰撞反应池
4	铝	Al	普通/碰撞反应池	17	钒	V	碰撞反应池
5	铬	Cr	碰撞反应池	18	锶	Sr	普通/碰撞反应池
6	锰	Mn	碰撞反应池	19	钼	Mo	碰撞反应池
7	铁	Fe	碰撞反应池	20	镉	Cd	碰撞反应池
8	钴	Co	碰撞反应池	21	锡	Sn	碰撞反应池
9	镍	Ni	碰撞反应池	22	锑	Sb	碰撞反应池
10	铜	Cu	碰撞反应池	23	钡	Ba	普通/碰撞反应池
11	锌	Zn	碰撞反应池	24	汞	Hg	普通/碰撞反应池
12	砷	As	碰撞反应池	25	铊	Tl	普通/碰撞反应池
13	硒	Se	碰撞反应池	26	铅	Pb	普通/碰撞反应池

注：对没有合适消除干扰模式的仪器，需采用干扰校正方程对测定结果进行校正，铅、镉、砷、钼、硒、钒等元素干扰校正方程见表2.8。

表2.8 元素干扰校正方程

同位素	推荐的校正方程
^{51}V	$[^{51}V] = [51] + 0.3524 \times [52] - 3.108 \times [53]$
^{75}As	$[^{75}As] = [75] - 3.1278 \times [77] + 1.0177 \times [78]$
^{78}Se	$[^{78}Se] = [78] - 0.1869 \times [76]$
^{98}Mo	$[^{98}Mo] = [98] - 0.146 \times [99]$
^{114}Cd	$[^{114}Cd] = [114] - 1.6285 \times [108] - 0.0149 \times [118]$
^{208}Pb	$[^{208}Pb] = [206] + [207] + [208]$

注：1. [X]为质量数X处的质谱信号强度——离子每秒计数值（CPS）。

2. 对于同量异位素干扰能够通过仪器的碰撞/反应模式得以消除的情况下，除铅元素外，可不采用干扰校正方程。

3. 低含量铬元素的测定需采用碰撞/反应模式。

（3）测定参考条件

在调谐仪器达到测定要求后，编辑测定方法，根据待测元素的性质选择相应的内标元素，待测元素和内标元素的 m/z 见表 2.9。

表 2.9 待测元素推荐选择的同位素和内标元素

序号	元素	m/z	内标	序号	元素	m/z	内标
1	B	11	^{45}Sc/^{72}Ge	14	Cu	63/65	^{72}Ge/^{103}Rh/^{115}In
2	Na	23	^{45}Sc/^{72}Ge	15	Zn	66	^{72}Ge/^{103}Rh/^{115}In
3	Mg	24	^{45}Sc/^{72}Ge	16	As	75	^{72}Ge/^{103}Rh/^{115}In
4	Al	27	^{45}Sc/^{72}Ge	17	Se	78	^{72}Ge/^{103}Rh/^{115}In
5	K	39	^{45}Sc/^{72}Ge	18	Sr	88	^{103}Rh/^{115}In
6	Ca	43	^{45}Sc/^{72}Ge	19	Mo	95	^{103}Rh/^{115}In
7	Ti	48	^{45}Sc/^{72}Ge	20	Cd	111	^{103}Rh/^{115}In
8	V	51	^{45}Sc/^{72}Ge	21	Sn	118	^{103}Rh/^{115}In
9	Cr	52/53	^{45}Sc/^{72}Ge	22	Sb	123	^{103}Rh/^{115}In
10	Mn	55	^{45}Sc/^{72}Ge	23	Ba	137	^{103}Rh/^{115}In
11	Fe	56/57	^{45}Sc/^{72}Ge	24	Hg	200/202	^{185}Re/^{209}Bi
12	Co	59	^{72}Ge/^{103}Rh/^{115}In	25	Tl	205	^{185}Re/^{209}Bi
13	Ni	60	^{72}Ge/^{103}Rh/^{115}In	26	Pb	206/207/208	^{185}Re/^{209}Bi

（4）标准曲线的制作

将混合标准溶液注入电感耦合等离子体质谱仪中，测定待测元素和内标元素的信号响应值，以待测元素的浓度为横坐标，待测元素与所选内标元素响应信号值的比值为纵坐标，绘制标准曲线。

（5）试样溶液的测定

将空白溶液和试样溶液分别注入电感耦合等离子体质谱仪中，测定待测元素和内标元素的信号响应值，根据标准曲线得到消解液中待测元素的浓度。

2.2.2.6 分析结果的表述

（1）低含量待测元素的计算

试样中低含量待测元素的含量按式 2.2 计算：

$$X = \frac{(\rho - \rho_0) \times V \times f}{m \times 1\,000} \qquad (2.2)$$

式中：

X——试样中待测元素含量，单位为毫克每千克或毫克每升（mg/kg 或 mg/L）；

ρ——试样溶液中被测元素质量浓度，单位为微克每升（μg/L）；

ρ_0——试样空白液中被测元素质量浓度，单位为微克每升（μg/L）；

V——试样消化液定容体积，单位为毫升（mL）；

f——试样稀释倍数；

m——试样称取质量或移取体积，单位为克或毫升（g 或 mL）；

1 000——换算系数。

计算结果保留 3 位有效数字。

（2）高含量待测元素的计算

按试样中高含量待测元素的含量按式 2.3 计算：

$$X = \frac{(\rho - \rho_0) \times V \times f}{m} \tag{2.3}$$

式中：

X——试样中待测元素含量，单位为毫克每千克或毫克每升（mg/kg 或 mg/L）；

ρ——试样溶液中被测元素质量浓度，单位为毫克每升（mg/L）；

ρ_0——试样空白液中被测元素质量浓度，单位为毫克每升（mg/L）；

V——试样消化液定容体积，单位为毫升（mL）；

f——试样稀释倍数；

m——试样称取质量或移取体积，单位为克或毫升（g 或 mL）。

计算结果保留 3 位有效数字。

2.2.2.7 精密度

样品中各元素含量大于 1mg/kg 时，在重复性条件下获得的两次独立测定结果的绝对差值不得超过算术平均值的 10%；小于或等于 1mg/kg 且大于 0.1mg/kg 时，在重复性条件下获得的 2 次独立测定结果的绝对差值不得超过算术平均值的 15%；小于或等于 0.1mg/kg 时，在重复性条件下获得的 2 次独立测定结果的绝对差值不得超过算术平均值的 20%。

2.2.2.8 其他

固体样品以 0.5g 定容体积至 50mL，液体样品以 2mL 定容体积至 50mL 计算。

2.2.3 火焰原子吸收光谱法

在此，以 GB 5009.12—2017《食品安全国家标准食品中铅的测定》为例进行介绍。

2.2.3.1 原理

试样经处理后，铅离子在一定 pH 值条件下与二乙基二硫代氨基甲酸钠（DDTC）形成络合物，经 4-甲基-2-戊酮（MIBK）萃取分离，导入原子吸收光谱仪中，经火焰原子化，在 283.3nm 处测定吸光度。在一定浓度范围内铅的吸光度值与铅含量成正比，与标准系列比较定量。

2.2.3.2 试剂和材料

注：除非另有说明，本方法所用试剂均为分析纯，水为 GB/T 6682 规定的二级水。

（1）试剂

①硝酸（HNO₃）：优级纯。

②高氯酸（HClO₄）：优级纯。

③硫酸铵［(NH₄)₂SO₄］。

④柠檬酸铵［C₆H₅O₇(NH₄)₃］。

⑤溴百里酚蓝（C₂₇H₂₈O₅SBr₂）。

⑥二乙基二硫代氨基甲酸钠［DDTC，(C₂H₅)₂NCSSNa·3H₂O］。

⑦氨水（NH₃·H₂O）：优级纯。

⑧4-甲基-2-戊酮（MIBK，C₆H₁₂O）。

⑨盐酸（HCl）：优级纯。

（2）试剂配制

①硝酸溶液（5+95）：量取 50mL 硝酸，加入 950mL 水中，混匀。

②硝酸溶液（1+9）：量取 50mL 硝酸，加入 450mL 水中，混匀。

③硫酸铵溶液（300g/L）：称取 30g 硫酸铵，用水溶解并稀释至 100mL，混匀。

④柠檬酸铵溶液（250g/L）：称取 25g 柠檬酸铵，用水溶解并稀释至 100mL，混匀。

⑤溴百里酚蓝水溶液（1g/L）：称取 0.1g 溴百里酚蓝，用水溶解并稀释至 100mL，混匀。

⑥DDTC 溶液（50g/L）：称取 5g DDTC，用水溶解并稀释至 100mL，混匀。

⑦氨水溶液（1+1）：吸取 100mL 氨水，加入 100mL 水，混匀。

⑧盐酸溶液（1+11）：吸取 10mL 盐酸，加入 110mL 水，混匀。

（3）标准品

硝酸铅［Pb(NO₃)₂，CAS 号：10099-74-8］：纯度>99.99%。或经国家认证并授予标准物质证书的一定浓度的铅标准溶液。

（4）标准溶液配制

①铅标准储备液（1 000mg/L）：准确称取 1.598 5g（精确至 0.000 1g）硝酸铅，用少量硝酸溶液（1+9）溶解，移入 1 000mL 容量瓶，加水至刻度，混匀。

②铅标准使用液（10.0mg/L）：准确吸取铅标准储备液（1 000mg/L）1.00mL 于 100mL 容量瓶中，加硝酸溶液（5+95）至刻度，混匀。

2.2.3.3 仪器和设备

注：所有玻璃器皿均需硝酸（1+5）浸泡过夜，用自来水反复冲洗，最后用水冲洗干净。

①原子吸收光谱仪：配火焰原子化器，附铅空心阴极灯。

②分析天平：感量 0.1mg 和 1mg。

③可调式电热炉。

④可调式电热板。

2.2.3.4 分析步骤

（1）试样制备

注：在采样和试样制备过程中，应避免试样污染。

①粮食、豆类样品：样品去除杂物后，粉碎，储存在塑料瓶中。

②蔬菜、水果、鱼类、肉类等样品：样品用水洗净，晾干，取可食部分，制成匀浆，储存在塑料瓶中。

③饮料、酒、醋、酱油、食用植物油、液态乳等液体样品：将样品摇匀。

（2）试样前处理

①湿法消解：称取固体试样 0.2~3g（精确至 0.001g）或准确移取液体试样 0.500~5.00mL 于带刻度消化管中，加入 10mL 硝酸和 0.5mL 高氯酸，在可调式电热炉上消解（参考条件：120℃ 0.5~1h；升至 180℃ 2~4h；升至 200~220℃）。若消化液呈棕褐色，再加少量硝酸，消解至冒白烟，消化液呈无色透明或略带黄色，取出消化管，冷却后用水定容至 10mL，混匀备用。同时做试剂空白试验。也可采用锥形瓶，于可调式电热板上，按上述操作方法进行湿法消解。

②微波消解：称取固体试样 0.2~0.8g（精确至 0.001g）或准确移取液体试样 0.500~3.00mL 于微波消解罐中，加入 5mL 硝酸，按照微波消解的操作步骤消解试样，消解条件参考表 2.10。冷却后取出消解罐，在电热板上于 140~160℃ pH 值至 7.0 左右。消解罐放冷后，将消化液转移至 10mL 容量瓶中，用少量水洗涤消解罐 2~3 次，合并洗涤液于容量瓶中并用水定容至刻度，混匀备用。同时做试剂空白试验。

表 2.10　微波消解升温程序

步骤	设定温度/℃	升温时间/min	恒温时间/min
1	120	5	5
2	160	5	10
3	180	5	10

③压力罐消解：称取固体试样 0.2~1g（精确至 0.001g）或准确移取液体试样 0.500~5.00mL 于消解内罐中，加入 5mL 硝酸。盖好内盖，旋紧不锈钢外套，放入恒温干燥箱，于 140~160℃下保持 4~5h。冷却后缓慢旋松外罐，取出消解内罐，放在可调式电热板上于 140~160℃赶酸至 1mL 左右。冷却后将消化液转移至 10mL 容量瓶中，用少量水洗涤内罐和内盖 2~3 次，合并洗涤液于容量瓶中并用水定容至刻度，混匀备用。同时做试剂空白试验。

2.2.3.5 测定

（1）仪器参考条件

根据各自仪器性能调至最佳状态。参考条件参见表 2.11。

表 2.11 火焰原子吸收光谱法仪器参考条件

元素	波长/nm	狭缝/nm	灯电流/mA	燃烧头高度/mm	空气流量/(L/min)
铅	283.3	0.5	8~12	6	8

（2）标准曲线的制作

分别吸取铅标准使用液 0mL、0.250mL、0.500mL、1.00mL、1.50mL 和 2.00mL（相当 0μg、2.50μg、5.00μg、10.0μg、15.0μg 和 20.0μg 铅）于 125mL 分液漏斗中，补加水至 60mL。加 2mL 柠檬酸铵溶液（250g/L），溴百里酚蓝水溶液（1g/L）3~5 滴，用氨水溶液（1+1）调 pH 值至溶液由黄变蓝，加硫酸铵溶液（300g/L）10mL，DDTC 溶液（1g/L）10mL，摇匀。放置 5min 左右，加入 10mL MIBK，剧烈振摇提取 1min，静置分层后，弃去水层，将 MIBK 层放入 10mL 带塞刻度管中，得到标准系列溶液。

将标准系列溶液按质量由低到高的顺序分别导入火焰原子化器，原子化后测其吸光度值，以铅的质量为横坐标，吸光度值为纵坐标，制作标准曲线。

（3）试样溶液的测定

将试样消化液及试剂空白溶液分别置于 125mL 分液漏斗中，补加水至 60mL。加 2mL 柠檬酸铵溶液（250g/L），溴百里酚蓝水溶液（1g/L）3~5 滴，用氨水溶液（1+1）调 pH 值至溶液由黄变蓝，加硫酸铵溶液（300g/L）10mL，DDTC 溶液（1g/L）10mL，摇匀。放置 5min 左右，加入 10mL MIBK，剧烈振摇提取 1min，静置分层后，弃去水层，将 MIBK 层放入 10mL 带塞刻度管中，得到试样溶液和空白溶液。

将试样溶液和空白溶液分别导入火焰原子化器，原子化后测其吸光度值，与标准系列比较定量。

2.2.3.6 分析结果的表述

试样中铅的含量按式 2.4 计算：

$$X = \frac{(m_1 - m_0)}{m_2} \qquad\qquad (2.4)$$

式中：

X——试样中铅的含量，单位为毫克每千克或毫克每升（mg/kg 或 mg/L）；

m_1——试样溶液中铅的质量，单位为微克（μg）；

m_0——空白溶液中铅的质量，单位为微克（μg）；

m_2——试样称样量或移取体积，单位为克或毫升（g 或 mL）。

当铅含量≥10.0mg/kg（或 mg/L）时，计算结果保留 3 位有效数字；当铅含量<10.0mg/kg（或 mg/L）时，计算结果保留 2 位有效数字。

2.2.3.7 精密度

在重复性条件下获得的 2 次独立测定结果的绝对差值不得超过算术平均值的 20%。

2.2.3.8 其他

以称样量 0.5g（或 0.5mL）计算，方法的检出限为 0.4mg/kg（或 0.4mg/L），定量限为 1.2mg/kg（或 1.2mg/L）。

2.2.4 二硫腙比色法

在此，以 GB 5009.12—2017《食品安全国家标准 食品中铅的测定》为例进行介绍。

2.2.4.1 原理

试样经消化后，在 pH 值 8.5～9.0 时，铅离子与二硫腙生成红色络合物，溶于三氯甲烷。加入柠檬酸铵、氰化钾和盐酸羟胺等，防止铁、铜、锌等离子干扰。于波长510nm 处测定吸光度，与标准系列比较定量。

2.2.4.2 试剂和材料

除非另有说明，本方法所用试剂均为分析纯，水为 GB/T 6682 规定的三级水。

（1）试剂

①硝酸（HNO_3）：优级纯。

②高氯酸（$HClO_4$）：优级纯。

③氨水（$NH_3 \cdot H_2O$）：优级纯。

④盐酸（HCl）：优级纯。

⑤酚红（$C_{19}H_{14}O_5S$）。

⑥盐酸羟胺（$NH_2OH \cdot HCl$）。

⑦柠檬酸铵 $[C_6H_5O_7(NH_4)_3]$。

⑧氰化钾（KCN）。

⑨三氯甲烷（$CHCl_3$，不应含氧化物）。

⑩二硫腙（$C_6H_5NHNHCSN=NC_6H_5$）。

⑪乙醇（C_2H_5OH）：优级纯。

（2）试剂配制

①硝酸溶液（5+95）：量取 50mL 硝酸，缓慢加入 950mL 水中，混匀。

②硝酸溶液（1+9）：量取 50mL 硝酸，缓慢加入 450mL 水中，混匀。

③氨水溶液（1+1）：量取 100mL 氨水，加入 100mL 水，混匀。

④氨水溶液（1+99）：量取 10mL 氨水，加入 990mL 水，混匀。

⑤盐酸溶液（1+1）：量取 100mL 盐酸，加入 100mL 水，混匀。

⑥酚红指示液（1g/L）：称取 0.1g 酚红，用少量多次乙醇溶解后移入 100mL 容量瓶中并定容至刻度，混匀。

⑦二硫腙-三氯甲烷溶液（0.5g/L）：称取 0.5g 二硫腙，用三氯甲烷溶解，并定容至 1 000mL，混匀，保存于 0~5℃下，必要时用下述方法纯化。称取 0.5g 研细的二硫腙，溶于 50mL 三氯甲烷中，如不全溶，可用滤纸过滤于 250mL 分液漏斗中，用氨水溶液（1+99）提取 3 次，每次 100mL，将提取液用脱脂棉过滤至 500mL 分液漏斗中，用盐酸溶液（1+1）调至酸性，将沉淀出的二硫腙用三氯甲烷提取 2~3 次，每次 20mL，合并三氯甲烷层，用等量水洗涤 2 次，弃去洗涤液，在 50℃水浴中蒸去三氯甲烷。精制的二硫腙置于硫酸干燥器中，干燥备用。或将沉淀出的二硫腙用 200mL、200mL、100mL 三氯甲烷提取 3 次，合并三氯甲烷层为二硫腙-三氯甲烷溶液。

⑧盐酸羟胺溶液（200g/L）：称 20g 盐酸羟胺，加水溶解至 50mL，加 2 滴酚红指示液（1g/L），加氨水溶液（1+1），调 pH 值至 8.5~9.0（由黄变红，再多加 2 滴），用二硫腙-三氯甲烷溶液（0.5g/L）提取至三氯甲烷层绿色不变为止，再用三氯甲烷洗 2 次，弃去三氯甲烷层，水层加盐酸溶液（1+1）至呈酸性，加水至 100mL，混匀。

⑨柠檬酸铵溶液（200g/L）：称取 50g 柠檬酸铵，溶于 100mL 水中，加 2 滴酚红指示液（1g/L），加氨水溶液（1+1），调 pH 值至 8.5~9.0，用二硫腙-三氯甲烷溶液（0.5g/L）提取数次，每次 10~20mL，至三氯甲烷层绿色不变为止，弃去三氯甲烷层，再用三氯甲烷洗二次，每次 5mL，弃去三氯甲烷层，加水稀释至 250mL，混匀。

⑩氰化钾溶液（100g/L）：称取 10g 氰化钾，用水溶解后稀释至 100mL，混匀。

⑪二硫腙使用液：吸取 1.0mL 二硫腙-三氯甲烷溶液（0.5g/L），加三氯甲烷至

10mL，混匀。用 1cm 比色杯，以三氯甲烷调节零点，于波长 510nm 处测吸光度（A），用式 2.5 算出配制 100mL 二硫腙使用液（70%透光率）所需二硫腙-三氯甲烷溶液（0.5g/L）的毫升数（V）。量取计算所得体积的二硫腙-三氯甲烷溶液，用三氯甲烷稀释至 100mL。

$$V=\frac{10\times(2-\lg70)}{A}=\frac{1.55}{A} \tag{2.5}$$

（3）标准品

硝酸铅［Pb(NO₃)₂，CAS 号：10099-74-8］：纯度>99.99%。或经国家认证并授予标准物质证书的一定浓度的铅标准溶液。

（4）标准溶液配制

①铅标准储备液（1 000mg/L）：准确称取 1.598 5g 硝酸铅，用少量硝酸溶液（1+9）溶解，移入 1 000mL 容量瓶，加水至刻度，混匀。

②铅标准使用液（10.0mg/L）：准确吸取铅标准储备液（1 000mg/L）1.00mL 于 100mL 容量瓶中，加硝酸溶液（5+95）至刻度，混匀。

2.2.4.3 仪器和设备

注：所有玻璃器皿均需硝酸（1+5）浸泡过夜，用自来水反复冲洗，最后用水冲洗干净。

①分光光度计。

②分析天平：感量 0.1mg 和 1mg。

③可调式电热炉。

④可调式电热板。

2.2.4.4 分析步骤

（1）试样制备

注：在采样和试样制备过程中，应避免试样污染。

①粮食、豆类样品：样品去除杂物后，粉碎，储存在塑料瓶中。

②蔬菜、水果、鱼类、肉类等样品：样品用水洗净，晾干，取可食部分，制成匀浆，储存在塑料瓶中。

③饮料、酒、醋、酱油、食用植物油、液态乳等液体样品：将样品摇匀。

（2）试样前处理

①湿法消解：称取固体试样 0.2～3g（精确至 0.001g）或准确移取液体试样 0.500～5.00mL 于带刻度消化管中，加入 10mL 硝酸和 0.5mL 高氯酸，在可调式电热炉上消解（参考条件：120℃ 0.5～1h；升至 180℃ 2～4h；升至 200～220℃）。若消化液呈棕褐色，再加少量硝酸，消解至冒白烟，消化液呈无色透明或略带黄色，取出消

化管，冷却后用水定容至10mL，混匀备用。同时做试剂空白试验。也可以采用锥形瓶，于可调式电热板上，按上述操作方法进行湿法消解。

②微波消解：称取固体试样0.2~0.8g（精确至0.001g）或准确移取液体试样0.500~3.00mL于微波消解罐中，加入5mL硝酸，按照微波消解的操作步骤消解试样，消解条件参考表2.12。冷却后取出消解罐，在电热板上于140~160℃赶酸至1mL左右。消解罐放冷后，将消化液转移至10mL容量瓶中，用少量水洗涤消解罐2~3次，合并洗涤液于容量瓶中并用水定容至刻度，混匀备用。同时做试剂空白试验。

表2.12　微波消解升温程序

步骤	设定温度/℃	升温时间/min	恒温时间/min
1	120	5	5
2	160	5	10
3	180	5	10

③压力罐消解：称取固体试样0.2~1g（精确至0.001g）或准确移取液体试样0.500~5.00mL于消解内罐中，加入5mL硝酸。盖好内盖，旋紧不锈钢外套，放入恒温干燥箱，于140~160℃下保持4~5h。冷却后缓慢旋松外罐，取出消解内罐，放在可调式电热板上于140~160℃赶酸至1mL左右。冷却后将消化液转移至10mL容量瓶中，用少量水洗涤内罐和内盖2~3次，合并洗涤液于容量瓶中并用水定容至刻度，混匀备用。同时做试剂空白试验。

（3）测定

①仪器参考条件：将仪器性能调至最佳状态。测定波长：510nm。

②标准曲线的制作：吸取0mL、0.100mL、0.200mL、0.300mL、0.400mL和0.500mL铅标准使用液（相当0μg、1.00μg、2.00μg、3.00μg、4.00μg和5.00μg铅）分别置于125mL分液漏斗中，各加硝酸溶液（5+95）至20mL。再各加2mL柠檬酸铵溶液（200g/L），1mL盐酸羟胺溶液（200g/L）和2滴酚红指示液（1g/L），用氨水溶液（1+1）调至红色，再各加2mL氰化钾溶液（100g/L），混匀。各加5mL二硫腙使用液，剧烈振摇1min，静置分层后，三氯甲烷层经脱脂棉滤入1cm比色杯中，以三氯甲烷调节零点于波长510nm处测吸光度，以铅的质量为横坐标，吸光度值为纵坐标，制作标准曲线。

③试样溶液的测定：将试样溶液及空白溶液分别置于125mL分液漏斗中，各加硝酸溶液至20mL。于消解液及试剂空白液中各加2mL柠檬酸铵溶液（200g/L），1mL盐酸羟胺溶液（200g/L）和2滴酚红指示液（1g/L），用氨水溶液（1+1）调至红色，再各加2mL氰化钾溶液（100g/L），混匀。各加5mL二硫腙使用液，剧烈振摇1min，静置分层后，三氯甲烷层经脱脂棉滤入1cm比色杯中，于波长510nm处测

吸光度，与标准系列比较定量。

2.2.4.5 分析结果的表述

试样中铅的含量按式 2.6 计算：

$$X = \frac{(m_1 - m_0)}{m_2} \tag{2.6}$$

式中：

X——试样中铅的含量，单位为毫克每千克或毫克每升（mg/kg 或 mg/L）；

m_1——试样溶液中铅的质量，单位为微克（μg）；

m_0——空白溶液中铅的质量，单位为微克（μg）；

m_2——试样称样量或移取体积，单位为克或毫升（g 或 mL）。

当铅含量 ≥10.0mg/kg（或 mg/L）时，计算结果保留 3 位有效数字；当铅含量 < 10.0mg/kg（或 mg/L）时，计算结果保留 2 位有效数字。

2.2.4.6 精密度

在重复性条件下获得的 2 次独立测定结果的绝对差值不得超过算术平均值的 10%。

2.2.4.7 其他

以称样量 0.5g（或 0.5mL）计算，方法的检出限为 1mg/kg（或 1mg/L），定量限为 3mg/kg（或 3mg/L）。

2.2.5 原子荧光光谱分析法（总汞的测定）

以 GB 5009.17—2014《食品安全国家标准 食品中总汞及有机汞的测定》中总汞的检测进行介绍。

2.2.5.1 原理

试样经过酸加热消解后，在酸性介质中，试样中被硼氢化钾或硼氢化钠还原成原子态汞，由载气（氩气）带入原子化器中，在汞空心阴极灯照射下，基态汞原子被激发至高能态，在由高能态回到基态时，发射出特征波长的荧光，其荧光强度与汞含量成正比，与标准系列溶液比较定量。

2.2.5.2 试剂和材料

注：除非另有说明，本方法所用试剂均为优级纯，水为 GB/T 6682 规定的一

级水。

（1）试剂

①硝酸（HNO₃）。

②过氧化氢（H₂O₂）。

③硫酸（H₂SO₄）。

④氢氧化钾（KOH）。

⑤硼氢化钾（KBH₄）：分析纯。

（2）试剂配制

①硝酸溶液（1+9）：量取 50mL 硝酸，缓缓加入 450mL 水中。

②硝酸溶液（5+95）：量取 5mL 硝酸，缓缓加入 95mL 水中。

③氢氧化钾溶液（5g/L）：称取 5.0g 氢氧化钾，纯水溶解并定容至 1 000mL，混匀。

④硼氢化钾溶液（5g/L）：称取 5.0g 硼氢化钾，用 5g/L 的氢氧化钾溶液溶解并定容至 1 000mL 混匀。现用现配。

⑤重铬酸钾的硝酸溶液（0.5g/L）：称取 0.05g 重铬酸钾溶于 100mL 硝酸溶液（5+95）中。

⑥硝酸-高氯酸混合溶液（5+1）：量取 500mL 硝酸，100mL 高氯酸，混匀。

（3）标准品

氯化汞（HgCl₂）：纯度≥99%。

（4）标准溶液配制

①汞标准储备液（1.00mg/mL）：准确称取 0.1354g 经干燥过的氯化汞，用重铬酸钾的硝酸溶液（0.5g/L）溶解并转移至 100mL 容量瓶中，稀释至刻度，混匀。此溶液浓度为 1.00mg/mL。于 4℃冰箱中避光保存，可保存 2 年。或购买经国家认证并授予标准物质证书的标准溶液物质。

②汞标准中间液（10μg/mL）：吸取 1.00mL 汞标准储备液（1.00mg/mL）于 100mL 容量瓶中，用重铬酸钾的硝酸溶液（0.5g/L）稀释至刻度，混匀，此溶液浓度为 10μg/mL。于 4℃冰箱中避光保存，可保存 2 年。

③汞标准使用液（50ng/mL）：吸取 0.50mL 汞标准中间液（10μg/mL）于 100mL 容量瓶中，加 0.5g/L 重铬酸钾的硝酸溶液至 100mL，混匀，此溶液浓度为 50ng/mL，现用现配。

2.2.5.3　仪器和设备

注：玻璃器皿及聚四氟乙烯消解内罐均需以硝酸溶液（1+4）浸泡 24h，用水反复冲洗，最后用去离子水冲洗干净。

①原子荧光光谱仪。

②天平：感量为 0.1mg 和 1mg。

③微波消解系统。

④压力消解器。

⑤恒温干燥箱（50~300℃）。

⑥控温电热板（50~200℃）。

⑦超声水浴箱。

2.2.5.4 分析步骤

（1）试样预处理

①在采样和制备过程中，应注意不使试样污染。

②粮食、豆类等样品去杂物后粉碎均匀，装入洁净聚乙烯瓶中，密封保存备用。

③蔬菜、水果、鱼类、肉类及蛋类等新鲜样品，洗净晾干，取可食部分匀浆，装入洁净聚乙烯瓶中，密封，于4℃冰箱冷藏备用。

（2）试样消解

①压力罐消解法：称取固体试样 0.2~1.0g（精确到 0.001g），新鲜样品 0.5~2.0g 或液体试样吸取 1~5mL 称量（精确到 0.001g），置于消解内罐中，加入 5mL 硝酸浸泡过夜。盖好内盖，旋紧不锈钢外套，放入恒温干燥箱，140~160℃保持 4~5h，在箱内自然冷却至室温，然后缓慢旋松不锈钢外套，将消解内罐取出，用少量水冲洗内盖，放在控温电热板上或超声水浴箱中，于80℃或超声脱气 2~5min 赶去棕色气体。取出消解内罐，将消化液转移至 25mL 容量瓶中，用少量水分 3 次洗涤内罐，洗涤液合并于容量瓶中并定容至刻度，混匀备用；同时做空白试验。

②微波消解法：称取固体试样 0.2~0.5g（精确到 0.001g）、新鲜样品 0.2~0.8g 或液体试样 1~3mL 于消解罐中，加入 5~8mL 硝酸，加盖放置过夜，旋紧罐盖，按照微波消解仪的标准操作步骤进行消解（消解参考条件见表 2.13）。冷却后取出，缓慢打开罐盖排气，用少量水冲洗内盖，将消解罐放在控温电热板上或超声水浴箱中，于80℃加热或超声脱气 2~5min，赶去棕色气体，取出消解内罐，将消化液转移至 25mL 塑料容量瓶中，用少量水分 3 次洗涤内罐，洗涤液合并于容量瓶中并定容至刻度，混匀备用；同时做空白试验。

表 2.13 粮食、蔬菜、鱼肉类试样微波消解参考条件

步骤	功率（1 600W）变化/%	温度/%	升温时间/min	保温时间/min
1	50	80	30	5
2	80	120	30	7
3	100	160	30	5

③回流消解法：粮食，称取 1.0~4.0g（精确到 0.001g）试样，置于消化装置锥

形瓶中，加玻璃珠数粒，加 45mL 硝酸、10mL 硫酸，转动锥形瓶防止局部炭化。装上冷凝管后，小火加热，待开始发泡即停止加热，发泡停止后，加热回流 2h。如加热过程中溶液变棕色，再加 5mL 硝酸，继续回流 2h，消解到样品完全溶解，一般呈淡黄色或无色，放冷后从冷凝管上端小心加入 20mL 水，继续加热回流 10min 放冷，用适量水冲洗冷凝管，冲洗液并入消化液中，将消化液经玻璃棉过滤于 100mL 容量瓶内，用少量水洗涤锥形瓶、滤器，洗涤液并入容量瓶内，加水至 100mL，混匀。同时做空白试验。

植物油及动物油脂，称取 1.0~3.0g（精确到 0.001g）试样，置于消化装置锥形瓶中，加玻璃珠数粒，加入 7mL 硫酸，小心混匀至溶液颜色变为棕色，然后加 40mL 硝酸。装上冷凝管后，小火加热，待开始发泡即停止加热，发泡停止后，加热回流 2h。如加热过程中溶液变棕色，再加入 5mL 硝酸，继续回流 2h，消解到样品完全溶解，一般呈淡黄色或无色，放冷后从冷凝管上端小心加入 20mL 水，继续加热回流 10min 放冷，用适量水冲洗冷凝管，冲洗液并入消化液中，将消化液经玻璃棉过滤于 100mL 容量瓶内，用少量水洗涤锥形瓶、滤器，洗涤液并入容量瓶内，加水至 100mL，混匀。同时做空白试验。

薯类、豆制品，称取 1.0~4.0g（精确到 0.001g），置于消化装置锥形瓶中，加玻璃珠数粒及 30mL 硝酸、5mL 硫酸，转动锥形瓶防止局部炭化。装上冷凝管后，小火加热，待开始发泡即停止加热，发泡停止后，加热回流 2h。如加热过程中溶液变棕色，再加 5mL 硝酸，继续回流 2h，消解到样品完全溶解，一般呈淡黄色或无色，放冷后从冷凝管上端小心加入 20mL 水，继续加热回流 10min 放冷，用适量水冲洗冷凝管，冲洗液并入消化液中，将消化液经玻璃棉过滤于 100mL 容量瓶内，用少量水洗涤锥形瓶、滤器，洗涤液并入容量瓶内，加水至 100mL，混匀。同时做空白试验。

肉、蛋类，称取 0.5~2.0g（精确到 0.001g），置于消化装置锥形瓶中，加玻璃珠数粒及 30mL 硝酸、5mL 硫酸，转动锥形瓶防止局部炭化。装上冷凝管后，小火加热，待开始发泡即停止加热，发泡停止后，加热回流 2h。如加热过程中溶液变棕色，再加 5mL 硝酸，继续回流 2h，消解到样品完全溶解，一般呈淡黄色或无色，放冷后从冷凝管上端小心加入 20mL 水，继续加热回流 10min 放冷，用适量水冲洗冷凝管，冲洗液并入消化液中，将消化液经玻璃棉过滤于 100mL 容量瓶内，用少量水洗涤锥形瓶、滤器，洗涤液并入容量瓶内，加水至 100mL，混匀。同时做空白试验。

乳及乳制品，称取 1.0~4.0g（精确到 0.001g）乳或乳制品，置于消化装置锥形瓶中，加玻璃珠数粒及 30mL 硝酸，加入 10mL 硫酸，乳制品加 5mL 硫酸，转动锥形瓶防止局部炭化。装上冷凝管后，小火加热，待开始发泡即停止加热，发泡停止后，加热回流 2h。如加热过程中溶液变棕色，再加 5mL 硝酸，继续回流 2h，消解到样品完全溶解，一般呈淡黄色或无色，放冷后从冷凝管上端小心加入 20mL 水，继续加热回流 10min 放冷，用适量水冲洗冷凝管，冲洗液并入消化液中，将消化液经玻璃棉过滤于 100mL 容量瓶内，用少量水洗涤锥形瓶、滤器，洗涤液并入容量瓶内，加水至 100mL，混匀。同时做空白试验。

（3）测定

①标准曲线制作：分别吸取 50ng/mL 汞标准使用液 0mL、0.20mL、0.50mL、1.00mL、1.50mL、2.00mL、2.50mL 于 50mL 容量瓶中，用硝酸溶液（1+9）稀释至 50mL，混匀。各自相当于汞浓度为 0ng/mL、0.20ng/mL、0.50ng/mL、1.00ng/mL、1.50ng/mL、2.00ng/mL、2.50ng/mL。

②试样溶液的测定：设定好仪器最佳条件，连续用硝酸溶液（1+9）进样，待读数稳定之后，转入标准系列测量，绘制标准曲线。转入试样测量，先用硝酸溶液（1+9）进样，使读数基本回零，再分别测定试样空白和试样消化液，每测定不同的试样前都应清洗进样器。试样测定结果按式（2.7）计算。

（4）仪器参考条件

光电倍增管负高压：240V；汞空心阴极灯电流：30mA；原子化器温度：300℃；载气流速：500mL/min；屏蔽气流速：1 000mL/min。

2.2.5.5　分析结果的表述

试样中汞含量按式 2.7 计算：

$$X = \frac{(c-c_0) \times V \times 1\,000}{m \times 1\,000 \times 1\,000} \tag{2.7}$$

式中：

X——试样中汞的含量，单位为毫克每千克或毫克每升（mg/kg 或 mg/L）；

c——测定样液中汞含量，单位为纳克每毫升（ng/mL）；

c_0——空白液中汞含量，单位为纳克每毫升（ng/mL）；

V——试样消化液定容总体积，单位为毫升（mL）；

1 000——换算系数；

m——试样质量，单位为克或毫升（g 或 mL）。

计算结果保留 2 位有效数字。

2.2.5.6　精密度

在重复性条件下获得的 2 次独立测定结果的绝对差值不得超过算术平均值的 20%。

2.2.5.7　其他

当样品称样量为 0.5g，定容体积为 25mL 时，方法检出限 0.003mg/kg，方法定量限 0.010mg/kg。

2.2.6　冷原子吸收光谱法（总汞的测定）

以 GB 5009.17—2014《食品安全国家标准　食品中总汞及有机汞的测定》中总汞的检测进行介绍。

2.2.6.1　原理

汞蒸气对波长 253.7nm 的共振线具有强烈的吸收作用。试样经过酸消解或催化酸消解使汞转为离子状态，在强酸性介质中以氯化亚锡还原成元素汞，载气将元素汞吹入汞测定仪，进行冷原子吸收测定，在一定浓度范围其吸收值与汞含量呈正比，外标法定量。

2.2.6.2　试剂和材料

注：除非另有说明，所用试剂均为优级纯，水为 GB/T6682 规定的一级水。

（1）试剂

①硝酸（HNO_3）。

②盐酸（HCl）。

③过氧化（H_2O_2）（30%）。

④无水氯化钙（$CaCl_2$）：分析纯。

⑤高锰酸钾（$KMnO_4$）：分析纯。

⑥重铬酸钾（$K_2Cr_2O_7$）：分析纯。

⑦氯化亚锡（$SnCl_2 \cdot 2H_2O$）：分析纯。

（2）试剂配制

①高锰酸钾溶液（50g/L）：称取 5.0g 高锰酸钾置于 100mL 棕色瓶中，用水溶解并稀释至 100mL。

②硝酸溶液（5+95）：量取 5mL 硝酸，缓缓倒入 95mL 水中，混匀。

③重铬酸钾的硝酸溶液（0.5g/L）：称取 0.05g 重铬酸钾溶于 100mL 硝酸溶液（5+95）中。

④氯化亚锡溶液（100g/L）：称取 10g 氯化亚锡溶于 20mL 盐酸中，90℃ 水浴中加热，轻微振荡，待氯化亚锡溶解成透明状后，冷却，纯水稀释定容至 100mL，加入几粒金属锡，置阴凉、避光处保存。一经发现浑浊应重新配制。

⑤硝酸溶液（1+9）：量取 50mL 硝酸，缓缓加入 450mL 水中。

（3）标准品

氯化汞（$HgCl_2$）：纯度≥99%。

（4）标准溶液配制

①汞标准储备液（1.00mg/mL）：准确称取 0.135 4g 经干燥过的氯化汞，用重铬酸钾的硝酸溶液（0.5g/L）溶解并转移至 100mL 容量瓶中，稀释至 100mL，混匀。此溶液浓度为 1.00mg/mL。于 4℃ 冰箱中避光保存，可保存 2 年。或购买经国家认证并授予标准物质证书的标准溶液物质。

②汞标准中间液（10μg/mL）：吸取 1.00mL 汞标准储备液（1.00mg/mL）于 100mL 容量瓶中，用重铬酸钾的硝酸溶液（0.5g/L）稀释至 100mL，混匀，此溶液浓度为 10μg/mL。于 4℃ 冰箱中避光保存，可保存 2 年。

③汞标准使用液（50ng/mL）：吸取 0.50mL 汞标准中间液（10μg/mL）于 100mL 容量瓶中，用 0.5g/L 重铬酸钾的硝酸溶液稀释至 100mL，混匀，此溶液浓度为 50ng/mL，现用现配。

2.2.6.3 仪器和设备

注：玻璃器皿及聚四氟乙烯消解内罐均需以硝酸溶液（1+4）浸泡 24h，用水反复冲洗，最后用去离子水冲洗干净。

①测汞仪（附气体循环泵、气体干燥装置、汞蒸气发生装置及汞蒸气吸收瓶），或全自动测汞仪。

②天平：感量为 0.1mg 和 1mg。

③微波消解系统。

④压力消解器。

⑤恒温干燥箱（200~300℃）。

⑥控温电热板（50~200℃）。

⑦超声水浴箱。

2.2.6.4 分析步骤

（1）试样预处理

①在采样和制备过程中，应注意不使试样污染。

②粮食、豆类等样品去杂物后粉碎均匀，装入洁净聚乙烯瓶中，密封保存备用。

③蔬菜、水果、鱼类、肉类及蛋类等新鲜样品，洗净晾干，取可食部分匀浆，装入洁净聚乙烯瓶中，密封，于 4℃ 冰箱冷藏备用。

（2）试样消解

①压力罐消解法：称取固体试样 0.2~1.0g（精确到 0.001g），新鲜样品 0.5~2.0g 或液体试样吸取 1~5mL 称量（精确到 0.001g），置于消解内罐中，加入 5mL 硝酸浸泡过夜。盖好内盖，旋紧不锈钢外套，放入恒温干燥箱，140~160℃ 保持 4~5h，在箱内自然冷却至室温，然后缓慢旋松不锈钢外套，将消解内罐取出，用少量水冲洗

内盖，放在控温电热板上或超声水浴箱中，于 80℃ 或超声脱气 2~5min 赶去棕色气体。取出消解内罐，将消化液转移至 25mL 容量瓶中，用少量水分 3 次洗涤内罐，洗涤液合并于容量瓶中并定容至 25mL，混匀备用；同时做空白试验。

②微波消解法：称取固体试样 0.2~0.5g（精确到 0.001g）、新鲜样品 0.2~0.8g 或液体试样 1~3mL 于消解罐中，加入 5~8mL 硝酸，加盖放置过夜，旋紧罐盖，按照微波消解仪的标准操作步骤进行消解（消解参考条件见表 2.14）。冷却后取出，缓慢打开罐盖排气，用少量水冲洗内盖，将消解罐放在控温电热板上或超声水浴箱中，于 80℃ 加热或超声脱气 2~5min，赶去棕色气体，取出消解内罐，将消化液转移至 25mL 塑料容量瓶中，用少量水分 3 次洗涤内罐，洗涤液合并于容量瓶中并定容至 25mL，混匀备用；同时做空白试验。

表 2.14 粮食、蔬菜、鱼肉类试样微波消解参考条件

步骤	功率（1 600W）变化/%	温度/%	升温时间/min	保温时间/min
1	50	80	30	5
2	80	120	30	7
3	100	160	30	5

③回流消解法：

粮食，称取 1.0~4.0g（精确到 0.001g）试样，置于消化装置锥形瓶中，加玻璃珠数粒，加 45mL 硝酸、10mL 硫酸，转动锥形瓶防止局部炭化。装上冷凝管后，小火加热，待开始发泡即停止加热，发泡停止后，加热回流 2h。如加热过程中溶液变棕色，再加 5mL 硝酸，继续回流 2h，消解到样品完全溶解，一般呈淡黄色或无色，放冷后从冷凝管上端小心加 20mL 水，继续加热回流 10min 放冷，用适量水冲洗冷凝管，冲洗液并入消化液中，将消化液经玻璃棉过滤于 100mL 容量瓶内，用少量水洗涤锥形瓶、滤器，洗涤液并入容量瓶内，加水至 100mL，混匀。同时做空白试验。

植物油及动物油脂，称取 1.0~3.0g（精确到 0.001g）试样，置于消化装置锥形瓶中，加玻璃珠数粒，加入 7mL 硫酸，小心混匀至溶液颜色变为棕色，然后加 40mL 硝酸。装上冷凝管后，小火加热，待开始发泡即停止加热，发泡停止后，加热回流 2h。如加热过程中溶液变棕色，再加 5mL 硝酸，继续回流 2h，消解到样品完全溶解，一般呈淡黄色或无色，放冷后从冷凝管上端小心加 20mL 水，继续加热回流 10min 放冷，用适量水冲洗冷凝管，冲洗液并入消化液中，将消化液经玻璃棉过滤于 100mL 容量瓶内，用少量水洗涤锥形瓶、滤器，洗涤液并入容量瓶内，加水至 100mL，混匀。同时做空白试验。

薯类、豆制品，称取 1.0~4.0g（精确到 0.001g），置于消化装置锥形瓶中，加玻璃珠数粒及 30mL 硝酸、5mL 硫酸，转动锥形瓶防止局部炭化。装上冷凝管后，小火加热，待开始发泡即停止加热，发泡停止后，加热回流 2h。如加热过程中溶液变

棕色，再加 5mL 硝酸，继续回流 2h，消解到样品完全溶解，一般呈淡黄色或无色，放冷后从冷凝管上端小心加 20mL 水，继续加热回流 10min 放冷，用适量水冲洗冷凝管，冲洗液并入消化液中，将消化液经玻璃棉过滤于 100mL 容量瓶内，用少量水洗涤锥形瓶、滤器，洗涤液并入容量瓶内，加水至 100mL，混匀。同时做空白试验。

肉、蛋类，称取 0.5~2.0g（精确到 0.001g），置于消化装置锥形瓶中，加玻璃珠数粒及 30mL 硝酸、5mL 硫酸、转动锥形瓶防止局部炭化。装上冷凝管后，小火加热，待开始发泡即停止加热，发泡停止后，加热回流 2h。如加热过程中溶液变棕色，再加 5mL 硝酸，继续回流 2h，消解到样品完全溶解，一般呈淡黄色或无色，放冷后从冷凝管上端小心加 20mL 水，继续加热回流 10min 放冷，用适量水冲洗冷凝管，冲洗液并入消化液中，将消化液经玻璃棉过滤于 100mL 容量瓶内，用少量水洗涤锥形瓶、滤器，洗涤液并入容量瓶内，加水至 100mL，混匀。同时做空白试验。

乳及乳制品，称取 1.0~4.0g（精确到 0.001g）乳或乳制品，置于消化装置锥形瓶中，加玻璃珠数粒及 30mL 硝酸，乳加 10mL 硫酸，乳制品加 5mL 硫酸，转动锥形瓶防止局部炭化。装上冷凝管后，小火加热，待开始发泡即停止加热，发泡停止后，加热回流 2h。如加热过程中溶液变棕色，再加 5mL 硝酸，继续回流 2h，消解到样品完全溶解，一般呈淡黄色或无色，放冷后从冷凝管上端小心加 20mL 水，继续加热回流 10min 放冷，用适量水冲洗冷凝管，冲洗液并入消化液中，将消化液经玻璃棉过滤于 100mL 容量瓶内，用少量水洗涤锥形瓶、滤器，洗涤液并入容量瓶内，加水至 100mL，混匀。同时做空白试验。

（3）仪器参考条件

打开测汞仪，预热 1h，并将仪器性能调至最佳状态。

分别吸取 50ng/mL 汞标准使用液 0mL、0.20mL、0.50mL、1.00mL、1.50mL、2.00mL、2.50mL 于 50mL 容量瓶中，用硝酸溶液（1+9）稀释至刻度，混匀。各自相当于汞浓度为 0ng/mL、0.20ng/mL、0.50ng/mL、1.00ng/mL、1.50ng/mL、2.00ng/mL、2.50ng/mL。

将标准系列溶液分别置于测汞仪的汞蒸气发生器中，连接抽气装置，沿壁迅速加入 3.0mL 还原剂氯化亚锡（100g/L），迅速盖紧瓶塞，随后有气泡产生，立即通过流速为 1.0L/min 的氮气或经活性炭处理的空气，使汞蒸气经过氯化钙干燥管进入测汞仪中，从仪器读数显示的最高点测得其吸收值。然后，打开吸收瓶上的三通阀将产生的剩余汞蒸气吸收于高锰酸钾溶液（50g/L）中，待测汞仪上的读数达到零点时进行下一次测定。同时做空白试验。求得吸光度值与汞质量关系的一元线性回归方程。

（4）试样溶液的测定

分别吸取样液和试剂空白液各 5.0mL 置于测汞仪的汞蒸气发生器的还原瓶中，以下按照连接抽气装置，沿壁迅速加入 3.0mL 还原剂氯化亚锡（100g/L），迅速盖紧瓶塞，随后有气泡产生，立即通过流速为 1.0L/min 的氮气或经活性炭处理的空气，使汞蒸气经过氯化钙干燥管进入测汞仪中，从仪器读数显示的最高点测得其吸收值。然后，打开吸收瓶上的三通阀将产生的剩余汞蒸气吸收于高锰酸钾溶液（50g/L）中，待测汞仪上的读数达到零点时进行下一次测定。同时做空白试验。将所测得吸光度值，代入标准系列溶液的一元线性回归方程中求得试样溶液中的汞含量。

2.2.6.5　分析结果的表述

试样中汞含量按式 2.8 计算：

$$X = \frac{(m_1 - m_2) \times V_1 \times 1\,000}{m \times V_2 \times 1\,000 \times 1\,000} \tag{2.8}$$

式中：

X——试样中汞含量，单位为毫克每千克或毫克每升（mg/kg 或 mg/L）；

m_1——测定样液中汞质量，单位为纳克（ng）；

m_2——空白液中汞质量，单位为纳克（ng）；

V_1——试样消化液定容总体积，单位为毫升（mL）；

1 000——换算系数；

m——试样质量，单位为克或毫升（g 或 mL）；

V_2——测定样液体积，单位为毫升（mL）。

计算结果保留 2 位有效数字。

2.2.6.6　精密度

在重复性条件下获得的 2 次独立测定结果的绝对差值不得超过算术平均值的 20%。

2.2.6.7　其他

当样品称样量为 0.5g，定容体积为 25mL 时，方法检出限为 0.002mg/kg，方法定量限为 0.007mg/kg。

2.2.7　甲基汞的测定（液相色谱-原子荧光光谱联用方法）

以 GB 5009.17—2014《食品安全国家标准　食品中总汞及有机汞的测定》中甲基汞的检测进行介绍。

2.2.7.1　原理

食品中甲基汞经超声波辅助 5mol/L 盐酸溶液提取后，使用 C_{18} 反相色谱柱分离，色谱流出液进入在线紫外消解系统，在紫外光照射下与强氧化剂过硫酸钾反应，甲基汞转变为无机汞。酸性环境下，无机汞与硼氢化钾在线反应生成汞蒸气，由原子荧光光谱仪测定。由保留时间定性，外标法峰面积定量。

2.2.7.2 试剂和材料

注：除非另有说明，本方法所用试剂均为优级纯，水为 GB/T 6682 规定的一级水。

（1）试剂

①甲醇（CH_3OH）：色谱纯。

②氢氧化钠（NaOH）。

③氢氧化钾（KOH）。

④硼氢化钾（KBH_4）：分析纯。

⑤过硫酸钾（$K_2S_2O_8$）：分析纯。

⑥乙酸铵（CH_3COONH_4）：分析纯。

⑦盐酸（HCl）。

⑧氨水（$NH_3 \cdot H_2O$）。

⑨L-半胱氨酸 [$L-HSCH_2CH(NH_2)COOH$]：分析纯。

（2）试剂配制

①流动相（5%甲醇+0.06mol/L 乙酸铵+0.1% L-半胱氨酸）：称取 0.5g L-半胱氨酸，2.2g 乙酸铵，置于 500mL 容量瓶中，用水溶解，再加入 25mL 甲醇，最后用水定容至 500mL。经 0.45μm 有机系滤膜过滤后，于超声水浴中超声脱气 30min。现用现配。

②盐酸溶液（5mol/L）：量取 208mL 盐酸，溶于水并稀释至 500mL。

③盐酸溶液 10%（体积比）：量取 100mL 盐酸，溶于水并稀释至 1 000mL。

④氢氧化钾溶液（5g/L）：称取 5.0g 氢氧化钾，溶于水并稀释至 1 000mL。

⑤氢氧化钠溶液（6mol/L）：称取 24g 氢氧化钠，溶于水并稀释至 100mL。

⑥硼氢化钾溶液（2g/L）：称取 2.0g 硼氢化钾，用氢氧化钾溶液（5g/L）溶解并稀释至 1 000mL。

⑦过硫酸钾溶液（2g/L）：称取 1.0g 过硫酸钾，用氢氧化钾溶液（5g/L）溶解并稀释至 500mL。现用现配。

⑧L-半胱氨酸溶液（10g/L）：称取 0.1g L-半胱氨酸，溶于 10mL 水中。现用现配。

⑨甲醇溶液（1+1）：量取甲醇 100mL，加入 100mL 水中，混匀。

（3）标准品

①氯化汞（$HgCl_2$）：纯度≥99%。

②氯化甲基汞（$HgCH_3Cl$）：纯度≥99%。

（4）标准溶液配制

①氯化汞标准储备液（200μg/mL，以 Hg 计）：准确称取 0.027 0g 氯化汞，用

0.5g/L 重铬酸钾的硝酸溶液溶解，并稀释、定容至 100mL。于 4℃冰箱中避光保存，可保存两年。或购买经国家认证并授予标准物质证书的标准溶液物质。

②甲基汞标准储备液（200μg/mL，以 Hg 计）：准确称取 0.025 0g 氯化甲基汞，加少量甲醇溶解，用甲醇溶液（1+1）稀释和定容至 100mL。于 4℃冰箱中避光保存，可保存两年。或购买经国家认证并授予标准物质证书的标准溶液物质。

③混合标准使用液（1.00μg/mL，以 Hg 计）：准确移取 0.50mL 甲基汞标准储备液和 0.50mL 氯化汞标准储备液，置于 100mL 容量瓶中，以流动相稀释至刻度，摇匀。此混合标准使用液中，两种汞化合物的浓度均为 1.00μg/mL。现用现配。

2.2.7.3　仪器和设备

注：玻璃器皿均需以硝酸溶液（1+4）浸泡 24h，用水反复冲洗，最后用去离子水冲洗干净。

①液相色谱-原子荧光光谱联用仪（LC-AFS）：由液相色谱仪（包括液相色谱泵和手动进样阀）、在线紫外消解系统及原子荧光光谱仪组成。

②天平：感量为 0.1mg 和 1.0mg。

③组织匀浆器。

④高速粉碎机。

⑤冷冻干燥机。

⑥离心机：最大转速 10 000r/min。

⑦超声清洗器。

2.2.7.4　分析步骤

（1）试样预处理

①在采样和制备过程中，应注意不使试样污染。

②粮食、豆类等样品去杂物后粉碎均匀，装入洁净聚乙烯瓶中，密封保存备用。

③蔬菜、水果、鱼类、肉类及蛋类等新鲜样品，洗净晾干，取可食部分匀浆，装入洁净聚乙烯瓶中，密封，于 4℃冰箱冷藏备用。

（2）试样提取

称取样品 0.50~2.0g（精确至 0.001g），置于 15mL 塑料离心管中，加入 10mL 的盐酸溶液（5mol/L），放置过夜。室温下超声水浴提取 60min，期间振摇数次。4℃下以 8 000r/min 离心 15min。准确吸取 2.0mL 上清液至 5mL 容量瓶或试管中，逐滴加入氢氧化钠溶液（6mol/L），调样液 pH 值为 2~7。加入 0.1mL 的 L-半胱氨酸溶液（10g/L），最后用水定容至 5mL。0.45μm 有机系滤膜过滤，待测。同时做空白试验。

注：滴加氢氧化钠溶液（6mol/L）时应缓慢逐滴加入，避免酸碱中和产生的热量来不及扩散，使温度很快升高，导致汞化合物挥发，造成测定值偏低。

（3）仪器参考条件

①液相色谱参考条件：液相色谱参考条件如下。

色谱柱：C_{18}分析柱（柱长150mm，内径4.6mm，粒径5μm），C_{18}预柱（柱长10mm，内径4.6mm，粒径5μm）。

流速：1.0mL/min。

进样体积：100μL。

②原子荧光检测参考条件：原子荧光检测参考条件如下。

负高压：300V；

汞灯电流：30mA；

原子化方式：冷原子；

载液：10%盐酸溶液；

载液流速：4.0mL/min；

还原剂：2g/L硼氢化钾溶液，还原剂流速4.0mL/min；

氧化剂：2g/L过硫酸钾溶液，氧化剂流速1.6mL/min；

载气流速：500mL/min；

辅助气流速：600mL/min。

（4）标准曲线制作

取5个10mL容量瓶，分别准确加入混合标准使用液（1.00g/mL）0mL、0.010mL、0.020mL、0.040mL、0.060mL和0.10mL，用流动相稀释至10mL。此标准系列溶液的汞浓度分别为0ng/mL、1.0ng/mL、2.0ng/mL、4.0ng/mL、6.0ng/mL和10.0ng/mL。吸取标准系列溶液100L进样，以标准系列溶液中目标化合物的浓度为横坐标，以色谱峰面积为纵坐标，绘制标准曲线。

试样溶液的测定：将试样溶液100μL注入液相色谱-原子荧光光谱联用仪中，得到色图，以保留时间定性。以外标法峰面积定量。平行测定次数不少于2次。标准溶液及试样溶液的色谱图参见图2.1及图2.2。

2.2.7.5　分析结果的表述

试样中甲基汞含量按式2.9计算：

$$X = \frac{f \times (c - c_0) \times V \times 1\,000}{m \times 1\,000 \times 1\,000} \tag{2.9}$$

式中：

X——试样中甲基汞的含量，单位为毫克每千克（mg/kg）；

f——稀释因子；

c——经标准曲线得到的测定液中甲基汞的浓度，单位为纳克每毫升（ng/mL）；

c_0——经标准曲线得到的空白溶液中甲基汞的浓度，单位为纳克每毫升（ng/mL）；

V——加入提取试剂的体积，单位为毫升（mL）；

1 000——换算系数；

m——试样称样量，单位为克（g）。

计算结果保留 2 位有效数字。

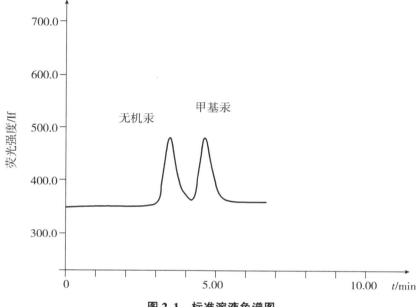

图 2.1　标准溶液色谱图

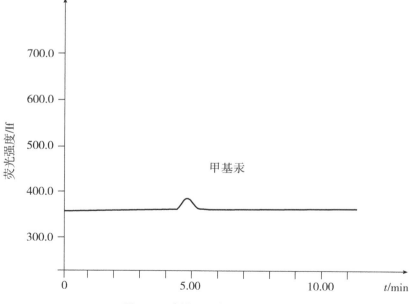

图 2.2　试样（鲤鱼肉）色谱图

2.2.7.6 精密度

在重复性条件下获得的 2 次独立测定结果的绝对差值不得超过算术平均值的 20%。

2.2.7.7 其他

当样品称样量为 1g，定常体积为 10mL 时，方法检出限为 0.008mg/kg，方法定量限为 0.025mg/kg。

2.2.8 银盐法（食品中总砷的测定）

以 GB 5009.11—2014《食品安全国家标准　食品中总砷及无机砷的测定》中第 1 篇第 3 法银盐法，总砷的检测进行介绍。此方法仅适用于总砷的测定。

2.2.8.1 原理

试样经消化后，以碘化钾、氯化亚锡将高价砷还原为三价砷，然后与锌粒和酸产生的新生态氢生成砷化氢，经银盐溶液吸收后，形成红色胶态物，与标准系列比较定量。

2.2.8.2 试剂和材料

注：除非另有说明，本方法所用试剂均为优级纯，水为 GB/T 6682 规定的一级水。

（1）试剂

①硝酸（HNO_3）。

②硫酸（H_2SO_4）。

③盐酸（HCl）。

④高氯酸（$HClO_4$）

⑤三氯甲烷（$CHCl_3$）：分析纯。

⑥二乙基二硫代氨基甲酸银 $[(C_2H_5)_2NCS_2Ag]$：分析纯。

⑦氯化亚锡（$SnCl_2$）：分析纯。

⑧硝酸镁 $[Mg(NO_3)_2 \cdot 6H_2O]$：分析纯。

⑨碘化钾（KI）：分析纯。

⑩氧化镁（MgO）：分析纯。

⑪乙酸铅（$C_4H_6O_4Pb \cdot 3H_2O$）：分析纯。

⑫三乙醇胺（$C_6H_{15}NO_3$）：分析纯。

⑬无砷锌粒：分析纯。

⑭氢氧化钠（NaOH）。

⑮乙酸。

（2）试剂配制

①硝酸-高氯酸混合溶液（4+1）：量取 80mL 硝酸，加入 20mL 高氯酸，混匀。

②硝酸镁溶液（150g/L）：称取 15g 硝酸镁，加水溶解并稀释定容至 100mL。

③碘化钾溶液（150g/L）：称取 15g 碘化钾，加水溶解并稀释定容至 100mL，储存于棕色瓶中。

④酸性氯化亚锡溶液：称取 40g 氯化亚锡，加盐酸溶解并稀释至 100mL，加入数颗金属锡粒。

⑤盐酸溶液（1+1）：量取 100mL 盐酸，缓缓倒入 100mL 水中，混匀。

⑥乙酸铅溶液（100g/L）：称取 11.8g 乙酸铅，用水溶解，加入 1~2 滴乙酸，用水稀释定容至 100mL。

⑦乙酸铅棉花：用乙酸铅溶液（100g/L）浸透脱脂棉后，压除多余溶液，并使之疏松，在 100℃ 以下干燥后，储存于玻璃瓶中。

⑧氢氧化钠溶液（200g/L）：称取 20g 氢氧化钠，溶于水并稀释至 100mL。

⑨硫酸溶液（6+94）：量取 6.0mL 硫酸，慢慢加入 80mL 水中，冷却后再加水稀释至 100mL。

⑩二乙基二硫代氨基甲酸银-三乙醇胺-三氯甲烷溶液：称取 0.25g 二乙基二硫代氨基甲酸银置于乳钵中，加少量三氯甲烷研磨，移入 100mL 量筒中，加入 1.8mL 三乙醇胺，再用三氯甲烷分次洗涤乳钵，洗涤液一并移入量筒中，用三氯甲烷稀释至 100mL，放置过夜。滤入棕色瓶中储存。

（3）标准品

三氧化二砷（As_2O_3）标准品：纯度≥99.5%。

（4）标准溶液配制

①砷标准储备液（100mg/L，按 As 计）：准确称取于 100℃ 干燥 2h 的三氧化二砷 0.132 0g，加 5mL 氢氧化钠溶液（200g/L），溶解后加 25mL 硫酸溶液（6+94）移入 1 000mL 容量瓶中，加新煮沸冷却的水稀释至 1 000mL，储存于棕色玻璃瓶中，4℃ 避光保存，保存期 1 年。或购买经国家认证并授予标准物质证书的标准物质。

②砷标准使用液（1.00mg/L，按 A 计）：吸取 1.00mL 标准储备液（100mg/L）于 100mL 容量瓶中，加 1mL 硫酸溶液（6+94），加水稀释至 100mL。现用现配。

2.2.8.3　仪器和设备

注：所用玻璃器皿均需以硝酸溶液（1+4）浸泡 24h，用水反复冲洗，最后用去离子水冲洗干净。

（1）分光光度计

（2）测砷装置（图 2.3）

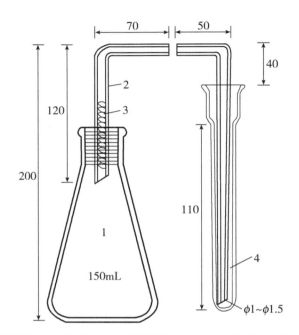

1—150mL 锥形瓶；2—导气管；3—乙酸铅脱脂棉；4—10mL 刻度离心管；单位—mm。

图 2.3　测砷装置

①100~150mL 锥形瓶：19 号标准口。

②导气管：管口 19 号标准口或经碱处理后洗净的橡皮塞与锥形瓶密合时不应漏气。管的另一端管径为 1.0mm。

③吸收管：10mL 刻度离心管作吸收管用。

2.2.8.4　试样制备

（1）试样预处理

①在采样和制备过程中，应注意不使试样污染。

②粮食、豆类等样品去杂物后粉碎均匀，装入洁净聚乙烯瓶中，密封保存备用。

③蔬菜、水果、鱼类、肉类及蛋类等新鲜样品，洗净晾干，取可食部分匀浆，装入洁净聚乙烯瓶中，密封，于 4℃冰箱冷藏备用。

（2）试样溶液制备

①硝酸-高氯酸硫酸法：

粮食、粉丝、粉条、豆制品、糕点、茶叶等及其他含水分少的固体食品：称取 5.0~10.0g 试样（精确至 0.001g），置于 250~500mL 定氮瓶中，先加少许水湿润，加数粒玻璃珠、10~15mL 硝酸-高氯酸混合液，放置片刻，小火缓缓加热，待作用缓和，放冷。沿瓶壁加入 5mL 或 10mL 硫酸，再加热，至瓶中液体开始变成棕色时，不断沿瓶壁滴加硝酸-高氯酸混合液至有机质分解完全。加大火力，至产生白烟，待瓶口白烟冒净后，瓶内液体再产生白烟为消化完全，该溶液应澄清透明无色或微带黄色，放冷（在操作过程中应注意防止爆沸或爆炸）。加 20mL 水煮沸，除去残余的硝酸至产生白烟为止，如此处理 2 次，放冷。将冷后的溶液移入 50mL 或 100mL 容量瓶中，用水洗涤定氮瓶，洗涤液并入容量瓶中，放冷，加水至刻度，混匀。定容后的溶液每 10mL 相当于 1g 试样，相当于加入硫酸量 1mL。取与消化试样相同量的硝酸-高氯酸混合液和硫酸，按同一方法做空白试验。

蔬菜、水果：称取 25.0~50.0g（精确至 0.001g）试样，置于 250~500mL 定氮瓶中，加数粒玻璃珠、10~15mL 硝酸-高氯酸混合液，放置片刻，小火缓缓加热，待作用缓和，放冷。沿瓶壁加入 5mL 或 10mL 硫酸，再加热，至瓶中液体开始变成棕色时，不断沿瓶壁滴加硝酸-高氯酸混合液至有机质分解完全。加大火力，至产生白烟，待瓶口白烟冒净后，瓶内液体再产生白烟为消化完全，该溶液应澄清透明无色或微带黄色，放冷（在操作过程中应注意防止爆沸或爆炸）。加 20mL 水煮沸，除去残余的硝酸至产生白烟为止，如此处理 2 次，放冷。将冷后的溶液移入 50mL 或 100mL 容量瓶中，用水洗涤定氮瓶，洗涤液并入容量瓶中，放冷，加水至刻度，混匀。定容后的溶液每 10mL 相当于 5g 试样，相当于加入硫酸 1mL，按同一操作方法做空白试验。

酱、酱油、醋、冷饮、豆腐、腐乳、酱腌菜等：称取 10.0~20.0g 试样（精确至 0.001g），或吸取 10.0~20.0mL 液体试样，置于 250~500mL 定氮瓶中，加数粒玻璃珠、5~15mL 硝酸-高氯酸混合液。放置片刻，小火缓缓加热，待作用缓和，放冷。沿瓶壁加入 5mL 或 10mL 硫酸，再加热，至瓶中液体开始变成棕色时，不断沿瓶壁滴加硝酸-高氯酸混合液至有机质分解完全。加大火力，至产生白烟，待瓶口白烟冒净后，瓶内液体再产生白烟为消化完全，该溶液应澄清透明无色或微带黄色，放冷（在操作过程中应注意防止爆沸或爆炸）。加 20mL 水煮沸，除去残余的硝酸至产生白烟为止，如此处理 2 次，放冷。将冷后的溶液移入 50mL 或 100mL 容量瓶中，用水洗涤定氮瓶，洗涤液并入容量瓶中，放冷，加水至刻度，混匀。定容后的溶液每 10mL 相当于 2g 或 2mL 试样。按同一操作方法做空白试验。

含酒精性饮料或含二氧化碳饮料：吸取 10.00~20.00mL 试样，置于 250~500mL 定氮瓶中，加数粒玻璃珠，先用小火加热除去乙醇或二氧化碳，再加 5~10mL 硝酸-高氯酸混合液，混匀后，放置片刻，小火缓缓加热，待作用缓和，放冷。沿瓶壁加入 5mL 或 10mL 硫酸，再加热，至瓶中液体开始变成棕色时，不断沿瓶壁滴加硝酸-高氯酸混合液至有机质分解完全。加大火力，至产生白烟，待瓶口白烟冒净后，瓶内液体再产生白烟为消化完全，该溶液应澄清透明无色或微带黄色，放冷（在操作过程中应注意防止爆沸或爆炸）。加 20mL 水煮沸，除去残余的硝酸至产生白烟为止，如此处理 2 次，放冷。将冷后的溶液移入 50mL 或 100mL 容量瓶中，用水洗涤定氮瓶，洗涤液并入容量瓶中，放冷，加水至刻度，混匀。定容后的溶液每 10mL 相当于 2mL 试样。按同一操作方法做空白试验。

含糖量高的食品：称取 5.0~10.0g 试样（精确至 0.001g），置于 250~500mL 定氮瓶中，先加少许水使湿润，加数粒玻璃珠、5~10mL 硝酸-高氯酸混合后，摇匀。缓缓加入 5mL 或 10mL 硫酸，待作用缓和停止起泡沫后，先用小火缓缓加热（糖分易炭化），不断沿瓶壁补加硝酸-高氯酸混合液，待泡沫全部消失后，再加大火力，至有机质分解完全，发生白烟，溶液应澄明无色或微带黄色，放冷。加 20mL 水煮沸，除去残余的硝酸至产生白烟为止，如此处理 2 次，放冷。将冷后的溶液移入 50mL 或 100mL 容量瓶中，用水洗涤定氮瓶，洗涤液并入容量瓶中，放冷，加水至刻度，混匀。定容后的溶液每 10mL 相当于 1g 试样，相当加入硫酸量 1mL。取与消化试样相同量的硝酸-高氯酸混合液和硫酸，按同一方法做空白试验。

水产品：称取试样 5.0~10.0g（精确至 0.001g）（海产藻类、贝类可适当减少取样量），置于 250~500mL 定氮瓶中，加数粒玻璃珠，5~10mL 硝酸-高氯酸混合液，混匀后，沿瓶壁加入 5mL 或 10mL 硫酸，再加热，至瓶中液体开始变成棕色时，不断沿瓶壁滴加硝酸-高氯酸混合液至有机质分解完全。加大火力，至产生白烟，待瓶口白烟冒净后，瓶内液体再产生白烟为消化完全，该溶液应澄清透明无色或微带黄色，放冷（在操作过程中应注意防止爆沸或爆炸）。加 20mL 水煮沸，除去残余的硝酸至产生白烟为止，如此处理 2 次，放冷。将冷后的溶液移入 50mL 或 100mL 容量瓶中，用水洗涤定氮瓶，洗涤液并入容量瓶中，放冷，加水至刻度，混匀。定容后的溶液每 10mL 相当于 1g 试样，相当加入硫酸量 1mL。取与消化试样相同量的硝酸-高氯酸混合液和硫酸，按同一方法做空白试验。

②硝酸-硫酸法：以硝酸代替硝酸高氯酸混合液进行操作。

③灰化法：

粮食、茶叶及其他含水分少的食品：称取试样 5.0g（精确至 0.001g），置于坩埚中，加 1g 氧化镁及 10mL 硝酸镁溶液，混匀，浸泡 4h。于低温或置水浴锅上蒸干，用小火炭化至无烟后移入马弗炉中加热至 550℃，灼烧 3~4h，冷却后取出。加 5mL 水湿润后，用细玻棒搅拌，再用少量水洗下玻棒上附着的灰分至坩埚内。放水浴上蒸干后移入马弗炉 550℃ 灰化 2h，冷却后取出。加 5mL 水湿润灰分，再慢慢加入 10mL 盐酸溶液（1+1），然后将溶液移入 50mL 容量瓶中，坩用盐酸溶液（1+1）洗涤 3 次，每次 5mL，再用水洗涤 3 次，每次 5mL，洗涤液均并入容量瓶中，再加水至刻度，混匀。定容后的溶液每 10mL 相当于 1g 试样，其加入盐酸量不少于（中和需要量除外）1.5mL。全量供银盐法测定时，不必再加盐酸。按同一操作方法做空白试验。

植物油：称取 5.0g 试样（精确至 0.001g），置于 50mL 瓷坩埚中，加 10g 硝酸镁，再在上面覆盖 2g 氧化镁，将坩埚置小火上加热，至刚冒烟，立即将坩埚取下，以防内容物溢出，待烟小后，再加热至炭化完全。将坩埚移至马弗炉中，550℃以下灼烧至灰化完全，冷后取出。加 5mL 水湿润灰分，再缓缓加入 15mL 盐酸溶液（1+1），然后将溶液移入 50mL 容量瓶中，坩埚用盐酸溶液（1+1）洗涤 5 次，每次 5mL，洗涤液均并入容量瓶中，加盐酸溶液（1+1）至刻度，混匀。定容后的溶液每 10mL 相当于 1g 试样，相当于加入盐酸量（中和需要量除外）1.5mL。按同一操作方法做空白试验。

水产品：称取试样 5.0g 置于坩埚中（精确至 0.001g），加 1g 氧化镁及 10mL 硝酸镁溶液，混匀，浸泡 4h。于低温或置水浴锅上蒸干，用小火炭化至无烟后移入马弗炉中加热至 550℃，灼烧 3~4h，冷却后取出。加 5mL 水湿润后，用细玻棒搅拌，再用少量水洗下玻棒上附着的灰分至坩埚内。放水浴上蒸干后移入马弗炉 550℃灰化 2h，冷却后取出。加 5mL 水湿润灰分，再慢慢加入 10mL 盐酸溶液（1+1），然后将溶液移入 50mL 容量瓶中，埚用盐酸溶液（1+1）洗涤 3 次，每次 5mL，再用水洗涤 3 次，每次 5mL，洗涤液均并入容量瓶中，再加水至刻度，混匀。定容后的溶液每 10mL 相当于 1g 试样，其加入盐酸量不少于（中和需要量除外）1.5mL。全量供银盐法测定时，不必再加盐酸。按同一操作方法做空白试验。

2.2.8.5　分析步骤

吸取一定量消化后的定容溶液（相当于 5g 试样）及同量的试剂空白液，分别置于 150mL 锥形瓶中，补加硫酸至总量为 5mL，加水至 50~55mL。

（1）标准曲线的绘制

分别吸取 0mL、2.0mL、4.0mL、6.0mL、8.0mL、10.0mL 砷标准使用液（相当 0μg、2.0μg、4.0μg、6.0μg、8.0μg、10.0μg）置于 6 个 150mL 锥形瓶中，加水至 40mL，再加 10mL 盐酸溶液（1+1）。

（2）用湿法消化液

于试样消化液、试剂空白液及砷标准溶液中各加 3mL 碘化钾溶液（150g/L）、0.5mL 酸性氯化亚锡溶液，混匀，静置 15min。各加入 3g 锌粒，立即分别塞上装有乙酸脱脂棉的导气管，并使管尖端插入盛有 4mL 银盐溶液的离心管中的液面下，在常温下反应 45min 后，取下离心管，加三氯甲烷补足 4mL。用 1cm 比色杯，以零管调节零点，于波长 520nm 处测吸光度，绘制标准曲线。

（3）用灰化法消化液

取灰化法消化液及试剂空白液分别置于 150mL 锥形瓶中。吸取 0mL、2.0mL、4.0mL、6.0mL、8.0mL、10.0mL 砷标准使用液（相当 0μg、2.0μg、4.0μg、6.0μg、8.0μg、10.0μg 砷），分别置于 150mL 锥形瓶中，加水至 43.5mL，再加 6.5mL 盐酸。于试样消化液、试剂空白液及砷标准溶液中各加 3mL 碘化钾溶液（150g/L）、0.5mL 酸性氯化亚锡溶液，混匀，静置 15min。各加入 3g 锌粒，立即分别塞上装有乙酸铅棉花的导气管，并使管尖端插入盛有 4mL 银盐溶液的离心管中的液面下，在常温下反应 45min 后，取下离心管，加三氯甲烷补足 4mL。用 1cm 比色杯，以零管调节零点，于波长 520nm 处测吸光度，绘制标准曲线。

2.2.8.6 分析结果的表述

试样中的砷含量按式 2.10 进行计算：

$$X = \frac{(A_1 - A_2) \times V_1 \times 1\,000}{m \times V_2 \times 1\,000 \times 1\,000} \tag{2.10}$$

式中：

X——试样中砷的含量，单位为毫克每千克（mg/kg）或毫克每升（mg/L）；

A_1——测定用试样消化液中砷的质量，单位为纳克（ng）；

A_2——试剂空白液中砷的质量，单位为纳克（ng）；

V_1——试样消化液的总体积，单位为毫升（mL）；

m——试样质量（体积），单位为克（g）或毫升（mL）；

V_2——测定用试样消化液的体积，单位为毫升（mL）。

计算结果保留 2 位有效数字。

2.2.8.7 精密度

在重复性条件下获得的 2 次独立测定结果的绝对差值不得超过算术平均值的 20%。

2.2.8.8 检出限

称样量为 1g，定容体积为 25mL 时，方法检出限为 0.2mg/kg，方法定量限为 0.7mg/kg。

2.2.9 液相色谱-电感耦合等离子质谱（LC-ICP/MS）法（无机砷的测定）

在此以 GB 5009.11—2014《食品安全国家标准　食品中总砷及无机砷的测定》中无机砷的检测技术为例进行介绍。

2.2.9.1 原理

食品中无机砷经稀硝酸提取后，以液相色谱进行分离，分离后的目标化合物经过雾化由载气送入 ICP 炬焰中，经过蒸发、解离、原子化、电离等过程，大部分转化为带正电荷的正离子，经离子采集系统进入质谱仪，质谱仪根据质荷比进行分离测定。

以保留时间定性和质荷比定性，外标法定量。

2.2.9.2 试剂和材料

注：除非另有说明，本方法所用试剂均为优级纯，水为 GB/T 6682 规定的一级水。

（1）试剂

①无水乙酸钠（NaCH$_3$COO）：分析纯。

②硝酸钾（KNO$_3$）：分析纯。

③磷酸二氢钠（NaH$_2$PO$_4$）：分析纯。

④乙二胺四乙酸二钠（C$_{10}$H$_{14}$N$_2$Na$_2$O$_8$）：分析纯。

⑤硝酸（HNO$_3$）。

⑥正己烷 [CH$_3$(CH$_2$)$_4$CH$_3$]。

⑦无水乙醇（CH$_3$CH$_2$OH）。

⑧氨水（NH$_3$·H$_2$O）。

（2）试剂配制

①硝酸溶液（0.15mol/L）：量取 10mL 硝酸，加水稀释至 1 000mL。

②流动相 A 相：含 10mmol/L 无水乙酸钠、3mmol/L 硝酸钾、10mmol/L 磷酸二氢钠、0.2mmol/L 乙二胺四乙酸二钠的缓冲液（pH 值 10）。分别准确称取 0.820g 无水乙酸钠、0.303g 硝酸钾、1.56g 磷酸二氢钠、0.075g 乙二胺四乙酸二钠，用水定容至 1 000mL，氨水调节 pH 值至 10，混匀。经 0.45μm 水系滤膜过滤后，于超声水浴中超声脱气 30min，备用。

③氢氧化钾溶液（100g/L）：称取 10g 氢氧化钾，加水溶解并稀释至 100mL。

（3）标准品

①三氧化二砷（As$_2$O$_3$）标准品：纯度≥99.5%。

②砷酸二氢钾（KH$_2$AsO$_4$）标准品：纯度≥99.5%。

（4）标准溶液配制

①亚砷酸盐 [As(Ⅲ)] 标准储备液（100mg/L，按 As 计）：准确称取三氧化二砷 0.013 2g，加 1mL 氢氧化钾溶液（100g/L）和少量水溶解，转入 100mL 容量瓶中，加入适量盐酸调整其酸度近中性，加水稀释至 100mL。4℃保存，保存期 1 年。或购买经国家认证并授予标准物质证书的标准溶液物质。

②砷酸盐 [As(Ⅴ)] 标准储备液（100mg/L，按 As 计）：准确称取砷酸二氢钾 0.024 0g，用水溶解，转入 100mL 容量瓶中并用水稀释至 100mL。4℃保存，保存期一年。或购买经国家认证并授予标准物质证书的标准物质。

③As（Ⅲ）、As（Ⅴ）混合标准使用液（1.00mg/L，按 As 计）：分别准确吸取 1.0mL As（Ⅲ）标准储备液（100mg/L）、1.0mL As（Ⅴ）标准储备液（100mg/L）于 100mL 容量瓶中，加水稀释并定容至 100mL。现用现配。

2.2.9.3 仪器和设备

注：所用玻璃器皿均需以硝酸溶液（1+4）浸泡24h，用水反复冲洗，最后用去离子水冲洗干净。

①液相色谱-电感耦合等离子质谱联用仪（LC-ICP/MS）：由液相色谱仪与电感耦合等离子质谱仪组成。

②组织匀浆器。

③高速粉碎机。

④冷冻干燥机。

⑤离心机：转速≥8 000r/min。

⑥pH计：精度为0.01。

⑦天平：感量为0.1mg和1mg。

⑧恒温干燥箱（50～300℃）。

2.2.9.4 分析步骤

（1）试样预处理

①在采样和制备过程中，应注意不使试样污染。

②粮食、豆类等样品去杂物后粉碎均匀，装入洁净聚乙烯瓶中，密封保存备用。

③蔬菜、水果、鱼类、肉类及蛋类等新鲜样品，洗净晾干，取可食部分匀浆，装入洁净聚乙烯瓶中，密封，于4℃冰箱冷藏备用。

（2）试样提取

①稻米样品：称取约1.0g稻米试样（准确至0.001g）于50mL塑料离心管中，加入20mL 0.15mol/L硝酸溶液，放置过夜。于90℃恒温箱中热浸提2.5h，每0.5h振摇1min。提取完毕，取出冷却至室温，8 000r/min离心15min，取上层清液，经0.45μm有机滤膜过滤后进样测定。按同一操作方法做空白试验。

②水产动物样品：称取约1.0g水产动物湿样（准确至0.001g），置于50mL塑料离心管中，加入20mL 0.15mol/L硝酸溶液，放置过夜。于90℃恒温箱中热浸提2.5h，每0.5h振摇1min。提取完毕，取出冷却至室温，8 000r/min离心15min。取5mL上清液置于离心管中，加入5mL正己烷，振摇1min后，8 000r/min离心15min，弃去上层正己烷。按此过程重复1次。吸取下层清液，经0.45μm有机滤膜过滤及C₁₈小柱净化后进样。按同一操作方法做空白试验。

③婴幼儿辅助食品样品：称取婴幼儿辅助食品1.000g于15mL塑料离心管中，加入10mL 0.15mol/L硝酸溶液，放置过夜。于90℃恒温箱中热浸提2.5h，每0.5h振摇1min，提取完毕，取出冷却至室温。8 000r/min离心15min。取5mL上清液置于离心管中，加入5mL正己烷，振摇1min，8 000r/min离心15min，弃去上层正己烷。

按此过程重复一次。吸取下层清液，经 0.45μm 有机滤膜过滤及 C₁₈ 小柱净化后进行分析。按同一操作方法做空白试验。

（3）仪器参考条件

①液相色谱参考条件：

色谱柱：阴离子交换色谱分析柱（柱长 250mm，内径 4mm），或等效柱。阴离子交换色谱保护柱（柱长 10mm，内径 4mm）或等效柱。

流动相：（含 10mmol/L 无水乙酸钠、3mmol/L 硝酸钾、10mmol/L 磷酸二氢钠、0.2mmol/L 乙二胺四乙酸二钠的缓冲液，氨水调节 pH 值至 10）：无水乙醇 = 99∶1（体积比）。

洗脱方式：等度洗脱。

进样体积：50μL。

②电感耦合等离子体质谱仪参考条件：

RF 射功率 1 550W；载气为高纯氩气；载气流速 0.85L/min；补偿气 0.15L/min。泵速 0.3r/s；检测质量数 m/z = 75（As），m/z = 35（Cl）。

（4）标准曲线制作

分别准确吸取 1.00mg/L 混合标准使用液 0mL、0.025mL、0.050mL、0.10mL、0.50mL 和 1.0mL 于 6 个 10mL 容量瓶，用水稀释至刻度，此标准系列 As 溶液的浓度分别为 0ng/mL、2.5ng/mL、5ng/mL、10ng/mL、50ng/mL 和 100ng/mL。

用调谐液调整仪器各项指标，使仪器灵敏度、氧化物、双电荷、分辨率等各项指标达到测定要求。

吸取标准系列溶液 50μL 注入液相色谱-电感耦合等离子质谱联用仪，得到色谱图，以保留时间定性。以标准系列溶液中目标化合物的浓度为横坐标，色谱峰面积为纵坐标，绘制标准曲线。标准溶液色谱图见图 2.4。

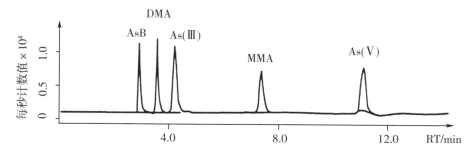

AsB—砷甜菜碱；As（Ⅲ）—亚砷酸；DMA—二甲基砷；MMA——甲基砷；As（Ⅴ）—砷酸。

图 2.4　砷混合标准溶液色谱图（LC-ICP/MS 法，等度洗脱）

（5）试样溶液的测定

吸取试样溶液 50μL 注入液相色谱-电感耦合等离子质谱联用仪，得到色谱图，以保留时间定性。根据标准曲线得到试样溶液中 As（Ⅲ）与 As（Ⅴ）含量，As（Ⅲ）与 As（Ⅴ）含量的和为总无机砷含量，平行测定次数不少于 2 次。

2.2.9.5 分析结果的表述

试样中无机砷的含量按式 2.11 计算：

$$X = \frac{(c-c_0) \times V \times 1\ 000}{m \times 1\ 000 \times 1\ 000} \tag{2.11}$$

式中：

X——样品中无机砷的含量（以 As 计），单位为毫克每千克（mg/kg）；

c——测定溶液中无机砷化合物浓度，单位为纳克每毫升（ng/mL）；

c_0——空白溶液中无机砷化合物浓度，单位为纳克每毫升（ng/mL）；

V——试样消化液体积，单位为毫升（mL）；

m——试样质量，单位为克（g）；

1 000——换算系数。

总无机砷含量等于 As（Ⅲ）含量与 As（Ⅴ）含量的和。

计算结果保留 2 位有效数字。

2.2.9.6 精密度

在重复性条件获得的 2 次独立测定结果的绝对差值不得超过算术平均值的 20%。

2.2.9.7 其他

本方法检出限：取样量为 1g，定容体积为 20mL 时；方法检出限为：稻米 0.01mg/kg、水产动物 0.02mg/kg、婴幼儿辅助食品 0.01mg/kg；方法定量限为：稻米 0.03mg/kg、水产动物 0.06mg/kg、婴幼儿辅助食品 0.03mg/kg。

2.2.10 苯芴酮比色法（食品中锡的测定）

以 GB 5009.16—2014《食品安全国家标准　食品中锡的测定》中第二法苯芴酮比色法为例进行介绍。

2.2.10.1 原理

试样经消化后，在弱酸性溶液中四价锡离子与苯芴酮形成微溶性橙红色络合物，在保护性胶体存在下与标准系列溶液比较定量。

2.2.10.2 试剂和材料

注：除特别注明外，本方法所使用试剂均为分析纯，水为 GB/T 6682 规定的三

级水。

（1）试剂

①酒石酸（$C_4H_4O_6H_2$）。

②抗坏血酸（$C_6H_8O_6$）。

③酚酞（$C_{20}H_{14}O_4$）。

④氨水（NH_4OH）。

⑤硫酸（H_2SO_4）。

⑥乙醇（C_2H_5OH）。

⑦甲醇（CH_3OH）。

⑧苯芴酮（$C_{19}H_{12}O_5$）。

⑨动物胶（明胶）。

（2）试剂配制

①酒石酸溶液（100g/L）：称取100g酒石酸溶于1L水中。

②抗坏血酸溶液（10.0g/L）：称取10.0g抗坏血酸溶于1L水，临用时配制。

③动物胶溶液（5.0g/L）：称取5.0g动物胶溶于1L水，临用时配制。

④氨溶液（1+1）：量取100mL氨水加入100mL水中，混匀。

⑤硫酸溶液（1+9）：量取10mL硫酸，搅拌下缓缓倒入90mL水中，混匀。

⑥苯芴酮溶液（0.1g/L）：称取0.01g（精确至0.001g）苯芴酮加少量甲醇及硫酸数滴溶解，以甲醇稀释至100mL。

⑦酚酞指示液（10.0g/L）：称取1.0g酚酞，用乙醇溶解至100mL。

（3）标准品

金属锡（Sn）标准品，纯度为99.99%或经国家认证并授予标准物质证书的标准物质。

（4）标准溶液的配制

①锡标准溶液（1.0mg/mL）：准确称取0.1g（精确至0.0001g）金属锡，置于小烧杯中，加入10mL硫酸，盖以表面皿，加热至锡完全溶解，移去表面皿，继续加热至发生浓白烟，冷却，慢慢加入50mL水，移入100mL容量瓶中，用硫酸溶液（1+9）多次洗涤烧杯，洗液并入容量瓶中，并稀释至100mL，混匀。

②锡标准使用液：吸取10.0mL锡标准溶液，置于100mL容量瓶中，以硫酸溶液（1+9）稀释至100mL，混匀。如此再次稀释至每毫升相当于10.0μg锡。

2.2.10.3　仪器和设备

①分光光度计。

②电子天平：感量为0.1mg和1mg。

2.2.10.4 分析步骤

（1）试样制备

①试样消化：称取试样 1.0~5.0g 于锥形瓶中，加入 20.0mL 硝酸-高氯酸混合溶液（4+1），加 1.0mL 硫酸，3 粒玻璃珠，放置过夜。次日置电热板上加热消化，如酸液过少，可适当补加硝酸，继续消化至冒白烟，待液体体积近 1mL 时取下冷却。用水将消化试样转入 50mL 容量瓶中，加水定容至 100mL，摇匀备用。同时做空白试验（如试样液中锡含量超出标准曲线范围，则用水进行稀释，并补加硫酸，使最终定容后的硫酸浓度与标准系列溶液相同）。

②吸取 1.00~5.00mL 试样消化液和同量的试剂空白溶液，分别置于 25mL 比色管中。于试样消化液、试剂空白液中各加 0.5mL 酒石酸溶液（100g/L）及 1 滴酚酞指示液（100g/L），混匀，各加氨溶液（1+1）中和至淡红色，加 3.0mL 硫酸溶液（1+1）、1.0mL 动物胶溶液（5.0g/L）及 2.5mL 抗坏血酸溶液（10.0g/L），再加水至 25mL，混匀，再各加 2.0mL 苯芴酮溶液（0.1g/L），混匀，放置 1h 后测量。

（2）标准曲线的制作

吸取 0mL、0.20mL、0.40mL、0.60mL、0.80mL、1.00mL 锡标准使用液（相当于 0μg、2.00μg、4.00μg、6.00μg、8.00μg、10.00μg 锡），分别置于 25mL 比色管中，各加 0.5mL 酒石酸溶液（100g/L）及 1 滴酚酞指示液（10.0g/L），混匀，各加氨溶液（1+1）中和至淡红色，加 3.0mL 硫酸溶液（1+9）、1.0mL 动物胶溶液（5.0g/L）及 2.5mL 抗坏血酸溶液（10.0g/L），再加水至 25mL，混匀，再各加 2.0mL 苯芴酮溶液，混匀，放置 1h 后测量。

用 2cm 比色杯于波长 490nm 处测吸光度，标准各点减去零管吸光值后，以标准系列溶液的浓度为横坐标，以吸光度为纵坐标，绘制标准曲线或计算直线回归方程。

（3）试样溶液的测定

用 2cm 比色杯以标准系列溶液零管调节零点，于波长 490nm 处分别对试剂空白溶液和试样溶液测定吸光度，所得吸光值与标准曲线比较或代入回归方程求出含量。

2.2.10.5 分析结果的表述

试样中锡的含量按式 2.12 进行计算：

$$X = \frac{(m_1 - m_2) \times V_1}{m_3 \times V_2} \tag{2.12}$$

式中：

X——试样中锡的含量，单位为毫克每千克或毫克每升（mg/kg 或 mg/L）；

m_1——测定用试样消化液中锡的质量，单位为微克（μg）；

m_2——试剂空白液中锡的质量，单位为微克（μg）；

V_1——试样消化液的定容体积，单位为毫升（mL）；

m_3——试样质量，单位为克（g）；

V_2——测定用试样消化液的体积，单位为毫升（mL）。

计算结果保留 2 位有效数字。

2.2.10.6　精密度

在重复性条件下获得的 2 次独立测定结果的绝对差值不得超过算术平均值的 10%。

2.2.10.7　其他

当取样量为 1.0g，取消化液为 5.0mL 测定时，本方法定量限为 20mg/kg。

2.3　重金属残留危害

低剂量重金属进入人体后会干扰生化过程，引起暂时或永久性病理变化，甚至危及生命。文章总结了镉、铬、铅、砷、铜对人体的危害以及每种重金属的暂定每周耐受摄入量（PTWI）的标准，比较各地区水产品体内重金属的含量，以供水产品中重金属相关研究借鉴。

2.3.1　重金属危害特征描述

2.3.1.1　镉对人体的危害

镉（Cd）是人体非必需的金属元素之一。镉的急性毒性表现为急剧的胃肠刺激症状。慢性毒性表现为抑制巨噬细胞的吞噬功能；尿路结石、肾损伤；干扰维生素 D 的代谢、引起成骨过程和骨代谢的紊乱；脑组织出现炎症反应、脑代谢紊乱；高血压；睾丸及卵巢病理组织学改变；肝脏脂质过氧化及产生过多自由基。当前国际癌症研究机构（IARC）将镉归类为 I 类致癌物。镉还可能导致胚胎发育异常，表现为致畸作用，还会诱导 DNA 损伤，表现为致突变作用。

2.3.1.2　铬对人体的危害

铬（Cr）主要积蓄在肝、肾和肺部，易引起肝组织退化、中央血管坏死、肾小管坏死和肺炎。临床上铬主要侵害皮肤和呼吸道，刺激和腐蚀黏膜。铬也会使成骨细胞出现炎症反应。六价铬化合物会使 DNA 结构发生变化并通过遗传作用影响婴儿的智力发育，同时具有致癌性。

2.3.1.3 铅对人体的危害

铅（Pb）的急性中毒表现为胃肠刺激症状。慢性毒性有：肾小管重吸收功能下降；末梢神经炎、弥漫性脑损伤和高血压脑病；细小动脉痉挛、硬化；生殖功能障碍；肝肿大、黄疸，甚至肝硬化或肝坏死。铅对动物有致癌、致畸、致突变的作用，但人体的致癌作用尚未验证。

2.3.1.4 砷对人体的危害

砷（As）俗称砒霜，急性砷中毒在临床上主要表现为急性胃肠炎，慢性砷中毒的主要表现有：神经系统病变，四肢末端有多发性神经炎或末梢神经炎；麻痹血管运动中枢，血压下降，心脏及脑组织缺血引起虚脱、意识消失及痉挛等；腐蚀消化道，使其出血与坏死，引起肝细胞退行性病变和糖原消失。砷及其化合物已被 IARC 确认为致癌物。

2.3.1.5 铜对人体的危害

铜（Cu），红棕色金属。急性铜中毒会出现胃肠道中毒症状，铜慢性中毒表现为肝、肾和神经系统受损，溶血、血红蛋白降低，血清乳酸脱氢酶升高以及脑组织病变等。

镉、铬、铅、砷和铜 5 种重金属对人体的危害见表 2.15。

表 2.15 镉、铬、铅、砷和铜 5 种重金属对人体的危害

重金属	急性毒性	慢性毒性									遗传毒性		
		免疫	泌尿	运动	神经	心血管	生殖	消化	表皮	呼吸	致癌	致畸	致突变
镉	√	√	√	√	√	√	√	√				√	√
铬			√	√		√			√	√	√	√	√
铅	√		√	√	√	√	√	√				√	√
砷	√			√	√		√				√		
铜	√		√		√	√	√						

2.3.2 剂量标准

食品添加剂联合专家委员会（Joint FAO/WHO Expert Committeeon Food Additives, JECFA）制定的每周可耐受摄入量（PTWI）在不同重金属上表现出量的差异。镉、铬、铅、砷和铜这 5 种重金属的每周可耐受摄入量（PTWI）见表 2.16。

表 2.16　镉、铬、铅、砷和铜的每周可耐受摄入量（PTWI）

项目	镉	铬	铅	砷	铜
PTWI	7μg/（kg·bw）	0.006 7mg/（kg·bw）	曾经为 0.025mg/（kg·bw），2010 年 6 月取消了铅的 PTWI 值	曾经为 15μg/（kg·bw），2010 年 6 月取消了砷的 PTWI 值	3.5mg/（kg·bw）

2.3.3　各地区水产品中重金属含量值比较

　　水生生物因其生活环境因素，极易富集重金属，水产品重金属污染情况现已成为社会关注的焦点。表 2.17 总结了各地区不同水产品中镉、铬、铅、砷和铜的平均含量。

表 2.17　各地区水产品中镉、铬、铅、砷和铜的平均含量

单位：mg/kg，湿质量

地点	水产品种类	重金属含量平均值				
		镉（Cd）	铬（Cr）	铅（Pb）	砷（As）	铜（Cu）
惠州	贝类	0.260 0	—	0.470 0	—	5.430 0
	甲壳类	0.093 0	—	0.210 0	—	3.000 0
	鱼类	0.063 0	—	0.280 0	—	0.990 0
大亚湾	鱼类	0.100 0	2.000 0	0.500 0	0.100 0	50.000 0
	甲壳类	0.500 0	2.000 0	0.500 0	0.500 0	50.000 0
杭州	淡水鱼	0.001 6	0.022 0	0.000 7	0.202 0	—
	淡水甲壳类	0.054 5	0.020 6	0.003 8	0.412 0	—
福建中北部海域	鱼类	0.003 5	—	0.018 8	0.010 4	—
	甲壳类	0.504 0	—	0.040 7	0.015 1	—
上海	淡水鱼类	0.003 0	—	0.014 0	0.078 0	—
	淡水甲壳类	0.066 5	—	0.022 0	0.262 0	—

2.3.4　结语

　　水生生物对重金属强烈的富集作用使人们开始关注水产品的安全问题，镉、铬、铅、砷和铜超过一定剂量会对人体健康产生严重危害，部分重金属与癌症等遗传毒性密切相关。本文总结了镉、铬、铅、砷和铜这 5 种重金属对人体产生的危害性，但仍

不完全，还需进行深入研究，比如重金属的风险评估和脱除等。

2.4　重金属残留危害现状分析

以稻米为例，分析从稻米生产途径到加工途径的过程中重金属污染现状。

2.4.1　生产途径

生产途径指在水稻种植过程中，由于土壤、水、肥、大气等受重金属的污染和胁迫，重金属通过土壤耕作系统进入稻株，进而在稻米中积累。

土壤重金属沉积。土壤污染是稻米重金属污染形成的最重要直接诱因。据统计，我国受重金属污染的耕地有约占耕地总面积的1/5，在我国水稻生产的主产区南方稻区，由于工矿企业较多，有色金属矿过度开采，工业"三废"不合理排放，大量重金属离子通过水系统或直接进入土壤，导致土壤重金属沉积，含量超标，尤其是工矿企业周围、大中型冶炼厂附近的稻田，农田重金属污染尤为严重。近年来，我国农田重金属污染总体呈现出从轻度污染向重度复合型污染发展、从局部污染向区域污染发展、从城市郊区向广大农村发展的趋势，重金属污染治理的形势不容乐观。

污水灌溉：污水灌溉是稻米重金属污染形成的重要原因。工矿企业形成的废水、城市生活形成的生活污水、商业废水等如果不经过处理，直接灌溉稻田或者经过河流汇聚后再灌溉稻田，都会对稻米重金属的富集起到推动作用。

肥料污染：研究表明，生产磷肥的原料磷矿石多为伴生性矿，含有不同程度的镉、铅等其他重金属元素。有害重金属离子随磷肥通过施肥途径进入土壤，再进入稻株，不断在稻米中富集，当达到一定的积累量时，则造成稻米重金属污染，对人体健康带来风险。我国重金属镉污染由点到面扩大、从局部向区域发展与过量长期施用含镉的磷肥有较大的关系。

大气沉降工矿企业排放的"废气"、汽车尾气均含有一定的有害重金属离子，通过自然沉降或雨水淋降直接进入农田，不断在稻田中积累对稻米质量产生潜在危害。据邵劲松等对沪宁高速公路两侧稻田生产的稻米重金属含量分析表明，4个监测路段两侧出产的稻米样本均出现铅超标，有些路段铅超标率高达78.9%，最大超标倍数达4倍，部分路段镉超标，最大超标倍数达1.9倍；且距离越靠近高速路，稻米重金属污染越重。

2.4.2　加工途径

加工途径指稻谷收割后，在烘晒、精米加工、抛光等过程中，由于稻米与加工机械的充分摩擦、接触，加工机械表面的金属离子有可能污染稻米。对制米厂各工艺阶段采集的样品进行有害重金属检测分析表明，原粮经过胶辊砻谷机后，砷（As）的含量增加，主要原因是砻谷机胶辊的主要材料是橡胶，橡胶中含有大量的 As，As 含量的增加是胶辊的磨损所致；另外，稻米经铁辊碾米机、色选机、抛光机后，铅（Pb）含量升高，主要是由于机器内壁成分中含有 Pb，当米粒与机器内壁撞击和摩擦时，机器内壁表面磨损，夹杂到成品中，导致成品米中 Pb 的含量超出了国家标准。总体而言，单独通过加工途径引起稻米重金属含量超标事件较罕见，但也不可忽视。

　　震惊世界的"水俣病"就是由于在生产氮肥的同时将含有大量 Hg 废水直接排入海水中，导致水俣湾中的 Hg 大量蓄积，造成海水污染、鱼虾受害，使得居民神经、运动系统、视力严重受伤。更有不法分子向刀鱼身体里面注入汞，使刀鱼增加重量卖出更高的价格，还可以让刀鱼看上去新鲜有光泽。

第3章　农药残留分析与检测

3.1　农药残留种类

3.1.1　农药定义

农药，广义的定义是指用于预防、消灭或者控制危害农业、林业的病、虫、草和其他有害生物以及有目的地调节、控制、影响植物和有害生物代谢、生长、发育、繁殖过程的化学合成或者来源于生物、其他天然产物及应用生物技术产生的一种物质或者几种物质的混合物及其制剂。狭义上是指在农业生产中，为保障、促进植物和农作物的成长，所施用的杀虫、杀菌、杀灭有害动物（或杂草）的一类药物统称。特指在农业上用于防治病虫以及调节植物生长、除草等药剂。

3.1.2　农药主要分类

3.1.2.1　按原料来源

农药按原料来源可分为矿物源农药（无机农药）、生物源农药（天然有机物、微生物、抗生素等）及化学合成农药。

3.1.2.2　按化学结构

农药按化学结构分，主要有有机氯、有机磷、有机氮、有机硫、氨基甲酸酯、拟除虫菊酯、酰胺类化合物、脲类化合物、醚类化合物、酚类化合物、苯氧羧酸类、脒类、三唑类、杂环类、苯甲酸类、有机金属化合物类等，它们都是有机合成农药。

3.1.2.3　按加工剂型

农药根据加工剂型可分为粉剂、可湿性粉剂、乳剂、乳油、浓乳剂、乳膏、糊剂、胶体剂、熏烟剂、熏蒸剂、烟雾剂、油剂、颗粒剂和微粒剂等。农药大多数是液体或固体,少数是气体。根据害虫或病害的种类以及农药本身物理性质的不同,采用不同的用法。如制成粉末撒布,制成水溶液、悬浮液、乳浊液喷射,或制成蒸气或气体熏蒸等。

3.1.2.4　按防治对象

农药根据防治对象,可分为杀虫剂、杀菌剂、杀螨剂、杀线虫剂、杀软体动物剂、杀鼠剂、除草剂、脱叶剂及植物生长调节剂等。

（1）杀虫剂

①有机磷类。磷酸酯、一硫代磷酸酯、二硫代磷酸酯、磷酰胺、硫代磷酰胺、焦磷酸酯。

②氨基甲酸酯类。N-甲基氨基甲酸酯类、二甲基氨基甲酸酯。

③有机氮类。脒类、沙蚕毒类、脲类。

④拟除虫菊酯类。光不稳定性拟除虫菊酯、光稳定性拟除虫菊酯。

⑤有机氯类。

⑥有机氟类。

⑦无机杀虫剂。以天然矿物质为原料的无机化合物。

⑧植物性杀虫剂。

⑨微生物杀虫剂。

⑩昆虫生长调节剂。

⑪昆虫行为调节剂。

⑫生物源类杀虫剂。

（2）杀菌剂

①有机磷类。二硫代氨基甲酸盐类、氨基磺酸类、硫代磺酸酯类、三氯甲硫基类。

②有机磷酸酯类。

③有机砷类。

④有机锡类。

⑤有机硫类。

⑥苯类。

⑦杂环类。苯并咪唑类、噻英类、嘧啶类、三唑类、吗啉类、吩嗪类、吡唑类、哌嗪类、喹啉类、苯并噻唑类、呋喃类。

⑧无机杀菌剂。

⑨微生物杀菌剂。

（3）除草剂

①酰胺类。

②二硝基苯胺类。

③氨基甲酸酯类。

④脲类。

⑤酚类。

⑥二苯醚类。

⑦三氮苯类。

⑧苯氧羧酸类。

⑨有机磷类。

⑩杂环类。

⑪磺酰脲类。

⑫咪唑啉酮类。

⑬选择性除草剂。

⑭灭生性除草剂。

（4）杀鼠剂

①有机磷酸酯类。

②杂环类。

③脲类、硫脲类。

④有机氟类。

⑤无机有毒化合物。

⑥急性杀鼠剂。

⑦抗血凝杀鼠剂。

3.1.3 农药残留

3.1.3.1 农药残留定义

使用的农药，有些在短时间内可以通过生物降解成为无害物质，而包括 DDT 在内的有机氯类农药难以降解，则是残留性强的农药。

农药残留（Pesticide Residues），是农药使用后一个时期内没有被分解而残留于生物体、收获物、土壤、水体、大气中的微量农药原体、有毒代谢物、降解物和杂质的总称。农药残留在农业生产中施用农药后一部分农药直接或间接残存于谷物、蔬菜、果品、畜产品、水产品中以及土壤和水体中的现象。

3.1.3.2 农药残留成因

导致和影响农药残留的原因有很多，其中农药本身的性质、环境因素以及农药的使用方法是影响农药残留的主要因素。根据残留的特性，可把残留性农药分为 3 种：容易在植物机体内残留的农药称为植物残留性农药，如六六六、异狄氏剂等；易于在土壤中残留的农药称为土壤残留性农药，如艾氏剂、狄氏剂等；易溶于水，而长期残留在水中的农药称为水体残留性农药，如异狄氏剂等。残留性农药在植物、土壤和水体中的残存形式有 2 种：一种是保持原来的化学结构；另一种以其化学转化产物或生物降解产物的形式残存。

3.1.3.3　农药残留危害

随着农业产业化的发展，农产品的生产越来越依赖于农药、抗生素和激素等外源物质。施用于作物上的农药，其中一部分附着于作物上，一部分散落在土壤、大气和水等环境中，环境残存的农药中的一部分又会被植物吸收。残留农药直接通过植物果实或水、大气到达人、畜体内，或通过环境、食物链最终传递给人、畜。我国农药在粮食、蔬菜、水果、茶叶上的用量居高不下，而这些物质的不合理使用必将导致农产品中的农药残留超标，影响消费者食用安全，严重时会造成消费者致病、发育不正常，甚至直接导致中毒死亡。

造成蔬菜农药残留量超标的主要原因是一些国家已禁止在蔬菜生产中使用的有机磷农药和氨基甲酸酯类农药，如甲胺磷、氧化乐果、甲拌磷、对硫磷、甲基对硫磷等的违法使用。食用含有大量高毒、剧毒农药残留引起的食物会导致人、畜急性中毒事故。长期食用农药残留超标的农副产品，虽然不会导致急性中毒，但可能引起人和动物的慢性中毒，导致疾病的发生，诱发癌症，甚至影响到下一代。农药残留超标也会影响农产品的贸易。

3.1.3.4　农药残留与农残超标的区别

农药残留就一定不安全吗？其实并非如此，农药如果使用科学、规范，就是安全可控的。但是不少消费者都认为，有农药残留就等同于不安全，甚至故意去选择"虫眼菜"，这其实是混淆了"农药残留"和"农残超标"的概念。蔬菜使用农药很正常，只要严格执行停药期和严格用药范围，农药残留是可以降解到安全标准范围内的，因而产品也就是安全的。而农药残留标准，通常是在实验室数据基础上，再放大百倍量而确定的安全标准。也就是说，即使出现了小概率的超标事件，也不代表对人体有害。为了保障食品安全，我国规定了各类食品中的禁用农药（表 3.1），也在 GB 2763—2019《食品安全国家标准　食品中农药最大残留限量》中规定了 483 种农药的最大残留量。

表 3.1　各类食品中禁用的农药

食品类别	禁用农药	国家公告
所有食品	六六六、滴滴涕、毒杀芬、二溴氯丙烷、杀虫脒、二溴乙烷、除草醚、艾氏剂、狄氏剂、汞制剂、砷，铅类、敌枯双、氟乙酰胺、甘氟、毒鼠强、氟乙酸钠、毒鼠硅（18 种）	农业部第 199 号公告
	含甲胺磷、对硫磷、甲基对硫磷、久效磷和磷胺 5 种高毒有机磷农药及其混配制剂	农业部第 274 号公告 农业部第 322 号公告
	苯线磷、地虫硫磷、甲基硫环磷、磷化钙、磷化镁、磷化锌、硫线磷、蝇毒磷、治螟磷、特丁硫磷等 10 种农药及其混配制剂	农业部第 1586 号公告
	氯磺隆、胺苯磺隆单剂、甲磺隆单剂、福美胂和福美甲胂胺苯磺隆复配制剂产品、甲磺隆复配制剂产品	农业部第 2032 号公告
	含氟虫腈成分的农药制剂（除卫生用、玉米等部分旱田种子包衣剂外）	农业部第 1157 号公告
	三氯杀螨醇（自 2018 年 10 月 1 日起）	农业部第 2445 号公告
	规定包装形式 a 之外磷化铝产品（自 2018 年 10 月 1 日起）a：规定包装形式：磷化铝农药产品应当采用内外双层包装。外包装应具有良好密闭性，防水防潮防气体外泄。内包装应具有通透性，便于直接熏蒸使用。内、外包装均应标注高毒标识及"人畜居住场所禁止使用"等注意事项。	农业部第 2445 号公告
	硫丹（自 2019 年 3 月 26 日起）、溴甲烷（自 2019 年 1 月 1 日起）	农业部第 2552 号公告
茶叶/茶树	甲拌磷、甲基异硫磷、内吸磷、克百威、涕灭威、灭线磷、硫环磷、氯唑磷、三氯杀螨醇、氰戊菊酯、硫丹、灭多威	农业部第 194 号公告 农业部第 199 号公告 农业部第 1586 号公告
	乙酰甲胺磷、丁硫克百威、乐果（以上 3 种包括单剂、复配制剂，自 2019 年 8 月 1 日起）	农业部第 2552 号公告
蔬菜（含菌类）	甲拌磷、甲基异硫磷、内吸磷、克百威、涕灭威、灭线磷、硫环磷、氯唑磷	农业部第 194 号公告 农业部第 199 号公告
	毒死蜱和三唑磷	农业部第 2032 号公告
	灭多威（十字花科）	农业部第 1586 号公告
	溴甲烷（黄瓜）	农业部第 1586 号公告
	氧乐果（甘蓝）	农业部第 194 号公告 农农发〔2010〕2 号
	乙酰甲胺磷、丁硫克百威、乐果（以上 3 种包括单剂、复配制剂，自 2019 年 8 月 1 日起）	农业部公告第 2552 号
果树（含瓜果）	甲拌磷、甲基异硫磷、内吸磷、克百威、涕灭威、灭线磷、硫环磷、氯唑磷	农业部第 194 号公告 农业部第 199 号公告
	溴甲烷（草莓）	农业部第 1586 号公告 农业部第 2289 号公告

续表

食品类别	禁用农药	国家公告
果树（含瓜果）	灭多威、硫丹（苹果树）	农业部第 1586 号公告 农业部第 2289 号公告
	灭多威、水胺硫磷、氧乐果、杀扑磷（柑橘/柑橘树）	
	乙酰甲胺磷、丁硫克百威、乐果（以上 3 种包括单剂、复配制剂，自 2019 年 8 月 1 日起）	农业部公告第 2552 号
中草药	甲拌磷、甲基异硫磷、内吸磷、克百威、涕灭威、灭线磷、硫环磷、氯唑磷	农业部第 194 号公告 农业部第 199 号公告
	乙酰甲胺磷、丁硫克百威、乐果（以上 3 种包括单剂、复配制剂，自 2019 年 8 月 1 日起）	农业部公告第 2552 号
其他农作物	特丁硫磷（甘蔗）	农业部第 194 号公告 农农发〔2010〕2 号
	克百威、甲拌磷、甲基异硫磷（自 2018 年 10 月 1 日起，禁止用于甘蔗）	农业部 2445 号公告
	含丁酰肼（比久）的农药产品（花生）	农业部第 274 号公告
	氟苯虫酰胺（自 2018 年 10 月 1 日起，禁止用于水稻）	农业部第 2445 号公告

3.2　农药残留检测技术

因为农药使用的广泛性和农药残留的危害性，人们越来越意识到农药残留检测的重要性和必要性，自 20 世纪 50 年代以来，世界各国科学家就开始研究农药残留的检测方法。

农药残留量检测是微量或痕量分析，必须采用高灵敏度的检测技术才能实现。常规检测的分析方法有光谱法、酶抑制法和色谱法等。

（1）光谱法

光谱法是根据有机磷农药中的某些官能团或水解、还原产物与特殊的显色剂在特定的环境下发生氧化、磺酸化、络合等化学反应，产生特定波长的颜色反应来进行定性或定量测定。检出限在微克级。它可直接检测固体、液体及气体样品，对样品前处理要求低、环境污染小，分析速度快。但是，光谱法只能检测一种或具有相同基团的一类有机磷农药，灵敏度不高，一般只能作为定性方法。

（2）酶抑制法

酶抑制法是根据有机磷和氨基甲酸酯类农药能抑制昆虫中枢和周围神经系统中乙酰胆碱的活性，造成神经传导介质乙酰胆碱的积累，影响正常神经传导，使昆虫中毒致死这一昆虫毒理学原理进行检测的。根据这一原理，通过将特异性抑制胆碱酯酶（ChE）与样品提取液反应，若 ChE 受到抑制，就表明样品提取液中含有有机磷或氨基甲酸酯农药。

（3）色谱法

色谱法是农药残留分析的常用方法之一，它根据分析物质在固定相和流动相之间的分配系数的不同达到分离目的，并将分析物质的浓度转换成易被测量的电信号（电压、电流等），然后送到记录仪记录下来的方法。主要有薄层色谱法、气相色谱法和高效液相色谱法。

①薄层色谱法：薄层色谱法（Thin Layer Chromatography，TLC）是一种较成熟的、应用也较广的微量快速检测方法，20 世纪 60 年代色谱技术的发展，使薄层色谱法在农药残留分析中得到广泛应用。薄层色谱法实质上是以固态吸附剂（如硅胶、氧化铝等为担体），水为固定相溶剂，流动相一般为有机溶剂组合而成的分配型层析分离分析方法。

②气相色谱法：气相色谱法（GC）是在柱层析基础上发展起来的一种新型仪器方法，是色谱发展中最为成熟的技术。它以惰性气体为流动相，利用经提取、纯化、浓缩后的有机磷农药（Ops）注入气相色谱柱，升温汽化后，不同的 Ops 在固定相中分离，经不同的检测器检测扫描绘出气相色谱图，通过保留时间来定性，通过峰或峰面积与标准曲线对照来定量，具有既定性又定量、准确、灵敏度高，并且一次可以测定多种成分的柱色谱分离技术。

③气相色谱-质谱联用技术：气相色谱-质谱联用（Gas Chromatography-Mass Spectrum，GC-MS）技术是农药残留研究强有力的工具。气相色谱- 质谱联用是将气相色谱仪和质谱仪串联起来作为一个整体的检测技术。样本中的残留农药通过气相色谱分离后，对它们进行质谱从低质量数到高质量数的全谱扫描。根据特征离子的质荷比和质量色谱图的保留时间进行定性分析，根据峰高或峰面积进行定量，不但可将目标化合物与干扰杂质分开，而且可区分色谱柱无法分离或无法完全分离的样品。

④高效液相色谱法：高效液相色谱法（High Performance Liquid Chromatography，HPLC）是以液体为流动相，利用被分离组分在固定相和流动相之间分配系数的差异实现分离，是在液相色谱柱层析的基础上，引入气相色谱理论并加以改进而发展起来的色谱分析方法。

⑤液相色谱-质谱联用：液相色谱-质谱联用（Liquid Chromatography-Mass Spectrum，LC-MS）是利用内喷射式和粒子流式接口技术将液相色谱和质谱连接起来的方法。LC 在分离方面非常有效，而 MS 允许分析物在痕量水平上进行确认和确证。LC-MS 对简单样品具有几乎通用的多残留分析能力，检测灵敏度高，选择性好，定性定量可同时进行，结果可靠。主要用于分析热不稳定、分子量较大、难于用气相色谱分析的样品，是农药残留分析中很有力的一种方法。

但是传统的 GC/MS 等农残分析技术检测成本高、时间长，这就给食品安全监管部门对农产品产前、产中、产后的监督工作带来了许多不便，因此也催生出大量的快速农药残留的检测技术。农药残留快速检测方法种类繁多，究其原理来说主要分为两大类：生化测定法和色谱检测法。常见的快速检测技术有化学速测法、免疫分析法、酶抑制法和活体检测法等。

①化学速测法：主要根据氧化还原反应，水解产物与检测液作用变色，用于有机磷农药的快速检测，但是灵敏度低，使用局限性，且易受还原性物质干扰。

②免疫分析法：主要有放射免疫分析和酶免疫分析，最常用的是酶联免疫分析（ELISA），基于抗原和抗体的特异性识别和结合反应，对于小分子量农药需要制备人工抗原，才能进行免疫分析。

③酶抑制法：是研究最成熟、应用最广泛的快速农残检测技术，主要根据有机磷和氨基甲酸酯类农药对乙酰胆碱酶的特异性抑制反应。

④活体检测法：主要利用活体生物对农药残留的敏感反应，例如给家蝇喂食样品，观察死亡率来判定农残量。该方法操作简单，但定性粗糙、准确度低，对农药的适用范围窄。

3.2.1　快速检测农残技术

有机磷、氨基甲酸酯和拟除虫菊酯是市场上最主要的 3 类杀虫剂，特别是有机磷类杀虫剂仍在生产上起主导作用，更是菜农首选的一类杀虫剂。针对有机磷和氨基甲酸酯类农药，科学工作者在农药残留快速检测技术方面做了大量的研究，并取得了较大的进步。其中生化测定法中的酶抑制率法由于具有快速、灵敏、操作简便、成本低廉等特点，被列为国家推荐标准方法（GB/T 5009.199—2003），已成为对果蔬中有机磷和氨基甲酸酯类农药残留进行现场快速定性初筛检测的主流技术之一，得到了越来越广泛的应用。

下面以 GB/T 5009.199—2003《蔬菜中有机磷和氨基甲酸酯类农药残留量的快速检测》中的方法介绍由酶抑制法测定蔬菜中有机磷和氢基甲酸酯类农药残留量的快速检验方法，适用于蔬菜中有机磷和氢基甲酸类农药残留量的快速筛选测定。

3.2.1.1　速测卡法（纸片法）

（1）原理

胆碱酯酶可催化靛酚乙酸酯（红色）水解为乙酸与靛酚（蓝色），有机磷或氨基甲酸酯类农药对胆碱酯酶有抑制作用，使催化、水解、变色的过程发生改变，由此可判断出样品中是否有高剂量有机磷或氨基甲酸酯类农药的存在。

（2）试剂

①固化有胆碱酯酶和靛酚乙酸酯试剂的纸片（速测卡）。

②pH 值 7.5 缓冲溶液：分别取 15.0g 磷酸氢二钠（$Na_2HPO_4 \cdot 12H_2O$）与 1.59g

无水磷酸二氢钾（KH₂PO₄），用 500mL 蒸馏水溶解。

（3）仪器

①常量天平。

②有条件时配备（37±2）℃恒温装置。

（4）分析步骤

①整体测定法：选取有代表性的蔬菜样品，擦去表面泥土，剪成 1cm 左右见方碎片，取 5g 放入带盖瓶中，加 10mL 缓冲溶液，振摇 50 次，静置 2min 以上。

取一片速测卡，用白色药片蘸取提取液，放置 10min 以上进行预反应，有条件时在 37℃恒温装置中放置 10min。预反应后的药片表面必须保持湿润。

将速测卡对折，用手捏 3min 或用恒温装置恒温 3min，使红色药片与白色药片叠合发生反应。

每批测定应设一个缓冲液的空白对照卡。

②表面测定法（粗筛法）：擦去蔬菜表面泥土，滴 2～3 滴缓冲溶液在蔬菜表面，用另一片蔬菜在滴液处轻轻摩擦。

取一片速测卡，将蔬菜上的液滴滴在白色药片上。

放置 10min 以上进行预反应，有条件时在 37℃恒温装置中放置 10min。预反应后的药片表面必须保持湿润。

将速测卡对折，用手捏 3min 或用恒温装置恒温 3min，使红色药片与白色药片叠合发生反应。

每批测定应设一个缓冲液的空白对照卡。

（5）结果判定

结果以酶被有机磷或氨基甲酸酯类农药抑制（为阳性）、未抑制（为阴性）表示（图 3.1）。

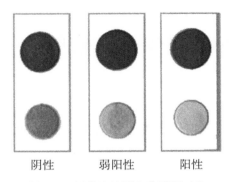

阴性　　　　弱阳性　　　　阳性

图 3.1　纸片法速测农药残留对比

与空白对照卡比较，白色药片不变色或略有浅蓝色均为阳性结果。白色药片变为天蓝色或与空白对照卡相同，为阴性结果。

对阳性结果的样品，可用其他分析方法进一步确定具体农药品种和含量。

（6）速测卡技术指标

①灵敏度指标：速测卡对部分农药的检出限见表 3.2。

表 3.2　部分农药的检出限　　　　　　　　　　　　单位：mg/kg

农药名称	检出限	农药名称	检出限	农药名称	检出限
甲胺磷	1.7	乙酰甲胺磷	3.5	久效磷	2.5
对硫磷	1.7	敌敌畏	0.3	甲萘威	2.5
水胺硫磷	3.1	敌百虫	0.3	好年冬	1.0
马拉硫磷	2.0	乐果	1.3	呋喃丹	0.5
氧化乐果	2.3				

②符合率：在检出的 30 份以上阳性样品中，经气相色谱法验证，阳性结果的符合率应在 80% 以上。

（7）说明

葱、蒜、萝卜、韭菜、芹菜、香菜、茭白、蘑菇及番茄汁液中，含有对酶有影响的植物次生物质，容易产生假阳性。处理这类样品时，可采取整株（体）蔬菜浸提或采用表面测定法。对一些含叶绿素较高的菜，也可采取整株（体）蔬菜浸提的方法，减少色素的干扰。

当温度条件低于 37℃，酶反应的速度随之放慢，药片加液后放置反应的时间应相对延长，延长时间的确定，应以空白对照卡用手指（体温）捏 3min 时可以变蓝，即可往下操作。注意样品放置的时间应与空白对照卡放置的时间一致才有可比性。空白对照卡不变色的原因：一是药片表面缓冲溶液加得少，预反应后的药片表面不够湿润；二是温度太低。

红色药片与白色药片叠合反应的时间以 3min 为准，3min 后的蓝色会加深，24h 后颜色会逐渐退去。

3.2.1.2　酶抑制率法（分光光度法）

（1）原理

在一定条件下，有机磷和氨基甲酸酯类农药对胆碱酯酶正常功能有抑制作用，其抑制率与农药的浓度呈正相关。正常情况下，酶催化神经传导代谢产物（乙酰胆碱）水解，其水解产物与显色剂反应，产生黄色物质，用分光光度计在 412nm 处测定吸光度随时间的变化值，计算出抑制率，通过抑制率可以判断出样品中是否有高剂量有机磷或氨基甲酸酯类农药的存在。

（2）试剂

①pH 值 8.0 缓冲溶液：分别取 11.9g 无水磷酸氢二钾与 3.2g 磷酸二氢钾，用 1 000mL 蒸馏水溶解。

②显色剂：分别取 160mg 二硫代二硝基苯甲酸（DTNB）和 15.6mg 碳酸氢钠，用 20mL 缓冲溶液溶解，4℃冰箱中保存。

③底物：取 25.0mg 硫代乙酰胆碱，加 3.0mL 蒸馏水溶解，摇匀后置 4℃冰箱中保存备用。保存期不超过 2 周。

④乙酰胆碱酯酶：根据酶的活性情况，用缓冲溶液溶解，3min 的吸光度变化 ΔA_0 值应控制在 0.3 以上。摇匀后 4℃冰箱中保存备用，保存期不超过 4 天。

⑤可选用由以上试剂制备的试剂盒：乙胆碱的 ΔA_0 值应控制在 0.3 以上。

（3）仪器

①分光光度计或相应测定仪。

②常量天平。

③恒温水浴锅或恒温箱。

（4）分析步骤

①样品处理：选取有代表性的蔬菜样品，冲洗掉表面泥土，剪成 1cm 左右见方碎片，取样品 1g，放入烧杯或提取瓶中，加入 5mL 缓冲溶液，振荡 1~2min，倒出提取液，静置 3~5min，待用。

②对照溶液测试：先于试管中加入 2.5mL 缓冲溶液，再加入 0.1mL 酶液、0.1mL 显色剂，摇匀后于 37℃放置 15min 以上（每批样品的控制时间应一致）。加入 0.1mL 底物摇匀，此时检液开始显色反应，应立即放入仪器比色池中，记录反应 3min 的吸光度变化值 ΔA_0。

③样品溶液测试：先于试管中加入 2.5mL 样品提取液，其他操作与对照溶液测试相同，记录反应 3min 的吸光度变化值 ΔA_t。

（5）结果的表述计算

①结果计算：见式 3.1。

$$抑制率（\%）=[（\Delta A_0-\Delta A_t）/\Delta A_0]\times100 \qquad (3.1)$$

式中：

ΔA_0——对照溶液反应 3min 吸光度的变化值；

ΔA_t——样品溶液反应 3min 吸光度的变化值。

②结果判定：结果以酶被抑制的程度（抑制率）表示。

当蔬菜样品提取液对酶的抑制率≥50%时，表示蔬菜中有高剂量有机磷或氨基甲酸酯类农药存在，样品为阳性结果。阳性结果的样品需要重复检验 2 次以上。

对阳性结果的样品，可用其他方法进一步确定具体农药品种和含量。

（6）酶抑制率法技术指标

①灵敏度指标：酶抑制率法对部分农药的检出限见表 3.3。

表 3.3　酶抑制率法对部分农药的检出限　　　　单位：mg/kg

农药名称	检出限	农药名称	检出限
敌敌畏	0.1	氧化乐果	0.8
对硫磷	1.0	甲基异柳磷	5.0
辛硫磷	0.3	灭多威	0.1
甲胺磷	2.0	丁硫克百威	0.05
马拉硫磷	4.0	敌百虫	0.2
乐果	3.0	呋喃丹	0.05

②符合率：在检出的抑制率≥50%的 30 份以上样品中，经气相色谱法验证，阳性结果的符合率应在 80%以上。

（7）说明

①葱、蒜、萝卜、韭菜、芹菜、香菜、茭白、蘑菇及番茄汁液中，含有对酶有影响的植物次生物质，容易产生假阳性。处理这类样品时，可采取整株（体）蔬菜浸提。对一些含叶绿素较高的蔬菜，也可采取整株（体）蔬菜浸提的方法，减少色素的干扰。

②当温度条件低于 37℃，酶反应的速度随之放慢，加入酶液和显色剂后放置反应的时间应相对延长，延长时间的确定，应以胆碱酯酶空白对照测试 3min 的吸光度变化 ΔA_0 值在 0.3 以上，即可往下操作。注意样品放置时间应与空白对照溶液放置时间一致才有可比性。胆碱酯酶空白对照溶液 3min 的吸光度变化 ΔA_0 值<0.3 的原因：一是酶的活性不够，二是温度太低。

3.2.2　气相色谱法

气相色谱法（GC）是在柱层析基础上发展起来的一种新型仪器方法，是色谱发展中最为成熟的技术。它以惰性气体为流动相，利用经提取、纯化、浓缩后的有机磷农药（Ops）注入气相色谱柱，升温汽化后，不同的 Ops 在固定相中分离，经不同的检测器检测扫描绘出气相色谱图，通过保留时间来定性，通过峰或峰面积与标准曲线对照来定量，具有既定性又定量、准确、灵敏度高，并且 1 次可以测定多种成分的柱色谱分离技术。

下面以茶叶为例，参考 SN/T 1950—2007《进出口茶叶中多种有机磷农药残留量的检测方法　气相色谱法》介绍茶叶中敌敌畏、甲胺磷、乙酰甲胺磷、甲拌磷、氧乐果、乙拌磷、异稻瘟净、乐果、皮蝇磷、毒死蜱、杀螟硫磷、对硫磷、水胺硫磷、

· 81 ·

杀扑磷、乙硫磷、三唑磷、芬硫磷、苯硫磷、亚胺硫磷、伏杀硫磷、吡嘧磷等 21 种有机磷农药残留量的气相色谱测定方法。

方法提要：试样经水浸泡后，用乙酸乙酯和乙酸乙酯＋正己烷（1＋1，体积比）溶液提取，过活性炭柱净化，用配备火焰光度检测器的气相色谱仪进行测定，外标法定量。

3.2.2.1 试剂和材料

除特殊规定外，所有试剂均为分析纯，水为蒸馏水。

①乙酸乙酯：重蒸馏。

②正己烷：重蒸馏

③丙酮：重蒸馏。

④无水硫酸钠：650℃灼烧 4h。

⑤敌敌畏、甲胺磷、乙酰甲胺磷、甲拌磷、氧乐果、乙拌磷、异稻瘟净、乐果、皮蝇磷、毒死蜱、杀螟硫磷、对硫磷、水胺硫磷、杀扑磷、乙硫磷、三唑磷、芬硫磷、苯硫磷、亚胺硫磷、伏杀硫磷、吡嘧磷等 21 种农药标准品：纯度大于等于98%。

⑥农药标准溶液：准确称取适量的单个有机磷农药标准品，用丙酮配成 $100\mu g/mL$ 的储备液，使用时根据需要用乙酸乙酯稀释成适当浓度的混合标准工作液。

⑦活性炭固相萃取柱：3mL 活性炭柱（SUPELCO 或相当者）。

3.2.2.2 仪器和设备

①气相色谱仪：配有火焰光度检测器（FPD），磷滤光片（526nm）。

②快速混匀器。

③离心机：3 000r/min。

④多功能微量化样品处理仪或其他相当的仪器。

⑤具塞刻度离心管：5mL、10mL。

⑥玻璃试管：10mL。

⑦尖嘴吸管。

3.2.2.3 试样制备与保存

①试样制备：取有代表性样品 500g，用粉碎机粉碎并通过 2.0mm 圆孔筛。混匀，均分成两份作为试样，分装入洁净的盛样容器内，密封并标明标记。

②试样保存：将试样于 0~4℃保存。

在制样的操作过程中，应防止样品受到污染或发生残留物含量的变化。

3.2.2.4　分析步骤

（1）提取

称取 0.500g（精确至 0.001g）试样于 10mL 试管中，加入 1~1.5mL 水，浸泡 10min。加入无水硫酸钠使之饱和后，用 2×2mL 乙酸乙酯提取 2 次，每次振荡 2min，于 2 000r/min 离心 3min，收集上层有机相；残渣再用 2mL 乙酸乙酯-正己烷（1+1，体积比）提取 1 次，合并上层有机相，待净化。

（2）净化

在活性炭固相萃取柱上端装入 1cm 高无水硫酸钠，用乙酸乙酯 4mL 预淋洗小柱，弃去流出液，然后将提取液全部倾入柱中，再分别用 4mL 乙酸乙酯和 2mL 乙酸乙酯-正己烷（1+1 体积比）洗脱，收集全部流出液于 5mL 具塞刻度离心管中，于 40℃下用氮气流吹至 0.5mL，供气相色谱分析。

（3）测定

①气相色谱条件：

色谱柱：EQUITY-1701 石英毛细管柱 30m×0.53mm（内径）×1.0μm，或相当者；

升温程序：100℃（1min）10℃/min 160℃（1min）5℃/min 240（8min）；

进样口温度：250℃；

检测器温度：250℃；

载气：氮气，纯度≥99.99%，流量 5.0mL/min；

氢气：75mL/min；

空气：100mL/min；

尾吹气：20mL/min；

进样方式：无分流进样，1.0min 后开阀；

进样量：2μL。

②色谱测定：根据样液中有机磷含量情况，选定与样液浓度相近的标准工作溶液。标准工作溶液和样液中各种有机磷农药响应值均应在仪器检测线性范围内，标准工作溶液和样液等积穿插进样测定。在上述气相色谱条件下，参考保留时间为：敌敌畏 4.0min、甲胺磷 5.1min、乙酰甲胺磷 7.9min、甲拌磷 9.2min、氧乐果 10.2min、乙拌磷 11.2min、异稻瘟净 11.9min、乐果 12.4min、皮蝇磷 12.8min、毒死蜱 14.0min、杀螟硫磷 14.8min、对硫磷 15.5min、水胺硫磷 16.1min、杀扑磷 17.3min、乙硫磷 19.6min、三唑磷 21.3min、芬硫磷 22.3min、苯硫磷 23.1min、亚胺硫磷 23.5min、伏杀硫磷 24.6min、嘧磷 25.5min。

标准品的气相色谱图如图 3.2 所示。

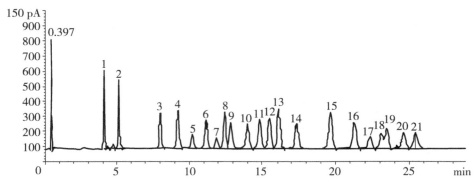

1—敌敌畏；2—甲胺磷；3—乙酰甲胺磷；4—甲拌磷；5—氧乐果；6—乙拌磷；7—异稻瘟净；

8—乐果；9—皮蝇磷；10—毒死蜱；11—杀螟硫磷；12—对硫磷；13—水胺硫磷；14—杀扑磷；

15—乙硫磷；16—三唑磷；17—芬硫磷；18—苯硫磷；19—亚胺硫磷；20—伏杀硫磷；21—吡啶腈。

图 3.2   21 种有机磷农药标准品的气相色谱图

（4）空白试验

除不加试样外，按上述测定步骤进行。

3.2.2.5   结果计算和表述

用色谱数据处理机或按式 3.2 计算试样中有机磷残留量，计算结果需扣除空白值。

$$X = \frac{A \cdot c \cdot V}{A_s \cdot m}\qquad\qquad(3.2)$$

式中：

X——样品中有机磷含量，单位为毫克每千克（mg/kg）；

A——样液中有机磷的峰面积；

A_s——标准工作溶液中有机磷的峰面积；

c——标准工作溶液中有机磷的浓度，单位为微克每毫升（μg/mL）；

V——样液最终定容体积，单位为毫升（mL）；

m——称取的试样质量，单位为克（g）。

3.2.2.6   方法的测定低限、回收率

本方法的测定低限和回收率数据见表 3.4。

表 3.4   测定低限和回收率数据

农药名称	添加范围/（mg/kg）	回收率范围/%	测定低限/（mg/kg）
敌敌畏	0.02~0.20	84.0~105.0	0.02
甲胺磷	0.02~0.20	79.5~122.0	0.02

续表

农药名称	添加范围/（mg/kg）	回收率范围/%	测定低限/（mg/kg）
乙酰甲胺磷	0.02~0.20	79.0~118.0	0.02
甲拌磷	0.02~0.20	70.0~94.0	0.02
氧乐果	0.02~0.20	73.5~96.1	0.02
乙拌磷	0.02~0.20	69.8~101.0	0.02
异稻瘟净	0.02~0.10	82.0~128.0	0.01
乐果	0.02~0.20	88.9~113.0	0.02
皮蝇磷	0.02~0.20	76.4~117.0	0.02
毒死蜱	0.02~0.20	71.9~104.0	0.02
杀螟硫磷	0.02~0.20	76.6~111.0	0.02
对硫磷	0.02~0.20	79.7~110.0	0.02
水胺硫磷	0.02~0.10	86.3~125.0	0.01
杀扑磷	0.02~0.20	77.7~115.0	0.02
乙硫磷	0.02~0.20	84.2~119.0	0.02
三唑磷	0.02~0.20	78.4~109.0	0.02
芬硫磷	0.02~0.10	78.5~125.0	0.01
苯硫磷	0.02~0.10	74.8~98.6	0.01
亚胺硫磷	0.02~0.20	77.2~115.0	0.02
伏杀硫磷	0.02~0.20	85.0~119.0	0.02
吡啶膦	0.02~0.10	83.5~119.0	0.02

3.2.3　气相色谱-质谱联用技术

气相色谱-质谱联用技术是农药残留研究强有力的工具。气相色谱-质谱联用是将气相色谱仪和质谱仪串联起来作为一个整体的检测技术。样本中的残留农药通过气相色谱分离后，对它们进行质谱从低质量数到高质量数的全谱扫描。根据特征离子的质荷比和质量色谱图的保留时间进行定性分析，根据峰高或峰面积进行定量，不但可将目标化合物与干扰杂质分开，而且可区分色谱柱无法分离或无法完全分离的样品。

下面以 GB 23200.8—2016《食品安全国家标准　水果和蔬菜中 500 种农药及相关化学品残留量的测定　气相色谱-质谱法》为例，介绍苹果、柑橘、葡萄、甘蓝、芹菜、西红柿中 500 种农药及相关化学品残留量气相色谱-质谱测定方法，其他蔬菜和水果可参照执行。

3.2.3.1　原理

试样用乙腈匀浆提取，盐析离心后，取上清液，经固相萃取柱净化，用乙腈-甲苯溶液（3+1）洗脱农药及相关化学品，溶剂交换后用气相色谱-质谱仪检测。

3.2.3.2 试剂和材料

（1）试剂

①乙腈（CH_3CN，75-05-8）：色谱纯。

②氯化钠（NaCl，7647-14-5）：优级纯。

③无水硫酸钠（Na_2SO_4，7757-82-6）：分析纯。用前在650℃灼烧4h，储存于干燥器中，冷却后备用。

④甲苯（C_7H_8，108-88-3）：优级纯。

⑤丙酮（CH_3COCH_3，67-64-1）：分析纯，重蒸馏。

⑥二氯甲烷（CH_2Cl_2，75-09-2）：色谱纯。

⑦正己烷（C_6H_{14}，110-54-3）：分析纯，重蒸馏。

（2）标准品

农药及相关化学品标准物质：纯度≥95%。

（3）标准溶液配制

①标准储备溶液：分别称取适量（精确至0.1mg）各种农药及相关化学品标准物分别于10mL容量瓶中，根据标准物的溶解性选甲苯、甲苯+丙酮混合液、二氯甲烷等溶剂溶解并定容至10mL（溶剂选择参见附录A），标准溶液避光4℃保存，保存期为1年。

②混合标准溶液（混合标准溶液A、B、C、D和E）：按照农药及相关化学品的性质和保留时间，将500种农药及相关化学品分成A、B、C、D、E 5个组，并根据每种农药及相关化学品在仪器上的响应灵敏度，确定其在混合标准溶液中的浓度。本标准对500种农药及相关化学品的分组及其混合标准溶液浓度参见附录A。

依据每种农药及相关化学品的分组号、混合标准溶液浓度及其标准储备液的浓度，移取一定量的单个农药及相关化学品标准储备溶液于100mL容量瓶中，用甲苯定容至刻度。混合标准溶液避光4℃保存，保存期为1个月。

③内标溶液：准确称取3.5mg环氧七氯于100mL容量瓶中，用甲苯定容。

④基质混合标准工作溶液：A、B、C、D、E组农药及相关化学品基质混合标准工作溶液是将40μL内标溶液和50μL的混合标准溶液分别加到1.0mL的样品空白基质提取液中，混匀，配成基质混合标准工作溶液A、B、C、D和E。基质混合标准工作溶液应现用现配。

（4）材料

①Envi-18柱：12mL，2.0g或相当者。

②Envi-Carb活性炭柱：6mL，0.5g或相当者。

③Sep-Pak NH_2 固相萃取柱：3mL，0.5g或相当者。

3.2.3.3 仪器和设备

（1）气相色谱-质谱仪：配有电子轰击源（EI）。

（2）分析天平：感量 0.01g 和 0.000 1g。

（3）均质器：转速不低于 20 000r/min。

（4）鸡心瓶：200mL。

（5）移液器：1mL。

（6）氮气吹干仪。

3.2.3.4 试样制备

水果、蔬菜样品取样部位按 GB 2763 附录 A 执行，将样品切碎混匀均一化制成匀浆，制备好的试样均分成两份，装入洁净的盛样容器内，密封并标明标记。将试样于−18℃冷冻保存。

3.2.3.5 分析步骤

（1）提取

称取 20.00g 试样（精确至 0.01g）于 80mL 离心管中，加入 40mL 乙腈，用均质器在 15 000r/min 匀浆提取 1min，加入 5g 氯化钠，再匀浆提取 1min，将离心管放入离心机，在 3 000r/min 离心 5min，取上清液 20mL（相当于 10g 试样量），待净化。

（2）净化

①将 Envi-18 柱放入固定架上，加样前先用 10mL 乙腈预洗柱，下接鸡心瓶，移入上述 20mL 提取液，并用 15mL 乙腈洗涤柱，将收集的提取液和洗涤液在 40℃水浴中旋转浓缩至约 1mL，备用。

②在 Envi-Carb 柱中加入约 2cm 高无水硫酸钠，将该柱连接在 Sep-Pak 氨丙基柱顶部，将串联柱下接鸡心瓶放在固定架上。加样前先用 4mL 乙腈-甲苯溶液（3+1）预洗柱，当液面到达硫酸钠的顶部时，迅速将样品浓缩液转移至净化柱上，再每次用 2mL 乙腈-甲苯溶液（3+1）3 次洗涤样液瓶，并将洗涤液移入柱中。在串联柱上加上 50mL 储液器，用 25mL 乙腈-甲苯溶液（3+1）洗涤串联柱，收集所有流出物于鸡心瓶中，并在 40℃水浴中旋转浓缩至约 0.5mL。每次加入 5mL 正己烷在 40℃水浴中旋转蒸发，进行溶剂交换 2 次，最后使样液体积约为 1mL，加入 40μL 内标溶液，混匀，用于气相色谱-质谱测定。

（3）测定

①气相色谱-质谱参考条件：

色谱柱：DB-1701（30m×0.25mm×0.25μm）石英毛细管柱或相当者；

色谱柱温度程序：40℃保持 1min，然后以 30℃/min 程序升温至 130℃，再以

5℃/min 升温至 250℃，

再以 10℃/min 升温至 300℃，保持 5min；

载气：氦气，纯度≥99.999%，流速：1.2mL/min；

进样口温度：290℃；

进样量：1.0mL；

进样方式：无分流进样，1.5min 后打开分流阀和隔垫吹扫阀；

电子轰击源：70eV；

离子源温度：230℃；

GC-MS 接口温度：280℃；

选择离子监测：每种化合物分别选择一个定量离子，2~3 个定性离子。每组所有需要检测的离子按照出峰顺序，分时段分别检测。每种化合物的保留时间、定量离子、定性离子及定量离子与定性离子的丰度比值，参见 GB 23200.8—2016 附录 B。每组检测离子的开始时间和驻留时间参见 GB 23200.8—2016 附录 C。

②定性测定：进行样品测定时，如果检出的色谱峰的保留时间与标准样品相一致，并且在扣除背景后的样品质谱图中，所选择的离子均出现，而且所选择的离子丰度比与标准样品的离子丰度比相一致（相对丰度≥50%，允许±10%偏差；相对丰度 20%~50%，允许±15%偏差；相对丰度 10%~20%，允许±20%偏差；相对丰度≤10%，允许±50%偏差），则可判断样品中存在这种农药或相关化学品。如果不能确证，应重新进样，以扫描方式（有足够灵敏度）或采用增加其他确证离子的方式或用其他灵敏度更高的分析仪器来确证。

③定量测定：本方法采用内标法单离子定量测定。内标物为环氧七氯。为减少基质的影响，定量用标准溶液应采用基质混合标准工作溶液。标准溶液的浓度应与待测化合物的浓度相近。

④平行试验：按以上步骤对同一试样进行平行测定。

⑤空白试验：除不称取试样外，均按上述步骤进行。

3.2.3.6 结果计算和表述

气相色谱-质谱测定结果可由计算机按内标法自动计算，也可按式 3.3 计算：

$$X = C_s \times \frac{A}{A_s} \times \frac{C_i}{C_{si}} \times \frac{A_{si}}{A_i} \times \frac{V}{m} \times \frac{1\ 000}{1\ 000} \tag{3.3}$$

式中：

X——试样中被测物残留量，单位为毫克每千克（mg/kg）；

C_s——基质标准工作溶液中被测物的浓度，单位为微克每毫升（μg/mL）；

A——试样溶液中被测物的色谱峰面积；

A_s——基质标准工作溶液中被测物的色谱峰面积；

C_i——试样溶液中内标物的浓度，单位为微克每毫升（μg/mL）；

C_{si}——基质标准工作溶液中内标物的浓度，单位为微克每毫升（μg/mL）；

A_{si}——基质标准工作溶液中内标物的色谱峰面积；

A_i——试样溶液中内标物的色谱峰面积；

V——样液最终定容体积，单位为毫升（mL）；

m——试样溶液所代表试样的质量，单位为克（g）。

计算结果应扣除空白值，测定结果用平行测定的算术平均值表示，保留 2 位有效数字。

3.2.3.7　精密度

在重复性条件下获得的 2 次独立测定结果的绝对差值与其算术平均值的比值（百分率），应符合 GB 23200.8—2016 附录 E 的要求。

在再现性条件下获得的 2 次独立测定结果的绝对差值与其算术平均值的比值（百分率），应符合 GB 23200.8—2016 附录 F 的要求。

3.2.3.8　定量限和回收率

定量限：本方法的定量限见 GB 23200.8—2016 附录 A。

回收率：当添加水平为 LOQ、2×LOQ、10×LOQ 时，添加回收率参见 GB 23200.8—2016 附录 G。

3.2.4　高效液相色谱法

高效液相色谱法是以液体为流动相，利用被分离组分在固定相和流动相之间分配系数的差异实现分离，是在液相色谱柱层析的基础上，引入气相色谱理论并加以改进而发展起来的色谱分析方法。

下面以 NY/T 1725—2009《蔬菜中灭蝇胺残留量的测定　高效液相色谱法》为例，介绍新鲜蔬菜中灭蝇胺残留量的高效液相色谱测定方法。适用于黄瓜、番茄、菜豆、甘蓝、大白菜、芹菜、萝卜等蔬菜中灭蝇胺残留量的测定。该方法的检出限为 0.02mg/kg。

3.2.4.1　原理

试样中的灭蝇胺经乙酸铵-乙腈混合溶液提取、强阳离子交换萃取柱净化后，用高效液相色谱仪进行分离，在 215nm 处六元环上的 π 电子被激发，用紫外检测器检测。根据标准物质色谱峰的保留时间定性，外标法定量。

3.2.4.2　试剂和材料

除非另有说明，在分析中仅使用分析纯试剂和 GB/T 6682 中规定的至少二级的水。

①乙腈（CH₃CN）：色谱纯。

②甲醇（CH₂OH）：色谱纯。

③乙酸铵溶液 [c（CH₃COONH₄）= 0.05mol/L]：称取 7.70g 乙酸铵（CH₃COONH₄），用水溶解后转移至 2L 容量瓶中，用水定容至刻度。

④乙酸铵-乙腈溶液（1+4）：量取 200mL 乙酸铵溶液（0.05mol/L）至 1L 容量瓶中，用乙腈（色谱纯）定容至刻度。

⑤盐酸溶液 [c（HCl）= 0.1mol/L]：吸取 8.5mL 盐酸（HCl）至 1L 容量瓶中，用水定容至刻度。

⑥氨水-甲醇溶液（5+95）：吸取 5mL 氨水（NH₃H₂O）至 100mL 容量瓶中，用甲醇（色谱纯）定容至刻度。

⑦乙腈-水溶液（97+3）：吸取 3mL 水至 100mL 容量瓶中，用乙腈（色谱纯）定容至刻度。

⑧灭蝇胺标准品：纯度≥95%。

⑨灭蝇胺标准储备液：称取 0.010 0g（精确至 0.000 1g）灭蝇胺标准品，用乙腈（色谱纯）溶解并转移至 10m 容量瓶中，再用乙腈（色谱纯）定容，得到质量浓度约为 1 000mg/L 的灭蝇胺标准储备液。储于 −20～−16℃ 冰柜中备用。

⑩灭蝇胺标准工作溶液：用乙腈（色谱纯）稀释灭蝇胺标准储备液⑨，得到质量浓度为 1.0mg/L 和 0.2mg/L 的灭蝇胺标准工作溶液。

⑪强阳离子交换萃取柱（SCX）：以硅胶为基质，键合有苯磺酸官能团，规格为 500mg/6mL。

3.2.4.3 仪器

①高效液相色谱仪，配有紫外检测器。

②分析天平，感量 0.1mg 和 0.01g。

③食品加工器。

④均质器，6 000～36 000r/min。

⑤具塞比色管，100mL。

⑥旋转蒸发仪。

⑦氮吹装置。

3.2.4.4 试样制备

取蔬菜样品可食部分，用干净纱布轻轻擦去样本表面的附着物，采用对角线分割法，取对角部分，将其切碎，充分混匀，用四分法取样或直接放入食品加工器中加工成匀浆。匀浆试样放聚乙烯瓶中，于 −20～−16℃ 条件下保存。称取试样时，常温试样应搅拌均匀；冷冻试样应先解冻再混匀。

3.2.4.5 分析步骤

（1）提取与浓缩

称取试样 20.00g（精确至 0.01g）于 150mL 烧杯中，加入 50mL 乙酸铵-乙腈溶液，高速均质 2min。均质液经铺有滤纸的布氏漏斗抽滤至 100mL 具塞比色管中，再用约 30mL 乙酸铵-乙腈溶液（1+4）冲洗烧杯和均质器刀头，均质 30s 左右，洗液一并滤入上述 100mL 具塞比色管中，并用乙酸铵-乙腈溶液（1+4）定容。盖上塞子，将滤液混合均匀。

用移液管准确吸取 10mL 提取液至 150mL 圆底烧瓶中，在旋转蒸发仪上（水浴温度 40℃）浓缩至只含水的溶液（冷凝装置无液滴滴下），加入盐酸溶液（4.5）约 2mL，待净化。

（2）净化

依次用甲醇（色谱纯）、水各 5mL 预淋活化强阳离子交换萃取柱，当溶剂液面到达柱吸附层表面时，立即将所得溶液转移至 SCX 柱中。用 3mL 盐酸溶液（0.1 mol/L）将圆底烧瓶中的残余物洗入 SCX 柱中，并重复 1 次。然后依次用水、甲醇（色谱纯）各 5mL 淋洗 SC 柱，弃去所有流出液并将小柱抽干。用 15mL 氨水-甲醇溶液（5+95）分 3 次洗脱 SCX 柱，收集洗脱液于 150mL 圆底烧瓶中。在旋转蒸发仪上（水浴温度 40℃）浓缩至近干，氮气吹干后用 2.00mL 乙腈-水溶液（97+3）溶解蒸残物，过 0.45μm 微孔有机滤膜，待测。

（3）色谱参考条件
①色谱柱：NH_2 不锈钢柱，250mm×4.6m，5μm；或性能相当的色谱柱。
②流动相：乙腈-水溶液（97+3）。
③流速：1.0mL/min。
④进样体积：10μL。
⑤检测波长：215nm。
⑥柱温：35℃。

（4）测定

分别将标准溶液和待测液注入高效液相色谱仪中，以保留时间定性，以待测液峰面积与标准溶液峰面积比较定量。

（5）空白试验

除不加试样外，均按上述分析步骤进行操作。

3.2.4.6 结果计算

试料中灭蝇胺含量用质量分数 ω 计，单位以毫克每千克（mg/kg）表示，按式

3.4 计算：

$$\omega = \frac{\rho_s \times V_s \times A_x \times V_o \times F}{V_x \times A_s \times m} \tag{3.4}$$

式中：

ρ_s——标准溶液质量浓度，单位为毫克每升（mg/L）；

V_s——标准溶液进样体积，单位为微升（μL）；

V_o——试样溶液最终定容体积，单位为毫升（mL）；

V_x——待测液进样体积，单位为微升（μL）；

A_s——标准溶液的峰面积；

A_x——待测液的峰面积；

m——试料质量，单位为克（g）；

F——提取液体积/分取体积；

计算结果保留 2 位有效数字。

3.2.4.7 精密度

在重复性条件下获得的 2 次独立测试结果的绝对差值不大于这 2 个测定值的算术平均值的 15%。在再现性条件下获得的 2 次独立测试结果的绝对差值不大于这 2 个测定值的算术平均值的 30%。

3.2.4.8 色谱图

灭蝇胺标准溶液色谱图见图 3.3。

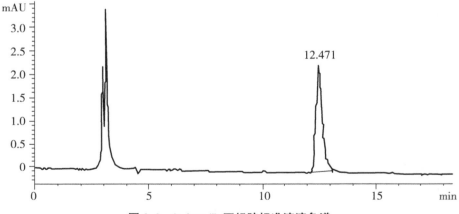

图 3.3　0.4mg/L 灭蝇胺标准溶液色谱

3.2.5　液相色谱-质谱联用

液相色谱-质谱联用（Liquid Chromatography-Mass Spectrum，LC-MS）是利用内喷射式和粒子流式接口技术将液相色谱和质谱连接起来的方法。LC 在分离方面非常有效，而 MS 允许分析物在痕量水平上进行确认和确证。LC-MS 对简单样品具有几乎通用的多残留分析能力，检测灵敏度高，选择性好，定性定量可同时进行，结果可靠。主要用于分析热不稳定、分子量较大、难于用气相色谱分析的样品，是农药残留分析中很有力的一种方法。

下面以 GB/T 20769—2008《水果和蔬菜中 450 种农药及相关化学品残留量的测定　液相色谱-串联质谱法》为例，介绍蔬菜水果中 450 种农药及相关化学品残留量液相色谱-串联质谱测定方法。适用于苹果、橙子、洋白菜、芹菜、西红柿中 450 种农药及相关化学品残留的定性鉴别和 381 种农药及相关化学品残留量的定量测定。其中定量测定的 381 种农药及相关化学品方法检出限为 $0.01\mu g/kg$ 至 $0.606mg/kg$。

3.2.5.1　原理

试样用乙腈匀浆提取，盐析离心，Sep-Pak Vac 柱净化，用乙腈+甲苯（3+1）洗脱农药及相关化学品，液相色谱-串联质谱仪测定，外标法定量。

3.2.5.2　试剂和材料

水为 GB/T 6682 规定的一级水
①乙腈：色谱纯。
②正己烷：色谱纯。
③异辛烷：色谱纯。
④甲苯：优级纯。
⑤丙酮：色谱纯。
⑥二氯甲烷：色谱纯。
⑦甲醇：色谱纯。
⑧微孔过滤膜（尼龙）：$13mm×0.2\mu m$。
⑨Sep-Pak Vac 氨基固相萃取柱：1g，6mL 或相当者。
⑩乙腈+甲苯（3+1，体积比）。
⑪乙腈+水（3+2，体积比）。
⑫0.05%甲酸溶液（体积分数）。
⑬5mmol/L 乙酸铵溶液：称取 0.375g 乙酸铵加水稀释至 1 000mL。
⑭无水硫酸钠：分析纯。用前在 650℃灼烧 4h，储于干燥器中，冷却后备用。

⑮氯化钠：优级纯。

⑯农药及相关化学品标准物质：纯度≥95%。

⑰农药及相关化学品标准溶液。

标准储备溶液：分别称取 5~10mg（精确至 0.1mg）农药及相关化学品标准物于 10mL 容量瓶中，根据标准物的溶解度选甲醇、甲苯、丙酮、乙腈或异辛烷等溶剂溶解并定容。标准储备溶液避光 0~4℃保存，可使用 1 年。

混合标准溶液（混合标准溶液 A、B、C、D、E、F 和 G）：按照农药及相关化学品的性质和保留时间，将 450 种农药及相关化学品分成 A、B、C、D、E、F 和 G 7 个组，并根据每种农药及相关化学品在仪器上的响应灵敏度，确定其在混合标准溶液中的浓度。本标准对 450 种农药及相关化学品的分组及其混合标准溶液浓度参见 GB/T 20769—2008 附录 A。

依据每种农药及相关化学品的分组、混合标准溶液浓度及其标准储备液的浓度，移取一定量的单个农药及相关化学品标准储备溶液于 100mL 容量瓶中，用甲醇定容。混合标准溶液避光 0~4℃保存，可使用 1 个月。

基质混合标准工作溶液：农药及相关化学品基质混合标准工作溶液是用空白样品基质溶液配成不同浓度的基质混合标准工作溶液 A、B、C、D、E、F 和 G，用于做标准工作曲线。基质混合标准工作溶液应现用现配。

3.2.5.3 仪器

①液相色谱-串联质谱仪：配有电喷雾离子源（ESI）。

②分析天平：感量 0.1mg 和 0.01g。

③高速组织捣碎机：转速不低于 20 000r/min。

④离心管：80mL。

⑤离心机：最大转速为 4 200r/min。

⑥旋转蒸发仪。

⑦鸡心瓶：200mL。

⑧移液器：1mL。

⑨样品瓶：2mL，带聚四氟乙烯旋盖。

⑩氮气吹干仪。

3.2.5.4 试样制备与保存

①试样的制备：按 GB/T 8855 抽取的水果、蔬菜样品取可食部分切碎，混匀，密封，作为试样，标明标记。

②试样的保存：将试样置于 0~4℃冷藏保存。

3.2.5.5　测定步骤

（1）提取

称取 20g 试样（精确至 0.01g）于 80mL 离心管中，加入 40mL 乙腈，用高速组织捣碎机 15 000r/min 匀浆提取 1min，加入 5g 氯化钠，再匀浆提取 1min，在 3 800 r/min 离心 5min，取上清液 20mL（相当于 10g 试样量），在 40℃水浴中旋转浓缩至约 1mL，待净化。

（2）净化

在 Sep-Pak Vac 柱中加入约 2cm 高无水硫酸钠，并放入下接鸡心瓶的固定架上。加样前先用 4mL 乙腈+甲苯（3+1）预洗柱，当液面到达硫酸钠的顶部时，迅速将样品浓缩液转移至净化柱上，并更换新鸡心瓶接收。再每次用 2mL 乙腈+甲苯（3+1）洗涤样液瓶 3 次，并将洗涤液移入柱中。在柱上加上 50mL 储液器，用 25mL 乙腈+甲苯（3+1）洗脱农药及相关化学品，合并于鸡心瓶中，并在 40℃水浴中旋转浓缩至约 0.5mL。将浓缩液置于氮气吹干仪上吹干，迅速加入 1mL 的乙腈+水（3+2），混匀，经 0.2μm 滤膜过滤后进行液相色谱-串联质谱测定。

（3）液相色谱-串联质谱测定

①A、B、C、D、E、F 组液相色谱-串联质谱测定条件：

色谱柱：Atlantis T3，3μm，150mm×2.1mm（内径）或相当者；

流动相及梯度洗脱条件见表 3.5；

表 3.5　流动相及梯度洗脱条件

时间/min	流速/（μL/min）	流动相 A（0.05%甲酸水）/%	流动相 B（乙腈）/%
0	200	90.0	10.0
4.00	200	50.0	50.0
15.00	200	40.0	60.0
23.00	200	20.0	80.0
30.00	200	5.0	95.0
35.00	200	5.0	95.0
35.01	200	90.0	10.0
50.00	200	90.0	10.0

柱温：40℃；

进样量：20μL；

离子源：ESI；

扫描方式：正离子扫描；

检测方式：多反应监测；

电喷雾电压：5 000V；

雾化气压力：0.483MPa；

气帘气压力：0.138MPa；

辅助加热气：0.379MPa；

离子源温度：725℃；

监测离子对、碰撞气能量和去簇电压参见附录 B。

②G 组液相色谱-串联质谱测定条件：

色谱柱：Inertsil C$_8$，5μm，150mm×2.1mm（内径）或相当者；

流动相及梯度洗脱条件见表 3.6；

表 3.6 流动相及梯度洗脱条件

时间/min	流速/（μL/min）	流动相 A(5mmol/L 乙酸铵水)/%	流动相 B（乙腈）/%
0	200	90.0	10.0
4.00	200	50.0	50.0
15.00	200	40.0	60.0
20.00	200	20.0	80.0
25.00	200	5.0	95.0
32.00	200	5.0	95.0
32.01	200	90.0	10.0
40.00	200	90.0	10.0

柱温：40℃；

进样量：20μL；

离子源：ESI；

扫描方式：负离子扫描；

检测方式：多反应监测；

电喷雾电压：-4 200V；

雾化气压力：0.42MPa；

气帘气压力：0.32MPa；

辅助加热气：0.35MPa；

离子源温度：700℃；

监测离子对、碰撞气能量和去簇电压具体可参见 GB/T 20769—2008 附录 B。

③定性测定：在相同实验条件下进行样品测定时，如果检出的色谱峰的保留时间与标准样品相一致，并且在扣除背景后的样品质谱图中，所选择的离子均出现，而且所选择的离子丰度比与标准样品的离子丰度比相一致（相对丰度≥50%，允许±20%偏差；相对丰度 20%~50%，允许±25%偏差；相对丰度 10%~20%，允许±30%偏差；相对丰度≤10%，允许±50%偏差），则可判断样品中存在这种农药或相关化学品。

④定量测定：本标准中液相色谱-串联质谱采用外标-校准曲线法定量测定。为减

少基质对定量测定的影响，定量用标准溶液应采用基质混合标准工作溶液绘制标准曲线，并且保证所测样品中农药及相关化学品的响应值均在仪器的线性范围内。

（4）平行试验

按以上步骤对同一试样进行平行试验。

（5）空白试验

除不称取试样外，均按上述步骤进行。

3.2.5.6 结果计算

液相色谱-串联质谱测定采用标准曲线法定量，标准曲线法定量结果按式 3.5 计算：

$$X_i = c_i \times \frac{V}{m} \times \frac{1\,000}{1\,000} \tag{3.5}$$

式中：

X_i——试样中被测组分含量，单位为毫克每千克（mg/kg）；

c_i——从标准工作曲线得到的试样溶液中被测组分的浓度，单位为微克每毫升（μg/mL）；

V——试样溶液定容体积，单位为毫升（mL）；

m——样品溶液所代表试样的质量，单位为克（g）。

计算结果应扣除空白值。

3.2.5.7 精密度

本方法精密度数据是按照 GB/T 6379.1 和 GB/T 6379.2 的规定确定的，获得重复性和再现性的值是以 95% 的可信度来计算。

3.2.6 薄层色谱法（TLC）

薄层色谱法是一种在薄层上对样品进行分离分析的方法，其原理是根据被分离物在溶剂中的分配比不同而达到分离的目的。此方法是农残检测中常见的方法之一，设备简单、操作方便，易于和其他方法联用，既可以定性分析又可定量分析。下面以胡秋菊等利用薄层色谱-荧光联用法检测中药材中西维因的残留量为例，介绍薄层色谱技术在农药残留检测中的应用。

西维因是氨基甲酸酯类农药中的一种，它的最大特点是低毒，而且只在植物中短暂停留，在施用后很短的时间内就可被降解成相应的代谢产物。胡秋菊等对中药材中的西维因的残留量作了薄层色谱的测定，采用混合溶剂超声萃取，用环己烷：丙酮：氯仿＝5∶1∶1（V/V）作为展开剂，在硅胶 G 板上展开，照射波长为 313nm，加标回收率和样品测定满意。

3.2.6.1 仪器和试剂

CX-250 型超声波清洗机、80-1 电动离心机、CS930 型双波长薄层扫描仪（日本岛津）、微量进样器（上海医用激光仪器厂）、KD 浓缩器、硅胶 G 板购自青岛海洋化工厂分厂。西维因购自北京百灵威化学试剂公司。生蒲黄、地骨皮、洋金花、钩藤药材购自生物药品检定所。其他化学试剂均为分析纯。

3.2.6.2 储备液的制备

准确称取 10mg 西维因的标准品，加无水乙醇溶解，定容到 100mL，均配制成 0.1mg/mL 的溶液．

3.2.6.3 样品溶液的配制

准确称取 0.50g 粉碎后过 60 目的中药材样品，置于 100mL 锥形瓶中，加入 10mL 环己烷：丙酮=1：1（V/V）的混合溶剂，再加入 5mL 无水乙醇溶液，浸泡 30min 后，在超声振荡器上振荡 20min，转移至离心管中，于离心管中 2 000r/min 离心 20min，取出离心管，再用混合溶剂洗涤一次，重新离心分离 20min，合并离心液转移至 KD 浓缩器上浓缩至 1mL，再用无水乙醇溶解，再转移至离心管中离心分离后定容至 50mL。

3.2.6.4 展开剂的选择

方法选择了①环己烷：丙酮=6：1；②环己烷：丙酮=4：1；③环己烷：丙酮=3：1 三种体系对西维因乙醇标液进行展开，发现第③种体系能使西维因的 R_f 值落在 0.3~0.5（R_f=0.41），所以选择其作为首选展开剂。根据计算得到混合溶剂的极性参数为 1.425，根据溶剂的选择性分组，选择了 3 种极性相差较大的溶剂：Ⅱ组溶剂乙醇、Ⅵ组溶剂丙酮、Ⅷ组溶剂氯仿，然后以环己烷作为极性调节剂，再根据 Glajch 提出的最优化三角形法选择了以下 7 种展开剂。结果如表 3.7 所示：

表 3.7 展开剂的优化

编号	V（环己烷）/mL	V（丙酮）/mL	V（乙醇）/mL	V（氯仿）/mL	R_f（$n=3$）
1	30	10	—	—	0.41
2	28	—	12	—	0.38
3	20	—	—	10	0.25
4	20	2	6	—	0.46
5	20	4	—	4	0.40
6	18	—	6	2	0.58
7	24	2	6	2	0.61

其中，第五组的展开效果最佳，干扰少而且峰型好（图 3.4），R_f 值也在定量分析范围内，所以本文选用第五组展开剂。即采用环己烷：丙酮：氯仿＝5：1：1（V/V）作为展开剂。

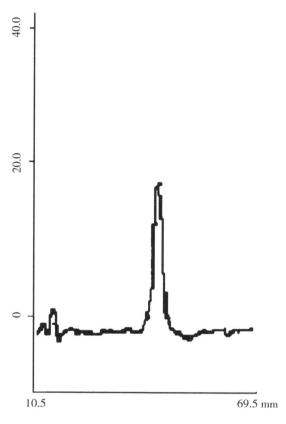

图 3.4 西维因的展开图

3.2.6.5 薄层板的优化

在 CS-930 型双波长薄层扫描仪上，发现薄层板的荧光背景值很高，而且不是很均匀，所以薄层板在使用之前要先在 110℃烘箱中活化 1h，再用丙酮展开，将薄层板上可能的杂质随丙酮带到薄层板的前沿，降低了荧光板本身的背景荧光值和杂质的干扰。将在丙酮中展开的薄层板放在 75℃烘箱中烘干后，放干燥器中备用。

3.2.6.6 烘干温度对西维因荧光强度的影响

在烘箱中烘干温度对西维因荧光强度有一定的影响，其结果如图 3.5 所示（烘干时间均为 5min）。

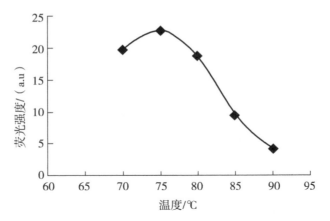

图 3.5　烘干温度对西维因荧光强度的影响

从图 3.5 中可以看出，在 75℃时西维因的荧光强度最大，为最佳烘干温度。

3.2.6.7　精密度实验

分别精密移取 5μL 浓度为 0.05mg/mL 标准西维因乙醇溶液 7 份，点样于同一块硅胶 G 板上，在环己烷：丙酮：氯仿＝5：1：1 的展开剂中展开，精密度良好，RSD 为 3.3%。

3.2.6.8　扫描条件

根据西维因在 RF-540 型荧光分光光度计上测得的荧光数据，最大激发波长为 310nm，最大发射波长为 347nm，由于西维因的最大激发波长在汞灯的较强发射波长（253.6nm，313.0nm，365.0nm，404.7nm，435.8nm，546.1nm）中的 313.0nm 附近，因此选用照射波长为 313nm，在 CS-930 上采用单波长荧光式锯齿形扫描，用第 1 块滤光片。光斑：6mm×1.2mm。

3.2.6.9　工作曲线和检出限

按选定的条件实验进行荧光测定，西维因的荧光强度与溶液的浓度均在 0.04～0.10mg/mL 范围内线性良好（点样量为 5μL），线性方程为 $Y = -0.309 + 299.77X$（Y 为峰高×4，X 为西维因浓度，mg/mL），$R = 0.9998$，绝对检出限为（N/S＝3）10ng。

3.2.6.10　回收率和样品测定

于 0.50g 样品中添加 5mL 0.1mg/mL 的标准西维因储备液，加入 10mL 环己烷：丙酮 ＝1：1（V/V）的混合溶剂，再按照样品溶液配制的后续步骤配置溶液，然后再依法点样，展开。最后在 75℃的烘箱中放置 5min，除去板上的溶剂，最后在薄层扫描上测定。

4 种样品的回收率和样品测定结果见表 3.8。

表 3.8　四种样品的加标回收率和西维因含量

样品	测定值/10^{-8}g	加标测定值/10^{-8}g	西维因含量/(10^{-4}g/g)*	回收率（$n=4$）/%
生蒲黄	2.25	6.89	4.5	92.8±9.6
地骨皮	1.5	6.18	3.0	93.5±0.63
野菊花	未测出（峰位移动、回收率很小）			
钩藤	未测出（峰位移动、回收率很小）			

注：* 指每克样品中含西维因的含量。

以上对于中药材中西维因残留量的薄层扫描方法，根据西维因的荧光发射进行了直接测定其含量。方法具有方便、简捷、仪器操作简便的特点，适合于中药材的定性鉴别，但由于很多中药材的化学成分很复杂，所以只能适合于部分中药材的定量分析。

3.3　农药残留危害及案例分析

3.3.1　农药对人类健康的影响

日常生活中，我们时常耳闻学生或是单位职工集体食物中毒的报道。1999 年 4 月，福建安溪 60 名小学生因误食带农残的李子而中毒，另 2 名未上学女幼童在就医途中死亡。2000 年 5 月 23 日，福州一幼儿园 38 名幼儿因食用含有甲胺磷的空心菜而中毒。调查结果表明，部分集体食物中毒正是因为食用农药残留量高的蔬菜而引起的。在南方发生食物中毒的一般是空心菜、生菜等叶菜；在北方发生食物中毒的一般是韭菜和豆角。

果蔬是人们生活中不可或缺的食品，果蔬的质量问题与人体健康息息相关。如不慎食用了带有过量残留农药的果蔬，中毒潜伏期多在 30min 以内，短者 10min，长者可达 2h。出现的主要症状有：头晕、头疼、恶心、呕吐、倦乏、食欲减退、视力模糊、四肢发麻无力等；中毒较严重者，可能伴有腹痛、腹泻、出汗、肌肉颤动、精神恍惚、言语障碍、瞳孔缩小等症状；更严重者将出现昏迷痉挛、大小便失禁、瞳孔缩小如针尖、体温升高、呼吸麻痹等症状。

另外，残留农药还可在人体内蓄积，超过一定量后会导致一些疾病，如男性不育等。此外，经国家卫生蔬菜中心等部门研究，果蔬中残留农药在人体内长期蓄积、滞留还会引发慢性中毒，诱发许多慢性疾病，如心脑血管病、糖尿病、肝病、癌症等；农药在人体内的蓄积，还会通过胚胎和哺乳传给下一代，殃及子孙后代的健康，农药进入粮食、蔬菜、水果、鱼、虾、肉、蛋、奶中，造成食物污染，危害人的健康。

3.3.1.1 有机氯农药的危害

据有关的调查研究显示，如果大量农药伴随着食品进入人体，被人体的肠道消化吸收，那么这些有机氯农药会储蓄在人体内，久而久之，就会出现慢性中毒的现象。有机氯农药残留过多主要是对人体的神经系统和肝脏造成毒害，出现肌肉震颤、抽搐、麻痹、肝肿大等症状，引起人体内的神经细胞变性，或者是肝脏变性，进而危害人体的生命健康。有机氯分子还会伤害到人体的神经系统，人体中含有大量的有机氯农药时，通过检测人体内的血液可以发现这些人体内的白细胞普遍增多，并且会偶尔出现贫血。残留有机氯农药对人体的危害还表现在有机氯能够通过胎盘进入胎儿体内。有资料表明，施用有机氯农药多的地区比施用少的地区的畸胎率和死胎率要高10倍左右。有机氯还能从母乳中排出，造成对乳儿的毒害。

一般有机氯农药在人体内代谢速度很慢，累积时间长。有机氯在人体内残留主要集中在脂肪中。如DDT在人的血液、大脑、肝和脂肪组织中含量比例为1：4：30：300；狄氏剂为1：5：30：150。

3.3.1.2 有机磷农药的危害

有机磷农药进入人体之后会对皮肤系统、呼吸系统以及肠胃系统产生损害，出现有机磷农药中毒。大量的有机磷农药进入到人体后会使人体出现活力下降的现象，同时人体还会失去对于乙酰胆碱的分解能力，出现明显的瞳孔缩小、出汗、心跳加速和肌肉颤动等情况。如果人们不加以重视，就会危害到人体的中枢神经系统，如果人体长期受到有机磷农药危害，那么人体内白细胞的吞噬功能将会衰减，最终导致人体血糖升高，出现畸形、癌变等情况。

3.3.1.3 氨基甲酸酯类农药的危害

氨基甲酸酯类农药也是神经毒物，其中毒机理与有机磷农药基本相同。主要表现为流涎、流泪、瞳孔缩小、肌肉颤动，腹痛等症状。国内多数研究报道此类农药中的西维因有致畸、致突变和致癌作用。

由于农药残留对人和生物危害很大，各国对农药的施用都进行严格的管理，并对食品中农药残留容许量作了规定。如日本对农药实行登记制度，一旦确认某种农药对人畜有害，政府便限制或禁止销售和使用。

3.3.2 农药残留对农业生产的影响

由于不合理使用农药，特别是除草剂，导致药害事故频繁，经常引起大面积减产甚至绝产，严重影响了农业生产。土壤中残留的长残效除草剂是其中的一个重要原因。长期使用农药，病虫害、杂草抗药性增强，防治难度增大。稗草是最难防除的一种杂草，种类多，近年来最突出的当属"青稗"，已对双草醚、五氟磺草胺等除草剂产生不同的抗性，如果不及时施用有针对性的除草剂，将会给稗草的防治造成更大的难度。近年随着稻田长期生产，导致病原菌和虫卵在土壤中大量积累，连年使用农药致使抗药性增加。特别是这几年，抗性稗草、二化螟十分严重，除了造成减产损失外，滥用农药甚至使用高毒农药和过量使用现象较为普遍，造成了严重的环境污染和食品安全问题。

3.3.3 农药残留对进出口贸易的影响

世界各国，特别是发达国家对农药残留问题高度重视，对各种农副产品中农药残留都规定了越来越严格的限量标准。许多国家以农药残留限量为技术壁垒，限制农副产品进口，保护农业生产。例如，2000 年欧共体将氰戊菊酯在茶叶中的残留限量从 10mg/kg 降低到 0.1mg/kg，使中国茶叶出口面临严峻的挑战。

下面以一则草莓出口案例了解一下农药残留问题对我国果蔬贸易的影响、造成的损失及对策。当前，我国出口贸易受到国外技术性贸易壁垒的影响越来越深，损失越来越大。据国家质检总局统计，2014 年，我国 36.1% 出口企业受到国外技术性贸易壁垒的影响，给全年出口贸易带来直接损失 755.2 亿元。王维金等以山东某公司出口以色列国的草莓为例，分析了受到国外技术性贸易壁垒的原因及相关启示，对果蔬类出口企业在减少或避免技术性贸易壁垒上具有一定的参考借鉴价值。

3.3.3.1 案情介绍

山东 a 公司在签署合同后，马上到种植草莓的农户收购草莓、加工、租船订舱、报检、报关，5 月 15 日在青岛港装运完毕。6 月 10 日，货物到达以色列的特拉维夫港口。以色列和美国的做法一样，在货物到达港口后，客户在提货以前，还要进行检测，主要是通过瑞士通用公证行（sgs）第三方检测，经过 sgs 检测后提供的测试报告显示：农药敌敌畏残留含量 0.012mg/kg，农药腐霉利残留使用的 0.021mg/kg，除草剂乙草胺含量 0.01mg/kg。

6 月 12 日，以色列特拉维夫 b 公司通知我国山东 a 公司："该批货物由于农药残留超标，拒绝提货，要求我方办理退运事宜。"山东 a 公司收悉后，马上回复对方：

"冷冻草莓虽然有农药残留，但未超出最大残留限量的标准"。但是对方仍然坚持农残超标。

经过双方多次的交涉，没有结果。就这样一个 40gp 冷冻集装箱的冷冻草莓在港口停滞了一个月，港口还要收滞港费，这时滞港费已接近或已超过货值了。a 公司也无法办理退运手续，只好放弃。最后，这批货在未征得我方同意的情况下，由以色列特拉维夫海关自行变卖，支付滞港费，而山东 a 公司不单为这笔生意花费了大量的精力，而且最后信用受损，货款两空，蒙受了巨大的经济损失。

3.3.3.2 案情分析

（1）出口合同检验条款不具体

本案例中的检验条款规定："以青岛出入境检验检疫局签发的品质检验证书应作为交付的基础。"这样的规定过于简单，容易引起分歧。本案例中没有说明到进口是否复验，没有说明由第三方 sgs 检测，也没有说明进口是否有复验权。尤其是合同中没有明确规定草莓中各种农药残留超标的标准，我方以《食品中农药最大残留限量》（GB 2736—2014）为标准，以色列以 sgs 提供的检测报告为标准，这是导致出口草莓受损的致命伤。

（2）国外质量技术指标普遍高于国内指标

本案例中提到的 sgs 检测出冷冻草莓的敌敌畏残留 0.012mg/kg，腐霉利残留 0.025mg/kg，乙草胺含量 0.02mg/kg，以色列特拉维夫 b 公司以农药残留超标为由，拒绝提货。根据我国《食品中农药最大残留限量》（GB 2736—2014）制定的最新《农药残留标准》敌敌畏的标准 0.2mg/kg，腐霉利残留 10mg/kg，除草剂乙草胺（acetochor）含量 0.01mg/kg，欧盟规定乙草胺在草莓上农药残留限量为 0.02mg/kg。很显然，以色列特拉维夫 b 公司的要求过于苛刻，其质量检测指标远远高于我国国家标准和一些国际标准。

（3）国内农药登记不完善，农药滥用超量使用严重

在果蔬的进出口贸易中，农药残留最高限量已成为各国贸易间的技术性壁垒，所以，国家应加强农药使用约束机制和强制措施，明确告诉农户哪些农药可用、哪些农药限用及哪些农药禁用，便于科学合理地选择使用农药，减低农药残留。

本案例中提到的 sgs 检测出冷冻草莓除草剂乙草胺含量 0.01mg/kg。乙草胺是一种酰胺类除草剂，一般用于大田作物（大豆、玉米等）防除禾本科杂草。在我国，农业部药检所没有把乙草胺登记在草莓上，并且也没有任何一种除草剂登记在草莓上。农户为了节省除草时间，减少劳动力的消耗，对除草剂就有了需求，在没有到农业局或农科院进行咨询的情况下，就擅自使用除草剂乙草胺，造成了因农药残留超标，遭遇技术性贸易壁垒后果。

（4）利益驱动，降低了检测标准和要求

在外贸实务中，有些地方为了鼓励出口，创取更多的外汇，有的商检部门降低检

测标准，放松了监管的力度，而有的出口商提供的检测样品是专门种植的农药残留含量较低的商品，与大货有很大区别，在检测过程中也存在贿赂检验人员的现象。本案例中虽然没有 a 公司的检测情况，但 a 公司从签订合同后不到一个月就从收购草莓开始，经历加工、租船、报检、报关、到装运完毕，也足以说明大量的草莓难以做到高标准检测。而草莓运到以色列特拉维夫港口后，以方通过 sgs 第三方检测，检测出农药残留是否超标又没有在合同中明确规定，双方的纠纷就不可避免。

3.3.3.3 几点启示

通过对本案例的分析，找出了遭遇技术性贸易壁垒的原因，现从以下几个方面谈谈我国果蔬类产品出口如何减少或避免技术性贸易壁垒。

（1）签订外贸合同要考虑周全，具有风险防范意识

企业在签订外贸合同时，为了防止合同条款过于简单，出现漏洞，引起分歧，应实行"三审"的方法，主要从价格、质量、交期、运输、结算等条款进行严格的审核。"一审"由外贸业务员负责、"二审"由企业生产、质检、财务、采购部门组成的联合审查，"三审"由外贸业务经理负责。

（2）制定与国际接轨的农药残留标准体系，加大宣传力度

依据国际仲裁的标准国际食品法典（codex）国际食品法典委员会（cac）下属的食品法典农药残留委员会（ccpr）制定农药残留标准制定我国的专门针对出口商品的农药残留标准体系，具体到出口不同国家、不同的商品，为外贸出口企业做参考。世界各国对同一种商品的农药残留标准是不一样的，《食品中农药残留限量》（GB 2763—2014）国家标准在这个国家符合标准，在另一个国可能就不符合标准。加强出口商品农药残留的标准宣传，举办农药残留知识培训班，宣传农残超标的危害及带来的损失。

（3）完善农药登记制度，加强农户选药用药指导

目前我国农药登记制度很不完善，仅对农药进行分析、毒性、残留、环境、药效等实验就获得农药登记证是不够的，还要对这种农药的使用范围、使用量、适用时间及使用次数针对不同的果蔬种类分别进行说明。

加强农药登记制度的监管工作，建议成立以农业局、商检局、食品药品监督管理局组成的联合执法部门，不定期进行巡查，对不当用药的农户或生产基地进行曝光，加强对农户用药监管力度。另外，国家可以对购买农药实行实名制，全国联网，清晰登记购买时间、种类、数量及用途。以此来约束农户对农药的滥购滥用现象。

（4）外贸企业转变经营模式

外贸企业应实行"出口企业+基地+农户"的经营模式，通过建立固定的由多个农户构成的果蔬出口基地，进行统一管理，统一选择农药，统一喷洒，统一加工处理

农药残留，形成规模经济，减低成本，不仅解决了农户不懂农药知识，不懂农药科学选择使用，担心销售的问题，同时也解决了出口企业从散户收购的商品质量参差不齐等问题。水果蔬菜使用农药的多少，受不同纬度和气温的影响，在高寒地区温度较低，病虫害较少，农药的喷洒就少，从而果蔬的农药残留含量就较低。例如，山东青岛鹏都进出口有限公司是一家出口冷冻果蔬的外贸企业，实行"出口企业+基地+农户"的经营模式，除了在山东平度建有自己的果蔬基地，还在内蒙古自治区、东北三省有果蔬基地。这样既解决了货源供应和果蔬的多样性，又保证了果蔬产品的质量。

（5）健全企业果蔬产品质量检测机制

国内国外两大市场对果蔬产品农药残留标准的要求有差异，外贸企业在搞好自行检测的同时，还要依据国际上通行的办法，制定出与国际市场接轨的果蔬产品农残标准与安全体系，让企业和农户有比较稳定的参照体系。企业自行检测，主要是使用农药速测卡，以快速检测蔬菜中的有机磷、氨基甲酸酯及杀虫剂残留。自行检测包括采摘、加工、加工后 3 个阶段，熟悉检测要由专业技术人员按正确的方法操作，保证数据的正确性。另外要熟悉 sgs 检测机构的检测依据、检测方法及检测标准。

（6）熟悉国际惯例及通常做法，制定应对预案。

3.3.4　农药残留的预防与应对

在农业生产过程中，常常会发生病虫草害，这就需要用农药来进行预防和救治。农药对农产品生产来说，犹如医药对人类一样重要。是药三分毒，就像人服用药物之后可能会有药物残留及毒副作用一样，农药残留是农产品施药后的必然现象，难以避免。但是，农药就一定不安全吗？其实并非如此，农药如果使用科学、规范，就是安全可控的。但是不少消费者都认为，有农药残留就等同于不安全，甚至故意去选择"虫眼菜"，这其实是混淆了"农药残留"和"农残超标"的概念。

蔬菜使用农药很正常，只要严格执行停药期和严格用药范围，农药残留是可以降低到安全标准范围内的，因而产品也就是安全的。而农药残留标准，通常是在实验室数据基础上，再放大百倍量而确定的安全标准。

在日常生活中如何减少蔬菜水果农药残留？以下这些方法可供参考。

搓洗：在流水下搓洗时的机械运动对去除农药起着关键作用，在我们不知道蔬菜中残留农药种类时，用流水洗涤，同时轻轻搓洗，能够有效去除农药残留。

短时焯水：高温加热可使农药分解，焯水可去除 80%左右农药残留，尤其是菠菜、白菜、油菜、菜心、甘蓝等叶类菜，豆角、芹菜、菜花等用开水烫几分钟也可使农药残留下降约 30%。

去皮：大部分农药一般残留在蔬果表皮上，例如，黄瓜、胡萝卜、苹果、梨等。

第4章 兽药残留检测技术

4.1 兽药种类

兽药残留是指食品动物用药后，动物产品的任何可食用部分中所有与药物有关的物质的残留，包括药物原形或/和其代谢产物。市场经济环境下，消费者对于食品安全的关注度越发提升，农产品中兽药残留问题也受到社会各界的广泛关注，其不仅关系畜牧行业的稳定发展，更会对消费者的身体健康乃至生命财产安全造成影响。为了防止在养殖过程中超量、超范围使用农兽药产品，农业部出台了第 235 号公告，明确规定了一些兽药在动物性食品中的残留限量。公告将兽药分为四个部分，第一类为动物性食品允许使用，但不需要制定残留限量的药物，明确了此类药物的名称、允许使用的动物种类以及部分药物必要的具体限制规定，例如，产奶牛禁用、仅作口服用等；第二类为已批准使用的但在动物性食品中规定了最高残留限量的药物，公告规定了此类药物允许使用的动物种类及其靶组织，以及与之对应的最高残留限量要求；第三类为允许作治疗用，但不得在动物性食品中检出的药物；第四类为禁止使用的药物，在动物性食品中不得检出，此类药物按照规定在所有可食的动物组织中均不得检出。同时 GB 31650—2019《食品安全国家标准 食品中兽药最大残留限量》也对部分兽药残留进行了规定，包括动物性食品中阿苯达唑等 104 种（类）兽药的最大残留限量，醋酸等 154 种允许用于食品动物但不需要制定残留限量的兽药，氯丙嗪等 9 种允许作治疗用但不得在动物性食品中检出的兽药。本文按照兽药的不同作用将兽药分为抗生素类、抗寄生虫类、促生长剂类三大类。

4.1.1 抗生素类

在畜禽养殖过程中，人们为了更好地保障畜禽生长发育，会给畜禽注射一定的抗生素。如果畜禽在没有达到停药期时就进行屠宰，畜产品中就会存留一定的抗生素，人们使用这些畜产品后会产生一定的毒副作用，影响人体健康。一般对畜禽注射的抗生素主要有 β-内酰胺类、氨基糖苷类、多肽类、四环素类、酰胺醇类、大环内酯类、林可酰胺类、喹诺酮类等。

4.1.1.1 β-内酰胺类抗生素

β-内酰胺类抗生素是指化学结构中含有 β-内酰胺环的一类抗生素，这是一种通过抑制胞壁黏肽合成酶，对细菌胞壁进行破坏，从而导致细菌发生膨胀裂解的药物。它主要包括青霉素类和头孢菌素类，这些药物具有很强的杀菌活性，兼具毒性较低、适应症广等许多优点。在动物生产中，其经常被用于治疗动物呼吸道、尿道、肠胃系统等感染，也用于治疗奶牛乳房炎等。但是由于许多饲养者不能按照正常的要求使用，或不遵守休药期规定等原因，造成动物体内会残留有一定量的 β-内酰胺类抗生素，从而间接地危害人类身体健康。这些残留的抗生素会使得部分人产生一些过敏反应，有些甚至会使人体产生严重的耐药性，引起食源性污染和二次污染，造成中毒反应、致畸形和致残等一系列危害。在食品中对此类抗生素类兽药残留有明确限量要求的主要有阿莫西林、氨苄西林、青霉素、氯唑西林、苯唑西林等。以阿莫西林为例，GB 31650—2019《食品安全国家标准　食品中兽药最大残留限量》明确规定了它允许检出的动物种类为鱼和所有食品动物（产蛋期禁用），并且规定了检测所有食品动物的靶组织为肌肉、脂肪、肝、肾，最大残留限量为 50μg/kg，奶中限量为 4μg/kg，鱼的皮和肉同时检测最大限量为 50μg/kg。

针对 β-内酰胺类抗生素残留的检测，国家已出台的检验标准很多，现将检测目标物、检验方法、检出限等总结如下表 4.1 所示。其他兽药残留的检测大致方法不外乎表 4.1 中所述方法，在本节不再赘述。

表 4.1　β-内酰胺类抗生素抗生素标准检测方法

目标物	适用范围	检测方法	标准代号	检出限/（μg/kg）
羟氨苄青霉素、氨苄青霉素、邻氯青霉素、双氯青霉素、乙氧萘胺青霉素、苯唑青霉素、苄青霉素、苯氧甲基青霉素、苯咪青霉素、甲氧苯青霉素、苯氧乙基青霉素、头孢氨苄、头孢吡啉、头孢唑啉	动物肌肉、肝脏、肾脏、牛奶和鸡蛋	液相色谱-质谱/质谱法	SN/T 2050—2008	0.1~10
苄青霉素、氨苄青霉素、羟氨苄青霉素、邻氯青霉素、双氯青霉素、苯唑青霉素和头孢噻呋	牛奶、肉类、鱼和虾	微生物抑制法	SN/T 2127—2008	牛奶：4~100 肉类、鱼和虾：20~800
青霉素 G、阿莫西林、氨苄西林、苯唑西林、邻氯青霉素、双氯青霉素、头孢氨苄、头孢唑啉、头孢噻呋	出口牛奶	ROSA 法	SN/T 3256—2012	3~30

续表

目标物	适用范围	检测方法	标准代号	检出限/（μg/kg）
青霉素 G、阿莫西林、氨苄西林、氯唑西林、萘呋西林、苯唑西林、头孢哌酮、头孢西林、头孢唑肟、头孢唑林、头孢噻呋	原奶	基于胶体金竞争抑制免疫层析原理的商品化试剂盒	SN/T 4532.1—2016	2～100
青霉素 G、阿莫西林、氨苄青霉素、头孢霉素、头孢噻呋和邻氯青霉素	进出口食用活体动物	放射受体分析法	SN/T 4810—2017	25 300
青霉素 G、氨苄西林、阿莫西林、邻氯青霉素、双氯青霉素和头孢噻呋	肉类和水产品		GB/T 21174—2007	25

4.1.1.2　氨基糖苷类抗生素

氨基糖苷类抗生素是含有氨基糖与氨基环醇结构的一类抗生素，临床上主要用于对革兰氏阴性菌、绿脓杆菌等感染的治疗，可有效抑制细菌的生长和繁殖，广泛用于我国畜牧业和水产业中，也常常添加到饲料中作为动物促生长剂使用。该药品进入动物机体后与动物组织有很强的亲和力，残留时间较长，并且该类药物往往具有严重的耳毒性和肾毒性，可能影响神经传导、损害肠道的吸收，引发菌群失调，消费者直接食用这类残留超标的动物食品，会带来潜在的危害。GB 31650—2019《食品安全国家标准　食品中兽药最大残留限量》规定了安普霉素、庆大霉素和卡那霉素等 6 种这类抗生素的最大限量。

4.1.1.3　多肽类抗生素

多肽类抗生素是从多黏杆菌或产气孢子杆菌的培养液中提取制得的具有多肽结构特征的一类抗生素，可分别对抗革兰阳性菌、革兰阴性菌、绿脓杆菌、真菌、病毒、螺旋体、原虫的感染，并且对败血症、呼吸道感染、泌尿道感染、牛乳腺炎等疾病有较好的治疗作用。目前应用最广的多肽类抗生素包括多黏菌素、杆菌肽和维吉尼霉素等。其中多黏菌素族抗生素主要对革兰阴性菌有很好的抗菌作用，主要是通过其带正电荷的氨基与细菌敏感细胞膜磷脂中带负电荷的磷酸根相结合，破坏外膜的完整性，使菌体内嘌呤、嘧啶、核苷酸等小分子外逸而导致细菌死亡；杆菌肽对大部分革兰阳性菌有高度抗菌活性，作用机理主要是抑制细菌细胞壁的合成，短杆菌肽则主要是通过改变细菌胞浆膜的渗透性杀灭多种病原微生物。在实际应用中，杆菌肽与锌的复合物杆菌肽锌是很好的饲料添加剂，可促进畜禽生长，目前应用较广；维吉尼霉素主要是通过与革兰阳性菌的 50S 核糖体亚基结合，抑制其蛋白质的合成而将其杀灭。此外，维吉尼霉素也是一种良好的抗生素促生长剂。

这类抗生素凭借其优良的杀菌作用被广泛应用于治疗家禽牲畜常见疾病，提高了动物的出栏率，但如果超范围使用或者滥用就会在食品中残留从而直接或间接地通过环境和食物链的作用对人体产生一定的毒副作用，并可引起细菌耐药性的增加。因此国家明确规定了此类抗生素食品中的最大残留限量，如杆菌肽在牛奶中的最大残留限量为 500μg/kg。

4.1.1.4 四环素类抗生素

四环素类抗生素是一类广谱性抗生素，由放线菌产生，主要包括四环素、强力霉素、金霉素、土霉素等。四环素是一种天然或半合成的抗生素，对于大部分革兰氏阳性和阴性细菌都具有抗菌活性。由于其成本较低，现已成为使用最广泛的抗菌药物之一。它既可以用于治疗人类传染病，也可以用于畜牧业中一些传染病的预防和治疗，同时，还可以被用作动物饲料中的添加剂，用来促进动物的快速生长和增重。四环素的作用机制是通过结合 30S 核糖体亚单位来抑制蛋白质合成。四环素与细菌核糖体接触需要两个过程，首先通过细胞外膜上亲水孔的被动扩散，然后通过胞质内膜的主动转运。进入细胞内后，四环素与 30S 核糖体亚单位结合，阻断了信使 RNA-核糖体复合物上的氨基末端 RNA 与受体位点的结合。

四环素类抗生素为广谱的抑菌剂，但滥用会使动物性食品中残留超限。一些人食用四环素后会出现过敏反应、肝损害、牙齿变黄、胃肠紊乱等症状。另外，食用含有四环素残留物的食物，可能会导致病原体对抗菌药物的抗药性增加，因此不论国内还是国外都对此类药物残留的限制进行了规定。例如，GB 31650—2019《食品安全国家标准 食品中兽药最大残留限量》规定了这类抗生素中土霉素、金霉素、西环素、多西环素的最大限量，其中土霉素/金霉素/四环素（单体或组合）在猪、牛、羊和家禽的肌肉组织中最大残留限量为 200μg/kg，在牛奶、羊奶中限量为 100μg/kg，家禽蛋中的限量为 400μg/kg。

4.1.1.5 酰胺醇类抗生素

类抗生素可作用于细菌核糖核蛋白体的 50S 亚基，而阻挠蛋白质的合成，属抑菌性广谱抗生素。氯霉素、甲砜霉素和氟苯尼考，是酰胺醇家族成员，广泛用于实践中许多细菌感染的预防和治疗。氯霉素可抑制骨髓造血机能，导致再生障碍性贫血、急性白血病。甲砜霉素和氟苯尼考作为氯霉素治疗动物的替代品使用。然而，甲砜霉素的血液系统毒性较低，抑制红细胞、白细胞和血小板，免疫抑制作用较强。同时，氟苯尼考会造成生殖毒性以及可能产生的耐药性问题会对人类的健康造成危害。近年来，世界各国对酰胺醇类药物的监管越来越严格。我国同样如此，同时国家标准对此类抗生素中的甲砜霉素和氟苯尼考等的残留有明确的限量规定，例如，甲砜霉素在动物食品中的最大残留限量 50μg/kg。

4.1.1.6　大环内酯类抗生素

大环内酯类抗生素是一类化学结构和抗菌作用相近的碱性抗生素群，属于中谱抗生素。根据其化学结构的差异，大环内酯类抗生素可分为 14 元环类，如红霉素、罗红霉素、地红霉素；15 元环类，如阿奇霉素；16 元环类，如螺旋霉素、交沙霉素、柱晶白霉素和麦迪霉素。

兽医临床中常将此类抗生素用于治疗和预防畜禽呼吸道及消化道疾病，其对需氧革兰阳性细菌、革兰阴性球菌、厌氧球菌及军团菌属、支原体属、衣原体属等病原体有较强的抗菌活性，如红霉素、泰乐菌素被广泛用于家禽呼吸道疾病的治疗。可是，如果大环内酯类抗生素的使用方法不当或非法超量添加，可造成其在动物体内或组织中的残留。尽管大环内酯类抗生素本身对机体没有很强的毒性，但一些敏感个体食用了含有大环内酯类抗生素的肉品后会产生剧烈的过敏反应或胃肠道紊乱、腹泻、恶心和呕吐、肝损害等。此类兽药残留的问题已引起国际社会的广泛关注和各国政府的高度重视。因此许多国家对动物使用大环内酯类抗生素进行了严格控制。我国对于此类抗生素如红霉素、吉他霉素、螺旋霉素等在食品中的残留限量都有明确规定，例如在鸡蛋中红霉素的最大残留限量为 50μg/kg，在鸡肝中限量为 100μg/kg。

4.1.1.7　林可酰胺类抗生素

林可酰胺类抗生素可抑制细菌的蛋白质合成，对大多数革兰阳性菌和某些厌氧的革兰阴性菌有抗菌作用。在规模化养殖中时常会发生在饲料或饮用水中添加此类药物喂养牲畜，或者是在生产过程中注射此类药物用以治疗以及防治动物的疾病。但在兽药的使用过程中如果肆意增加使用剂量或者增加用药时长或在送屠宰牲畜收集前不遵守规定预先设置休药期，那么在动物源性食品中就有可能超限残留。这不仅可能会导致人产生恶心、呕吐和红疹等不良反应，也可能会增加患伪膜性肠癌的概率及提高诱导病菌产生耐药性的风险，所以许多国家都制定了此类抗生素的最高残留限量标准。我国明确规定了食品中林可霉素、吡利霉素等的残留限量，例如林可霉素在鸡蛋中限量为 50μg/kg，牛肉中为 100μg/kg，猪肝中为 500μg/kg。

4.1.1.8　喹诺酮药物

自 1962 年 Lesher et al. 研制出第一个喹诺酮类抗菌剂药物萘啶酸，此类药物迅速发展，到现在为止开发了四代喹诺酮类药物。第三代含氟的喹诺酮药物，即氟喹诺酮类药物，通过抑制 DNA 回旋酶，破坏 DNA 的合成和复制，而导致细菌死亡。由于其具有抗菌谱广、杀菌力强和价格低廉等特点，已然成为兽医的常用药物。但由于养殖和生产过程中一些不合理用药以及过量用药问题的发生，残留喹诺酮药物通过食物链被人体摄入后，会对中枢神经系统和肝肾器官产生危害及毒性作用。国家标准明确了喹诺酮类合成抗菌药在食品中的最大残留限量，例如，规定沙拉沙星在鸡肉中的限值为 10μg/kg，鸡肝中为 80μg/kg，鱼肉中为 30μg/kg。

4.1.2　抗虫类

4.1.2.1　抗线虫类兽药

抗线虫药是一类抗击肠道线虫蠕虫的药品总称，例如，阿苯达唑、阿维菌素、氟苯达唑等，这类兽药在食品中都有明确的残留限量要求。

4.1.2.2　抗球虫类兽药

球虫病是一种寄生虫病，感染后寄生虫在小肠内大量增殖导致小肠组织损伤，降低采食量和饲料中养分的吸收率，还可造成家禽肠道出血和发生脱水，严重影响家禽肉和蛋的生产。对食品中此类兽药残留有明确限量要求的主要包括氯羟吡啶、莫能菌素、甲基盐霉素等。

4.1.2.3　抗吸虫药

抗吸虫药指可驱除牛羊肝片吸虫的药物。包括氯氰碘柳胺、硝碘酚腈、碘醚柳胺等，此类药物在食品中的残留有最高限量要求。

4.1.2.4　杀虫药

杀虫药可通过撒布、喷洒、熏蒸、诱食等方式透入虫体起到触杀作用，主要机理是可进入虫体消化道起到胃毒作用，经体表气孔进入虫体起到熏杀作用；或杀虫药先被家畜或植物吸收，当昆虫叮吸家畜血液或植物茎叶汁时药物进入虫体，再通过上述作用使昆虫致死。常见的允许在食品中有残留但规定了最高限量的有氟氯氰菊酯、敌敌畏、马拉硫磷等。

4.1.2.5　驱虫药

驱虫药指能将肠道寄生虫杀死或驱出体外的药物。服用驱虫药可麻痹或杀死虫体，使虫排出体外，畜禽得到根本治愈。地昔尼尔、氟佐隆为常见的驱虫兽药，并有国家标准对其在食品中的残留进行限量规定。

4.1.3　激素类、兴奋剂类兽药

在畜禽生长发育过程中，激素和兴奋剂对畜禽生长发育有很大的促进作用，能加快畜禽出栏，因此，很多养殖户会使用这类药物来提高畜禽生长速度，常见药物主要有性激素类、皮质激素类、盐酸克仑特罗等。这些药物残留会对人体的心肺功能造成一定影响，因此，对这类药物如倍他米松、醋酸氟孕酮、垂体促性腺激素释放激素等在食品中的残留国标有明确的限量规定。

4.2　兽药检测技术

4.2.1　概述

目前，兽药残留快速分析检测方法主要有仪器检测法、微生物检测法、免疫分析检测法和生物传感器检测法等方法。具体的分析方法、现行有效的国家标准标准、适用范围以及技术特点见表 4.2。

表 4.2　食品中兽药残留检测技术概述

	检验方法	应用对象	技术特点
仪器检测法	高效液相色谱及其联用技术	用于检测动物源性食品中四环素类、硝基呋喃类、喹诺酮类、磺胺类、大环内酯类和 β-受体激动剂等兽药已出台国家标准	应用广泛、灵敏度高、重现性好，但前处理复杂，条件需要摸索
	气相色谱及其联用技术	用于检测动物性食品中五氯酚钠、林可霉素、克林霉素、大观霉素和氟硅唑等药物残留量已出台国家标准	应用较广泛，分离效率和灵敏度高，而且样品用量相对较小
	薄层色谱法	牛奶、蜂蜜中诺氟沙星、环丙沙星、丹诺沙星、恩诺沙星、沙拉沙星和双氟沙星 6 种氟喹诺酮类的快速检测	快速简便，同时可测定多个样品，分析成本低，但分辨率、灵敏度较低，重现性较差
	毛细管电泳法	检测氟喹诺酮类和磺胺类兽药残留	该方法分离速度快，分离效率高，样品用量少，但实验仪器价格昂贵
微生物检测法	杯碟法	青霉素、红霉素、庆大霉素和螺旋霉素等已出台国家标准	方法简便，但灵敏度和精确度相对较低，需结合其他方法进行确证

续表

检验方法		应用对象	技术特点
免疫分析法	酶联免疫吸附法	氯霉素、庆大霉素、莱克多巴胺、氟喹诺酮和阿维菌素等出台国家标准	大多采用试剂盒检测，操作简便，较短时间可检测多个样品，但阳性样品需要其他方法确证，适合批量样品的初步筛查
	胶体金免疫法	沙丁胺醇、莱克多巴胺、盐酸克伦特罗等出台国家标准	
	放射性免疫法	磺胺类抗生素和四环素	
	化学发光免疫分析法	金刚烷胺、氯霉素、诺氟沙星、利巴韦林和四环素等	
生物传感器检测法		氨基糖苷类抗生素	操作简单、稳定性好、灵敏度高、响应速度快，但应用性不高

由表 4.2 可以看出，部分检验方法凭借其较高的灵敏度、较强的操作性以及适用性，得到了很好的应用，并出台了国家标准，为食品检测提供有力依据，但部分方法还处于研究阶段，有很大的发展前景。下面以某种或某类兽药残留的检测为例分述部分具体检验方法的原理和具体步骤。

4.2.2　高效液相色谱及其联用技术

4.2.2.1　技术简介

高效液相色谱技术主要是利用不同物质在不同相态中的分配系数有差异，利用流动相对固定相中需要监测的物质进行洗脱，分离柱内成分，借助相应的仪器设备进行检测，具有选择性和分离效率好、灵敏度高等优点。它由最早的液相色谱法发展而来，色谱法最早是由俄国植物学家茨维特在 1906 年研究用碳酸钙分离植物色素时发现的，色谱法因此得名。后来在此基础上发展出纸色谱法、薄层色谱法、气相色谱法、液相色谱法。液相色谱法开始阶段是用大直径的玻璃管柱在室温和常压下用液位差输送流动相，称为经典液相色谱法，此方法柱效低、时间长。高效液相色谱法（High Performance Liquid Chromatography，HPLC）是在经典液相色谱法的基础上，于 20 世纪 60 年代后期引入了气相色谱理论而迅速发展起来的。它与经典液相色谱法的区别是填料颗粒小而均匀，小颗粒具有高柱效，但会引起高阻力，需用高压输送流动相，因分析速度快而称为高效液相色谱。

质谱法是将被测物质离子化，按离子的质荷比分离，测量各种离子谱峰的强度而实现分析目的的一种分析方法。质谱具有其他分析方法无可比拟的灵敏度，对于未知化合物的结构分析定性十分准确，对相应的标准样品要求也比较低。随着技术的发展，研究人员将高效液相色谱与质谱相结合发明了液相色谱质谱联用技术（LC-MS）、液相二级质谱技术（LC-MS/MS）。

高效液相色谱-质谱/质谱（LC-MS/MS）技术是目前应用最广的食品中兽药残留检测技术，也是已实施的大部分兽药残留检测标准中推荐使用的技术。

4.2.2.2　方法步骤

以喹诺酮类兽药残留检测为例介绍高效液相色谱-质谱/质谱联用技术的方法步骤。

（1）方法原理

用 0.1mol EDTA-Mcllvaine-缓冲液（pH 值 4.0）提取样品中的喹诺酮类抗生素，经过滤和离心后，上清液经 HLB 固相萃取柱净化。高效液相色谱-质谱/质谱测定，用阴性样品基质加标外标法定量。

（2）试剂和材料

①试剂：

柠檬酸：分析纯。

酸氢二钠：分析纯。

甲醇。

乙腈。

甲醇-乙腈溶液：40+60（体积比）。

甲酸（99%）。

氢氧化钠：分析纯。

乙二胺四乙酸二钠：分析纯。

磷酸氢二钠溶液：0.2mol/L。称取 71.63g 磷酸氢二钠，用水溶解，定容至 1 000mL。

柠檬酸溶液：0.1mol/L。称取 21.01g 柠檬酸，用水溶解，定容至 1 000mL。

Mcllvaine 缓冲溶液：将 1 000mL 0.1mol/L 柠檬酸溶液与 625mL 0.2ml/L 磷酸氢钠溶液混合，必要时用盐酸或氢氧化钠调节 pH 值至 4.0±0.05。

EDTA-Mcllvaine 缓冲溶液：0.1mol/L。称取 60.5g 乙二胺四乙酸二钠放入 1 625mL Mcllvaine 缓冲溶液中，振摇使其溶解。

甲醇水溶液：5%（体积分数）。

甲酸水溶液：0.2%（体积分数）。

喹诺酮类药物标准物质：恩诺沙星、诺氟沙星、培氯沙星、环丙沙星、氧氟沙星、沙拉沙星、依诺沙星、洛美沙星、吡哌酸、萘啶酸、奥索利酸、氟甲喹、西诺沙星、单诺沙星。

标准储备液：分别称取 0.010 0g 标准品置于 10.0mL 棕色容量瓶中，用甲醇溶解并定容，标准储备液浓度为 1mg/mL，-20℃冰箱中保存，有效期 3 个月。

标准工作液：将以上各标准储备液稀释，配成混合标准溶液。各组分浓度为 10μg/mL。此标准工作液于 4℃保存，可保存 3 个月。

HLB 固相萃取柱（200mg，6mL）或其他等效柱。

②仪器：

高效液相色谱-串联质谱仪。

电子天平：感量 0.000 1g。

电子天平：感量 0.01g。

组织匀浆机。

旋涡混合器。

冷冻离心机（最高转速大于 1 000r/min）。

聚丙烯离心管（50mL）。

酸度计（0.01）。

氮吹仪。

固相萃取仪。

（3）测定步骤

①样品的制备：

动物肌肉和动物内脏：将现场采集的样品放入小型冷冻箱中运输到实验室，在-10℃以下保存，一周内进行处理。取适量新鲜或冷冻解冻的动物组织样品去筋、捣碎均匀。

牛奶：将现场采集的样品放入小型冷冻箱中运输到实验室，在-10℃以下保存，一周内进行处理。取适量新鲜或冷冻解冻的样品混合均匀。

鸡蛋：将现场采集的样品放入小型冷冻箱中运输到实验室，在-10℃以下保存，一周内进行处理。取适量新鲜的样品，去壳后混合均匀。

②样液的提取：

动物肌肉组织、肝脏、肾脏：称取均质试样 5.0g（精确到 0.1g），置于 50mL 聚丙烯离心管中，加入 20mL 0.1mol/L EDTA-Mcllvaine 缓冲溶液，1 000r/min 旋涡混合 1min，超声提取 10min，10 000r/min 离心 5min（温度低于 5℃），提取 3 次，合并上清液。

牛奶和鸡蛋：称取均质试样 5.00g（精确到 0.01g），置于 50mL 聚丙烯离心管中，用 40mL 0.1mol/L EDTA-Mcllvaine 缓冲溶液溶解，1 000r/min 旋涡混合 1min，超声提取 10min，10 000r/min 离心 10min（温度低于 5℃），取上清液。

③样液的净化：

HLB 固相萃取柱（200g，6mL），使用时用 6mL 甲醇洗涤、6mL 水活化。将②提取的溶液以 2~3mL/min 的速度过柱，弃去滤液，用 2mL 5%甲醇水溶液淋洗，弃去淋洗液，将小柱抽干，再用 6mL 甲醇洗脱并收集洗脱液。洗脱液用氮气吹，用 1mL 0.2%甲酸水溶液溶解，1 000r/min 旋涡混合 1min，用于上机测定。

④基质加标标准工作曲线的制备：

将混合标准工作液用初始流动相逐级稀释成 2.5～100.0μg/L 的标准系列溶液。称取与试样基质相应的阴性样品 5.0g，加入标准系列溶液 1.0mL，按照④、⑤与试样同时进行提取和净化。

⑤高效液相色谱质谱/质谱测定：

高效液相色条件：色谱柱：Waters ACQUITY UPLC™ BEH C_{18} 柱（100mm×2.1mm，1.7μm）或其他等效柱；流动相：A ［40+60 甲醇乙腈溶液］；B ［0.2%甲酸水溶液］梯度淋洗，参考梯度条件见表4.3。流速：0.2mL/min。柱温：40℃。进样体积：20μL。

表4.3　分离 14 种喹诺酮的参考梯度条件

时间/min	甲醇-乙腈/%	0.2%甲酸水
0	10	90
6.0	30	70
9.0	50	50
9.5	100	0
10.5	100	0
11.0	10	90
15.0	10	90

质谱条件：电离模式：电喷雾电离正离子模式（ESI+）；质谱扫描方式：多反应监测（MRM）；分辨率：单位分辨率；其他参考质谱条件见表4.4。

参考质谱条件：

电离源：电喷正离子模式；

毛细管电压：2.0kV；

射频透镜电压：0V；

源温度：110℃；

脱溶剂气温度：350℃；

脱溶剂气流量：500L/h；

电子倍增电压：650V；

喷撞室压力：0.28Pa；

其他质谱参数见表4.4。

表4.4　参考质谱条件

化合物	母离子	子离子	碰撞能量/（eV）	锥孔电压/（V）
吡哌酸	304.3	271.1[a]	21	38
		189.0	32	38

续表

化合物	母离子	子离子	碰撞能量/（eV）	锥孔电压/（V）
诺氟沙星	334.3	290.3[a]	17	38
		233.2	25	38
氧氟沙星	362.2	318.3[a]	18	38
		261.2	27	38
依诺沙星	321.4	302.3[a]	19	50
		276.3	17	50
环丙沙星	332.2	314.3[a]	19	36
		288.3	17	36
恩诺沙星	360.3	316.4[a]	19	38
		342.3	23	38
单诺沙星	358.3	340.3[a]	25	38
		82.0	42	38
洛美沙星	352.3	265.2[a]	23	36
		308.3	17	36
沙拉沙星	386.3	342.3[a]	18	40
		299.3	28	40
西诺沙星	263.1	244.1[a]	16	35
		188.8	28	35
奥索利酸	262.1	244.1[a]	16	50
		155.9	28	50
萘啶酸	233.1	215.1[a]	15	26
		187.0	28	26
氟甲喹	262.2	244.1[a]	17	50
		202.1	28	50

注：对不同质谱仪器，仪器参数可能存在差异，测定前应将质谱参数优化到最佳。

a 定量离子。

空白实验：除不加标准外，均按上述步骤进行测定。

（4）结果计算与表述

①定性标准：

保留时间：试样中目标化合物色谱峰的保留时间与相应标准色谱峰的保留时间相比较，变化范围为：±2.5%，参考保留时间见表4.5。

表4.5 14种喹诺酮的参考保留时间（RT）

化合物	RT/min	化合物	RT/min
恩诺沙星	5.84	洛美沙星	5.66
诺氟沙星	5.08	吡哌酸	3.93

续表

化合物	RT/min	化合物	RT/min
培氟沙星	5.14	萘啶酸	10.32
环丙沙星	5.32	奥索利酸	8.67
氧氟沙星	5.04	氟甲喹	10.67
沙拉沙星	6.74	西诺沙星	7.76
依诺沙星	4.79	单诺沙星	5.64

信噪比：待测化合物的定性离子的重构离子色谱峰的信噪比应大于等于 3（S/N≥3），定量离子的重构离子色谱峰的信噪比应大于等于 10（S/N≥10）。

②定量离子、定性离子及子离子丰度比：每种化合物的质谱定性离子必须出现，至少应包括 1 个母离子和 2 个子离子，而且同一检测批次，对同一化合物，样品中目标化合物的 2 个子离子的相对丰度比与浓度相当的标准溶液相比，其允许偏差不超过表 4.6 规定的范围。

表 4.6　定性时相对离子丰度的最大允许偏差

描述	范围			
相对离子丰度	>50%	20%~50%	10%~20%	≤10%
允许相对偏差	±20%	±25%	±30%	±50%

③结果计算与表述：

按式 4.1 计算喹诺酮类药物残留量。

$$X = \frac{cV \times 1\,000}{m \times 1\,000} \tag{4.1}$$

式中：

X——样品中待测组分的含量，单位为微克每千克（μg/kg）；

c——测定液中待测组分的浓度，单位为纳克每毫升（ng/mL）；

V——定容体积，单位为毫升（mL）；

m——样品称样量，单位为克（g）。

（5）检出限与定量限

检出限。动物组织中检出限（S/N=3）：氟甲喹、萘啶酸、奥索利酸、西诺沙星、恩诺沙星、单诺沙星、洛美沙星、氧氟沙星均为 1.0μg/kg，环丙沙星为 2.5μg/kg，沙拉沙星、诺氯沙星、培氟沙星、吡哌酸为 2.0μg/kg，依诺沙星为 3.0μg/kg；鸡蛋和牛奶中检出限：氟甲喹、萘啶酸、奥索利酸、西诺沙星、恩诺沙星、单诺沙星、洛美沙星、氧氟沙星均为 0.5μg/kg，环丙沙星为 1.2μg/kg，沙拉沙星、诺氯沙星、培氟沙星、吡哌酸为 1.0μg/kg，依诺沙星为 1.5μg/kg。

定量限。动物组织中定量限（S/N＝10）：氟甲喹、茶啶酸、奥索利酸、西诺沙星、恩诺沙星、单诺沙星、洛美沙星、氧氟沙星均为 3.0μg/kg，环丙沙星为 8μg/kg，沙拉沙星、诺氯沙星、培氟沙星、吡哌酸为 6μg/kg，依诺沙星为 10μg/kg；鸡蛋和牛奶中定量限：氟甲喹、茶啶酸、奥索利酸、西诺沙星、恩诺沙星、单诺沙星、洛美沙星、氧氟沙星均为 2μg/kg，环丙沙星为 4μg/kg，沙拉沙星、诺氯沙星、培氟沙星、吡哌酸为 3μg/kg，依诺沙星为 5μg/kg。

4.2.3 气相色谱及其联用技术

4.2.3.1 技术简介

气相色谱试剂是借助各组分在流动相与固定相之间分配系数的差异性，对其进行分离和分析，其同样具有较高的分离效率和灵敏度，而且样品用量相对较小，能极大提高兽药残留检测的水平。目前，将气相色谱与质谱相结合的气相色谱质谱法（GC-MS）已成为最为典型的检测方法。

4.2.3.2 方法步骤

以动物源性食品中氯霉素类药物残留量为例介绍气相色谱-质谱法的检测步骤。

（1）方法原理

样品用乙酸乙酯提取，4%氯化钠溶液和正己烷液-液分配净化，再经弗罗里硅土柱净化后，以甲苯为反应介质，用 N,O 双（三甲基硅基）三氟乙酰胺-三甲基氯硅烷于 70℃硅烷化，用气相色谱/负化学电离源质谱测定，内标工作曲线法定量。

（2）试剂和材料

①试剂：

甲醇：色谱纯。

甲苯：农残级。

正己烷：农残级。

乙酸乙酯。

乙醚。

氯化钠。

氯霉素（CAP）、氟甲砜霉素（FF）、甲砜霉素（TAP）标准物质：纯度≥99%。

间硝基氯霉素（m-CAP）标准物质：纯度≥99%。

氯化钠溶液（4%）：称取适量氯化钠用水配置成 4%的氯化钠溶液，常温保存，可使用 1 周。

氯霉素类标准储备溶液：准确称取适量氯霉素、氟甲砜霉素和甲砜霉素标准物质

（精确到 0.1mg），以甲醇配制成浓度为 100μg/mL 的标准储备溶液。

间硝基氯霉素内标工作溶液：准确称取适量间硝基氯霉素标准物质（精确到 0.1mg），用甲醇配制成 10ng/mL 的标准工作溶液。

氯霉素类基质标准工作溶液：选择不含氯霉素类的样品 6 份，分别添加 1mL 内标工作溶液，用这 6 份提取液分别配成氯霉素、氟甲砜霉素和甲砜霉素浓度为 0.1ng/mL、0.2ng/mL、1ng/mL、2ng/mL、4ng/mL、8ng/mL 的溶液，按本方法提取、净化，制成样品提取液，用氮气缓慢吹干，硅烷化后，制成标准工作溶液。

衍生化试剂：N,O 双（三甲基硅基）三氟乙酰胺-三甲基氯硅烷（BSTFA + TMCS，99+1）。

固相萃取柱：弗罗里硅土柱（6.0mL，1.0g）。

②仪器和设备：

气相色谱/质谱联用仪：配有化学电离源（CI）。

组织捣碎机。

固相萃取装置。

振荡器。

旋转蒸发仪。

涡旋混合器。

离心机。

恒温箱。

（3）测定步骤

①提取：称取 10.00g（精确到 0.01g）粉碎的组织样品于 50mL 具塞离心管中，加入 1.0mL 内标溶液和 30mL 乙酸乙酯，振荡 30min，于 4 000r/min 离心 2min，上层清液转移至圆底烧瓶中，残渣用 30mL 乙酸乙酯再提取 1 次，合并提取液，35℃旋转蒸发至 1~2mL，待净化。

②净化：

液液萃取：提取液浓缩物加 1mL 甲醇溶解，用 20mL 氯化钠溶液和 20mL 正己烷液-液萃取，弃去正己烷层，水相用 40mL 乙酸乙酯分 2 次萃取，合并乙酸乙酯相于心形瓶中，35℃旋转蒸发至近干，用氮气缓慢吹干。

弗罗里硅土柱净化：弗罗里硅土柱依次用 5mL 甲醇、5mL 甲醇-乙醚（3+7）溶液和 5mL 乙醚淋洗备用。将残渣用 5.0mL 乙醚溶解上样，用 5.0mL 乙醚淋洗弗罗里硅土柱，5.0mL 甲醇-乙醚溶液（3+7）洗脱，洗脱液用氮气缓慢吹干，待硅烷化。

硅烷化：净化后的试样用 0.2mL 甲苯溶解，加入 0.1mL 硅烷化试剂混合，于 70℃衍生化 60min。氮气缓慢吹干，用 1.0mL 正己烷定容，待测定。

③气相色谱-质谱条件：

色谱柱：DB-5MS 毛细管柱，30m×0.25mm（内径）×0.25μm，或与之相当者；

色谱柱温度：50℃保持1min，25℃/min升至280℃，保持5min；

进样口温度：250℃；

进样方式：不分流进样，不分流时间0.75min；

载气：高纯氦气，纯度≥99.999%；

流速：1.0mL/min；

进样量：1.0μL；

接口温度：280℃；

离子源：化学电离源负离子模式NCI；

扫描方式：选择离子监测；

离子源温度：150℃；

四级杆温度：106℃；

反应气：甲烷，纯度≥9.999%。

选择监测离子参见表4.7。

表4.7　监测离子

药物名称	监测离子(m/z)	定量离子(m/z)	相对离子丰度比/%	允许相对误差/%
间硝基氯霉素	466 468 470 432	466	100 66 16 2	±20 ±30 ±50
氯霉素	466 468 376 378	466	100 71 32 19	±20 ±25 ±30
氟甲砜霉素	339 341 429 431	339	100 75 89 84	±20 ±20 ±20
甲砜霉素	409 411 499 501	409	100 93 92 93	±20 ±20 ±20

④定性测定：进行试样测定时，如果检出色谱峰的保留时间与标准物质相一致，并且在扣除背景后的样品质谱图中，所选择的离子均出现，而且所选择离子的相对离子丰度比与标准物质一致，相对丰度允许偏差不超过表4.7规定的范围，则可判断样品中存在对应的3种氯霉素。如果不能确证，应重新进样，以扫描方式（有足够灵敏度）或采用增加其他确证离子的方式来确证。

⑤内标工作曲线：用配制的基质标准工作溶液按上述的气相色谱质谱条件分别进样，以标准溶液浓度为横坐标，待测组分与内标物的峰面积之比为纵坐标绘制内标工作曲线。

⑥定量：以 m/z 466（m-CAP 和 CAP）、339（FF）和 409（TAP）为定量离子，样品溶液中氯霉素类衍生物的响应值均应在仪器测定的线性范围内。在上述色谱条件下，m-CAP、CAP、FF、TAP 标准物质衍生物参考保留时间约为 11.4min、11.8min、12.6min、13.6min。

⑦平行实验：按以上步骤，对同一试样进行平行试验测定。

⑧空白实验：除不加试样外，均按上述测定步骤进行。

（4）结果计算

结果按式 4.2 计算：

$$X = \frac{c \times V}{m} \tag{4.2}$$

式中：

X——试样中被测组分残留量，单位为微克每千克（μg/kg）；

c——从内标标准工作曲线上得到的被测组分浓度，单位为纳克每毫升（ng/mL）；

V——试样溶液定容体积，单位为毫升（mL）；

m——试样的质量，单位为克（g）。

（5）测定低限

气相色谱-质谱测定低限为：氯霉素 0.1μg/kg，氟甲砜霉素和甲砜霉素 0.5μg/kg。

4.2.4 薄层色谱法

4.2.4.1 技术简介

薄层色谱法（TLC），是将适宜的固定相涂布于玻璃板、塑料或铝基片上，成一均匀薄层。待点样、展开后，根据比移值（Rf）与适宜的对照物按同法所得的色谱图的比移值（Rf）作对比，用以进行药品的鉴别、杂质检查或含量测定的方法。薄层色谱法的优点是可快速分离和定性分析少量物质，分析成本较低，缺点是重现性相对较差、灵敏度和分辨率方面也略显不足，因此在实际应用方面受到一定限制。

4.2.4.2 方法步骤

以测定牛奶、蜂蜜中 6 种喹诺酮类药物残留为例介绍薄层色谱检测方法。

（1）方法原理

借助不同成分对吸附剂吸附能力的差异，确保移动相在经过固定相中，能实现吸附、解吸附、再吸附及再解吸附的循环，以实现各个组分的相互分离。

（2）试剂和材料

①仪器：自动点样仪；医用离心机；电子分析天平；涡旋仪。

②试剂：乙腈（色谱纯）；冰乙酸（优级纯）；三乙胺（分析纯）；N-正丙基乙二胺（PSA）；正己烷（分析纯）；无水硫酸镁（分析纯）；无水硫酸钠（分析纯）；薄层板（Merck 板，尺寸为 100mm×200mm）。

标准储备溶液：分别称取恩诺沙星 10.11mg、沙拉沙星 10.27mg、双氟沙星 10.22mg、诺氟沙星 10.89mg、环丙沙星 10.70mg、丹诺沙星 10.81mg，置于 10mL 容量瓶中，加入 20μL 甲酸和适量甲醇溶解，最后用甲醇稀释定容，摇匀。分别吸取上述溶液 1mL 置于 100mL 容量瓶，用 0.2%甲酸水溶液稀释定容，摇匀，即得恩诺沙星、沙拉沙星、双氟沙星、诺氟沙星、环丙沙星、丹诺沙星浓度分别为 9.958 3μg/mL、9.907 8μg/mL、9.964 5μg/mL、10.835 6μg/mL、10.165 0μg/mL、10.161 4μg/mL 的标准储备溶液。

混合标准使用溶液：分别吸取恩诺沙星、双氟沙星、诺氟沙星、环丙沙星标准储备溶液 1mL，沙拉沙星标准储备溶液 5mL，丹诺沙星标准储备溶液 0.2mL，置于同一个 10mL 量瓶，用 0.2%甲酸水溶液稀释定容，摇匀，即得 0.995 8μg/mL 恩诺沙星、4.904 1μg/mL 沙拉沙星、0.996 4μg/mL 双氟沙星、1.083 6μg/mL 诺氟沙星、1.016 6μg/mL 环丙沙星、0.203 2μg/mL 丹诺沙星的混合标准使用溶液（临用前现配）。

（3）测定步骤

①样液的制备：

牛奶样品溶液的制备：称取牛奶样品 10g 于 50mL 离心管中，加入 5%乙酸乙腈溶液 15mL，涡旋 1min；加入无水硫酸钠 1.5g 和无水硫酸镁 6g，涡旋 5min，4 000r/min 离心 5min，取上清液于另 1 个 50mL 离心管中，加入正己烷 5mL，涡旋 1min，分取下层溶液。将上述残渣加入 10mL 5%乙酸乙腈溶液中，涡旋 1min，4 000r/min 离心 5min，取上清液经同一份正己烷萃取，合并下层溶液，置于 50℃水浴锅上蒸干。将上述残渣加入 2mL 0.2%甲酸水溶液中，再加入 PSA 净化剂 0.2g 和无水硫酸镁 0.5g，涡旋 1min，4 000r/min 离心 5min，上清液过 0.45μm 微孔滤膜，备用。

蜂蜜样品溶液的制备：称取蜂蜜样品 5g，置于 100mL 离心管中，加入 Mcllvaine 缓冲液约 5mL，涡旋 1min；加入 5%乙酸乙腈溶液至 50mL，涡旋 10min；加入无水硫酸镁 5g，涡旋 2min。5 000r/min 离心 5min，吸取上清液 25mL 至蒸发皿中于 50℃水浴蒸干，加 0.2%甲酸水溶液 2mL，加入 PSA 净化剂 0.2g，涡旋 1min，离心，取上清液过 0.45μm 微孔滤膜，备用。

②点样：在同一默克薄层板上，距板底边 13mm 处依次点 6 种氟喹诺酮标准使用溶液、混合对照溶液和供试品溶液各 5μL，将溶液点成带状，带状宽度为 3mm。

③展开及检视：以三氯甲烷-甲醇-乙酸乙酯-氨水-水（体积比 15∶10∶4∶2∶1）为展开剂，饱和 15min 后上行展开，取出，晾干，再喷 3% 三氯化铽乙醇溶液，100℃烘 1min，取出，冷至室温，在 365nm 波长下检视。

（4）结果与分析

样品结果判断：如果供试品色谱中与对照色谱相应的位置上显相同颜色的斑点，被视为疑似阳性样品。

（5）检出限

供试品溶液色谱中待检查的斑点应与相应的对照品溶液或系列对照品溶液的相应斑点比较，颜色（或荧光）不得更深。结果表明，牛奶、蜂蜜中环丙沙星、恩诺沙星、诺氟沙星、双氟沙星的检出限均为 10μg/kg，丹诺沙星的检出限为 2μg/kg，沙拉沙星的检出限为 20μg/kg。

4.2.5　微生物检测

4.2.5.1　技术简介

微生物检测法主要是微生物抑制分析，依照药物对特异微生物的抑制作用，对样品中的药物残留进行定性分析。在实际应用中，微生物检测法具有样品处理简单、回收率高等特点，可作为一种快速且有效的方法，用于兽药残留的分析筛选工作。近年，部分研究人员将特异性微生物作为工作菌，配合圆滤纸片法或者杯碟法，对畜产品或者相关组织中的抗生素残留进行测定。需要注意微生物法的灵敏度和精确度相对较低，特异性欠缺，在测定抗生素时容易受到其他抗生素的干扰，从保证检测结果有效性的角度，需要运用免疫法或者仪器分析法进行确定。

4.2.5.2　方法步骤

以猪组织中四环素族抗生素残留量检测为例介绍微生物检测方法。

（1）方法原理：四环素族抗生素具有很强的抑菌作用，在含有特定微生物的平板培养基上放入牛津杯，在牛津杯内加满四环素族（包括强力霉素、四环素、金霉素、土霉素）抗生素溶液，于培养箱中培养一定时间后，测量抑菌圈直径的大小，根据抑菌圈的大小从标准曲线上求得样品中四环素族抗生素的含量。

（2）试剂和材料

①仪器和设备：

恒温培养箱：（30±1）℃、（37±1）℃，调整水平位置（隔层要求水平）。

高压灭菌锅。

恒温水浴锅。

培养皿（塑料）：内径（90±0.5）mm，高 26mm，皿底平整光滑，厚薄均匀无凹凸现象。

陶瓦盖：内径 110mm，外径 116mm，高 26mm。

离心机：3 000~5 000r/min。

均质器或组织捣碎机。

牛津杯（即不锈钢小管）：内径（6±0.1）mm，外径（7.8±0.1）mm，高度（10±0.1）mm。

游标卡尺：测量抑菌圈直径，精密度 0.05mm。

水平仪。

克氏瓶。

②培养基：

菌种培养基

胰蛋白胨	10.0g
牛肉膏	5.0g
氯化钠	2.5g
琼脂	14~16g
蒸馏水	1 000mL

将各种成分加热溶解于蒸馏水中，调 pH 值至 6.5，高压灭菌（121℃，15min）。

检定培养基

胰蛋白胨	6.0g
牛肉膏	1.5g
酵母膏	3.0g
琼脂	14~16g
蒸馏水	1 000mL

将各种成分加热溶解于蒸馏水中，调 pH 值至 5.8，高压灭菌（121℃，15min）。

③试剂：

0.1mol/L KH_2PO_4 磷酸盐缓冲液（pH 值 4.5）：精确称取 13.6g 磷酸二氢钾（分析纯）溶解于蒸馏水中，转移到 1 000mL 容量瓶中并定容。115℃高压灭菌 30min，冷却后置 4℃冰箱中保存。

生理盐水：称取氯化钠 8.5g 溶解并用蒸馏水稀释至 1 000mL，115℃高压灭菌 30min。

0.1mol/L 盐酸溶液。

④菌种：蜡样芽孢杆菌。

⑤标准品：四环素标准品、强力霉素标准品、金霉素标准品、土霉素标准品，密封避光，防潮保存在 4℃冰箱中。

⑥标准品储备液和工作液：

储备液：精确称取 50mg 四环素、强力霉素、金霉素、土霉素标准品（1 000 国际单位/mg），用 0.1mol/L 盐酸溶液溶解并稀释定容至浓度为 1 000μg/mL，配制后置于冰箱中保存可使用 1 周。配制标准溶液用的各种器具，须干热灭菌或蒸汽消毒灭菌，无任何抗生素。

工作液：取上述储备液（包括四环素、强力霉素、土霉素）用磷酸盐缓冲液稀释配制成 0.050μg/mL、0.100μg/mL、0.200μg/mL、0.400μg/mL、0.800μg/mL 的稀释液，为制备标准曲线的标准浓度溶液 0.100μg/mL 的稀释液为参考浓度溶液。工作液要在使用当天配制。

金霉素稀释液：取上述原液用磷酸盐缓冲液稀释配制成 0.005μg/mL、0.050μg/mL、0.100μg/mL、0.200μg/mL、0.400μg/mL 的稀释液，为制备标准曲线的标准浓度溶液 0.100μg/mL 的稀释液为参考浓度溶液。

实验室用水应符合 GB/T 6682 中三级水的规格，本方法中所用试剂，除特殊说明外，均为分析纯。

（3）测定步骤

①菌悬液的制备：将蜡样芽孢杆菌接种于肉汤培养基中于（37±1）℃培养 6~8h 后，接种于菌种培养基上（30±1）℃培养 7d，用 25mL 灭菌生理盐水冲洗菌苔，恒温水浴（65±1）℃加热 30min，以 2 000r/min 的速度离心 20min，除去上清液，保留下层，重复 3 次洗涤芽孢悬液，然后用 50mL 灭菌生理盐水制成芽孢悬液，放置 4℃ 冰箱保存备用，可放置 2 个月。

②芽孢悬液用量的测定：先把不同浓度的芽孢悬液加入检定用的培养基中，使各标准品工作浓度中最小浓度的四环素族抗生素产生 12mm 以上的清晰、完整的抑菌圈，而获得最适宜芽孢悬液用量。一般用量为每 100mL 检定培养基内加 0.5~1.0mL 或芽孢计数后使 1.0mL 菌液含芽孢数约 10^6 个。

③检定用平板的制备：将适量芽孢悬液加到熔化后冷却至 55~60℃ 的检定培养基中混匀，每个平皿内加入 6mL，前后摇动平皿，使含有芽孢的检定培养基均匀覆盖于平皿表面，置水平位置，盖上陶瓷盖，待凝固后，每个平板的培养基表面放置 6 个小管，使小管在半径为 2.8cm 的圆面上成 60°角的间距，所用平板须当天制备。

④样品制备：取样品约 20g 剪碎，称取其中 10.0g 加入 0.1mol/L 磷酸盐缓冲液 10.0mL，小心搅匀，放置 60min，置于灭菌的均质杯中（9 000~10 000r/min）均质 2min（或置灭菌的乳钵内研磨成乳糜状），经 4 000r/min 离心 30min，其上清液作为被检样液。

⑤标准曲线的制备：取上述各标准品工作液和 0.100μg/mL 的标准溶液为参照浓度工作液，按微生物琼脂扩散法测定各浓度的抑菌圈直径，其中最低标准品工作浓度作为阴性结果的平板对照，其他标准品工作浓度按式 4.3 和式 4.4 计算后用来绘制标准曲线：

$$L = (3a+2b+c-e)/5 \qquad (4.3)$$

$$D = (3e+2d+c-a)/5 \qquad (4.4)$$

式中：

L——标准曲线的最低浓度的抑菌圈直径（四环素、强力霉素、土霉素为 0.050μg/mL，金霉素为 0.005μg/mL）；

D——标准曲线的最高浓度的抑菌圈直径（四环素、强力霉素、土霉素为 0.800g/mL，金霉素为 0.005μg/mL）；

c——参照浓度 0.100μg/mL 的所有抑菌圈直径的平均值；

a、b、d、e——标准曲线中其他标准浓度的抑菌圈直径经校准后的平均值。

然后根据计算所得的 L 和 D 作为横坐标，L 和 D 对应浓度的对数值作为纵坐标，绘制标准曲线。

⑥样品测定：每个样品取 3 个检定平板，每个检定平板放入 6 个牛津杯。将 3 个间隔的牛津杯中注满被检样液，另 3 个牛津杯中注满 0.100μg/mL 标准液。将培养皿小心轻放于（30±1）℃恒温箱中，（17±1）h 培养。培养后用游标卡尺测量抑菌圈内直径（精确到 0.1mm），并分别求出平均值，经校正后，从标准曲线查出被检样液中四环素、强力霉素、金霉素、土霉素的含量，再乘以稀释倍数。

⑦空白试验：除不加试料外，采用完全相同的测定步骤进行平行操作。

（4）结果计算和表述

供试组织中四环素族抗生素残留含量按式 4.5 计算：

$$X = \frac{c \times V}{m} \qquad (4.5)$$

式中：

X——供试组织中四环素族抗生素含量，单位为毫克每千克（mg/kg）；

c——供试试料试样溶液中四环素族抗生素浓度，单位为微克每毫升（μg/mL）；

V——供试试料试样溶液总体积，单位为毫升（mL）；

m——供试试料质量，单位为克（g）。

（5）检测方法检出限

本方法的检测限其中四环素、土霉素、强力霉素为 0.05mg/kg，金霉素为 0.01mg/kg。

4.2.6 酶联免疫吸附法

4.2.6.1 技术简介

酶联免疫吸附技术（ELISA）的要点是首先将待测抗原或抗体与抗体或抗原反应

形成免疫复合物，免疫复合物再与酶标记的二抗反应抗原决定簇和抗体的结合位点相结合，从而使反应具有高特异性。由于标记的酶结合在免疫复合物上，可以催化底物发光或呈现荧光，从而放大免疫效果，利用酶标仪测定产物。ELISA 要想得到准确的检测结果，需要选择合适的试剂盒进行规范的操作。由于酶的催化活性较高，这种技术的检测灵敏度也较高。

随着 ELISA 技术的发展，对于家禽、畜肉类中的兽药检测残留经常使用的、主要检测的药物有激素类药物、抗生素、驱虫类药物和呋喃类药物等，针对部分兽药残留的 ELISA 检测方法也已制定了国家标准。

4.2.6.2　方法步骤

下面以动物源性食品中氯霉素的检测为例介绍酶联免疫吸附技术。

（1）方法原理：基于抗原抗体反应进行竞争性抑制测定。酶标板的微孔包被有偶联抗原，加入标准品或待测样品，再加入恩诺沙星单克隆抗体。包被抗原与加入的标准品或待测样品竞争抗体，加入酶标记物，酶标记物与抗体结合。通过洗涤除去游离的抗原、抗体及抗原抗体复合物。加入底物液，使结合到板上的酶标记物将底物转化为有色产物。加入终止液，在 450nm 处测定吸光度值，吸光度值与试样中恩诺沙星浓度的自然对数成反比。

（2）试剂和材料

①试剂：以下所有试剂，均为分析纯试剂；水为符合 GB/T 6682 规定的二级水。

乙酸乙酯。

乙腈。

正己烷。

亚硝基铁氰化钠 [$Na_2Fe(CN)_5 \cdot NO \cdot 2H_2O$]。

硫酸锌（$ZnSO_4 \cdot 7H_2O$）。

氯霉素酶联免疫试剂盒：2~8℃冰箱中保存。

酶标板：8 孔×12 条，包被有偶联抗原。

氯霉素系列标准溶液：0μg/L、0.05μg/L、0.15μg/L、0.45μg/L、1.35μg/L、4.05μg/L。

酶标记物。

氯霉素抗体（浓缩液）。

底物液（A、B 液）。

终止液。

洗涤液（浓缩液）。

缓冲液（浓缩液）。

缓冲液工作液：将浓缩缓冲液（2 倍浓缩）50mL 用水稀释至 100mL 备用。

乙腈-水溶液：量取无水乙腈84mL至玻璃瓶中，加入水16mL混合均匀。

C液（0.36mol/L亚硝基铁氰化钠缓冲液）：称取亚硝基铁氰化钠10.7g，加水50mL搅拌溶解，再加水定容至100mL。

D液（1mol/L硫酸锌缓冲液）：称取硫酸锌28.8g，加水60mL搅拌溶解，再加水定容至100mL。

②仪器：酶标仪（配备450nm滤光片）；旋转蒸发仪；匀浆器；振荡器；冷冻离心机；微量移液器：单道20μL、50μL、100μL、1 000μL；多道250μL；天平：感量0.01g；氮气吹干装置。

（3）测定步骤

①制样：将组织样品解冻，剪碎，置于组织匀浆机中高速匀浆；将肠衣干样本剪碎后均质，湿样本需用去离子水漂洗20min，除去表面的盐分，沥干后置于组织匀浆机中高速匀浆；牛奶样本离心除去脂肪层；将鸡蛋样本打碎，用玻璃棒搅匀防止泡沫的产生。

②样品的保存：组织、肠衣样本在-20℃冰箱中储存备用；牛奶和禽蛋样本在4℃冰箱中储存备用。

③样本提取：

组织样本（肌肉、肝脏、鱼虾）：称取试料（3±0.01）g，置于50mL离心管中，加入乙酸乙酯6mL振荡10min，室温3 800r/min以上离心10min。取出上层液4mL（约相当于2g的样本），50℃下氮气吹干，加入正己烷1mL溶解干燥的残留物，再加缓冲液工作液1mL强烈振荡1min，室温3 800r/min以上离心15min，取50μL用于分析。稀释倍数为0.5倍。注：在检测动物肝脏样品时，加入正己烷1mL溶解干燥的残留物，再加缓冲液工作液1mL后，只需振荡10s（防止乳化现象产生）。

肠衣样本：称取试料（1±0.01）g，置于50mL离心管中，加入乙酸乙酯10mL振荡10min，室温3 800r/min以上离心10min。取出上层液5mL（相当于0.5g的样本），50℃下氮气吹干，加入正己烷1mL溶解干燥的残留物，再加缓冲液工作液0.5mL强烈振荡1min，室温3 800r/min以上离心5min，去上层相，取下层液50μL用于分析。稀释倍数为1倍。

牛奶样本：取试样5mL，置于50mL离心管中，加入250μL C液和250μL D液彻底混合，4~12℃ 3 800r/min以上离心10min。如果没有冷冻离心机，请预先将样本冷却到8℃，转移出上层液2.2mL（相当于2mL奶样）至一个新的离心管中，加入乙酸乙酯4mL上下振荡10min，室温3 800r/min以上离心10min，转移出乙酸乙酯2mL上层液体（相当于1mL奶样），50℃下氮气吹干，用缓冲液工作液0.5mL溶解干燥的残留物，取50μL用于分析。稀释倍数为0.5倍。

禽蛋样本：称取试样（3±0.01）g，置于50mL离心管中，加入乙腈-水溶液9mL振荡10min，15℃ 3 800r/min以上离心10min，取上层液3mL，加入水3mL和乙酸乙酯 4.5mL 混合 5min，15℃ 3 800r/min 以上离心 10min，将上层有机相转移到试管中，50℃下氮气吹干，加入正己烷 1mL 溶解残留物后，用缓冲液工作液 2mL 混合 1min，15℃ 3 800r/min 以上离心 10min，去除正己烷，取 50μL 用于分析。稀释倍数为 2 倍。

④试剂的准备：

洗涤液工作液：将浓缩洗涤液 40mL（20 倍浓缩）用水稀释至 800mL 备用。

微孔板条：将铝箔袋沿着外沿剪开，取出需用数量的微孔板及框架，将不用的微孔板放进原铝箔袋中，放入自封袋，保存于 2~8℃。

氯霉素抗体工作液：用缓冲液工作液按 1∶10 的比例稀释氯霉素抗体浓缩液（如 400μL 浓缩液+4mL 的缓冲液工作液，足够 4 个微孔板条 32 孔用）。

⑤测定：

从 4℃冷藏环境中取出所需试剂，置于室温（20~25℃）平衡 30min 以上，注意每种液体试剂使用前均需摇匀。

将样本和标准品对应微孔按序编号，每个样本和标准品做 2 孔平行，并记录标准孔和样本孔所在的位置。

加入标准品或处理好的试样 50μL 到各自的微孔中，然后加入氯霉素抗体工作液 50μL 到每个微孔中。用盖板膜盖板，轻轻振荡混匀，室温环境中反应 1h。取出酶标板，将孔内液体甩干，加入洗涤液工作液 250μL 到每个板孔中，洗板 4~5 次，用吸水纸吸干。

加入酶标记物 100μL 到每个微孔中，盖板膜盖板，室温环境中反应 30min。取出酶标板，将孔内液体甩干，加入洗涤液工作液 250μL 到每个板孔中，洗板 4~5 次，用吸水纸吸干。

加入底物液 A 液 50μL 和底物液 B 液 50μL 到微孔中，轻轻振荡混匀，室温环境中避光显色 30min。

加入终止液 50μL 到微孔中，轻轻振荡混匀，设定酶标仪于 450nm 处，测定每孔吸光度值。

空白对照试验：以不含氯霉素的动物源食品为空白样本按照上述操作进行试验。

（4）结果计算与表述

定性测定：

示例：以 0.45μg/L 标准液的吸光度值为判定标准，样品吸光值大于或等于该值为未检出，小于该值为可疑，建议用确证法确证。

定量测定：

按以下式 4.6 计算百分吸光度值：

$$相对吸光度值 = \frac{B}{B_0} \times 100\% \qquad (4.6)$$

式中：

B——标准溶液或样品的平均吸光度值；

B_0——0 浓度的标准溶液平均吸光度值。

将计算的相对吸光度值（%）对应氯霉素（ng/mL）的自然对数作半对数坐标系统曲线图，对应的试样浓度可从校正曲线算出，见式 4.7：

$$X = \frac{A \times f}{m \times 1\,000} \tag{4.7}$$

式中：

X——试样中氯霉素的含量，单位为微克/千克或微克/升（μg/kg 或 μg/L）；

A——试样的相对吸光度值（%）对应的氯霉素的含量，单位为微克/升（μg/L）；

f——试样稀释倍数；

m——试样的取样量，单位为克或毫升（g 或 mL）。

计算结果保留到小数点后 2 位。

（5）检测方法的灵敏度、准确度、精密度

灵敏度：本方法在猪、鸡肌肉、肝脏、鱼、虾、牛奶样品中氯霉素的检出限为50.0ng/kg；在禽蛋和肠衣样品中氯霉素的检出限为 100.0ng/kg。

本方法在样本中的定量限（LOQ）为 0.25μg/kg（L）。

准确度：本方法的回收率为 50%~110%。

精密度：本方法样本的变异系数小于 20%。

4.2.7 胶体金免疫法

4.2.7.1 技术简介

胶体金是氯金酸的水溶液，是氯金酸在还原剂如白磷、柠檬酸三钠等的作用下，聚合成特定大小的金颗粒，并由于静电作用成为一种稳定胶体溶液。由于胶体金颗粒具有高电子密度的特性，且颗粒聚集达到一定密度时，出现肉眼可见的粉红色斑点，因而可以作为免疫层析试验的指示物。免疫层析技术是于 20 世纪 80 年代发展起来的一种将免疫技术和色谱层析技术相结合的快速免疫分析方法。其原理是以条状纤维层析材料为固相，借助毛细作用使样品溶液在层析条上泳动，同时，使样品中的待测物与层析材料上针对待测物的受体（如抗体或抗原）发生高特异、高亲和性的免疫反应，层析过程中免疫复合物被富集或截留在层析材料的一定区域（检测带），通过酶促显色反应或直接使用可目测的着色标记物（如胶体金），短时间内（5~10min）便可得到直观的实验结果。它不需进行结合标记物与游离标记物的分离，省去了繁琐的加样、洗涤步骤。胶体金免疫检测技术操作简单快速，分析结果清楚，易于判断，并且无须昂贵仪器（或只需简单仪器），非常适用于食品的现场快速检测，目前也有国家标准利用此技术检测食品中的兽药残留。

4.2.7.2 方法步骤

以水产品中诺氟沙星、恩诺沙星和环丙沙星为例介绍胶体金免疫法。

（1）方法原理

以磷酸盐缓冲液（或者水）/甲醇混合溶液提取样品中的喹诺酮类残留，利用胶体金免疫渗滤试剂盒进行快速筛选检测。当待测物的浓度高于检测限时，试剂盒的反应板表面会显现红色斑点，由此定性检测样品中恩诺沙星等 3 种喹诺酮类残留。

（2）试剂和材料

①试剂：

水：符合 GB/T 6682 一级水要求。

甲醇：色谱纯。

盐酸：取 8.3mL 浓盐酸，以水稀释至 1 000mL。

磷酸盐缓冲液（0.01mol/L，pH 值 7.4）：称取 NaCl 8.0g，KCl 0.2g，$Na_2HPO_4 \cdot 12H_2O$ 2.9g，KH_2PO_4 2.0g，加水溶解混匀，定容至 1 000mL，用盐酸调节 pH 值至 7.4±0.1。

鱼类样品的提取溶剂：取 50mL 磷酸盐缓冲液与 50mL 甲醇混匀，现用现配。

其他水产品样品的提取溶剂：取 50mL 水与 50mL 甲醇混匀，现用现配。

洗涤液：取 100μL 吐温-20 与 100mL 磷酸盐缓冲液混匀。

胶体金免疫渗滤试剂盒：包含渗滤反应板、胶体金标记喹诺酮抗体等，可用于水产品中恩诺沙星、环丙沙星和诺氟沙星 3 种喹诺酮类药物残留的快速筛选检测。试剂盒应该保存在 2~8℃ 的干燥避光环境中，并在有效期内使用。使用前应将试剂盒及其试剂恢复至室温。每个试剂盒包括：24×渗滤反应板：24 孔，包被有喹诺酮抗体；1×胶体金标记喹诺酮抗体（1mL）。

②仪器：

分析天平：感量 0.001g。

旋涡混合器。

高速冷冻离心机：最大转速 12 000r/min。

高速匀浆机。

均质器。

旋转蒸发器。

具塞离心管：50mL。

鸡心瓶：50mL。

容量瓶：5mL、1 000mL。

移液枪：10μL、50μL、5 000μL。

（3）测定步骤

①试样制备：

鱼类：至少取 3 条鱼清洗后，去头、骨、内脏，取肌肉等可食部分绞碎混合均匀后备用。

虾类：至少取 10 尾清洗后，去虾头、虾皮、虾线，得到整条虾肉绞碎混合均匀后备用。

蟹类：至少取 5 只蟹清洗后，取可食部分（肉及性腺），绞碎混合均匀后备用。

贝类：将样品清洗后开壳剥离，收集全部的软组织和体液匀浆。

海藻：将样品去除砂石等杂质后，均质。

龟鳖类产品：至少取 3 只清洗后，取可食部分，绞碎混合均匀后备用。

②提取：称取样品（5±0.01）g 于 50mL 具塞离心管中，加入 5mL 样品提取溶剂，均质 2min 后，2 000r/min 4℃离心 10min，上清液倒入另一个 50mL 具塞离心管中。残渣中加入 5mL 样品提取液，按上述方法再提取一次，上清液合并于 50mL 离心管中，10 000r/min 离心 10min，将上清液转移至鸡心瓶，于 45℃水浴减压旋转蒸发至原体积的 1/3，剩余液转移至 5mL 离心管中，2 000r/min 4℃离心 5min，上清液转移至 5mL 容量瓶中，用磷酸盐缓冲液定容至 5mL，用孔径为 0.22μm 的针头滤器过滤备用。

③测定：取 5μL 试样提取液滴加到试剂盒小孔中央，室温下放置反应 15min；滴加 5μL 胶体金标记抗体，待其渗入后反应 5min；加入 30μL 洗涤液进行洗涤，共洗涤 3 次，然后在 10min 内观察结果。

④空白对照：以磷酸盐缓冲液代替试样提取液作为空白对照组，按照上述测定步骤进行同步测定，膜片表面应不呈现红色或者其他任何色泽，否则应更换试剂盒重新进行测定。

（4）结果判断

肉眼观察样品检测结果，并与空白组的显色结果对比，当硝酸纤维素膜片表面出现红色斑点时，判定存在以下 3 种结果中的任何一种，或者其中 2 种以上结果同时存在：恩诺沙星残留量≥10μg/kg；环丙沙星残留量≥10μg/kg；诺氟沙星残留量≥20μg/kg。

（5）检出限

本方法的最低检出限：恩诺沙星和环丙沙星均为 10μg/kg，诺氟沙星为 20μg/kg。

4.2.8 放射免疫法

4.2.8.1 技术简介

放射免疫法是利用同位素标记的与未标记的抗原，同抗体发生竞争性抑制反应的方法，研究机体对抗原物质反应的发生、发展和转化规律。放射免疫法包括 2 个方面的技术：第一是生物学方面的。它利用特殊抗体的反应，甄别所给定的有机物质。第二是物理学方面的。它将有放射性的原子引入有机物质中，给这些有机物质打上记号。放射免疫法，是一种灵敏度高、较简便的测量法，几乎可测定生物体内任何物质，包括生物体本身分泌的各种激素、病人口服或注射的各种药物、一些病毒抗原等，已广泛用于临床常规检验。

4.2.8.2　方法步骤

以快速筛检烤鳗中四环素族药物残留为例介绍放射免疫分析方法的具体步骤。本法基于 Charm Ⅱ 分析系统对四环素组药物进行检测，此系统是利用放射性受体竞争免疫的原理研制的抗生素残留的快速筛检系统，在美国、加拿大广泛用于牛奶及禽肉、家畜肉、鱼肉中的药物残留检测。

（1）该方法原理

该方法测定的基础是竞争性受体免疫反应。用 $[^3H]$ 标记的四环素（示踪剂）与样品中四环素类药物的竞争结合试剂（微生物细胞上的特异性受体）上的四环素结合位点，当样品中残留有四环素类药物时，残留物与受体上的结合位点结合，从而阻止了 $[^3H]$ 标记的四环素类药物与结合剂位点的结合。样品中的四环素类药物含量越高竞争的结合位点越多，$[^3H]$ 标记的四环素则越少。用 Charm Ⅱ 分析仪测定样品中的 $[^3H]$ 含量的 cpm（每分钟脉冲数）值，cpm 值越低则样品中的四环素类药物残留量越高。反应使用两种试剂：$[^3H]$ 标记的四环素（示踪剂）；结合试剂（受体）。当结合剂被加入样品中后，如样品中含有四环素类药物残留物，则与结合剂的结合位点（受体）结合，从而阻止了 $[^3H]$ 标记的四环素与这些位点的结合，离心后取下层沉淀物测量其 $[^3H]$ 含量的 cpm 值。

（2）试剂和材料

①试剂：提取缓冲液、缓冲液 M_2、$100\mu g/Kg$ 的四环素类标准品、阴性组织提取物、检测试剂：包括受体试剂片和经 $[^3H]$ 标记的四环素类片剂（以上试剂均由 Charm 公司试剂盒提供）。

②仪器：Charm Ⅱ 7600 放射性受体免疫分析系统；离心机 3 300r/min；孵育器 $[（80\pm2）℃；（50\pm1）℃]$；涡旋混合器。

（3）测定步骤

①样品处理：将烤鳗制品轻轻刮去表层酱油，带皮切成小块，微波高火 1min，充分捣碎混匀。

②残留物提取：在 50mL 离心管内称取 10g 搅碎的样品，加入提取缓冲液至 40mL。盖上离心管盖，上下强力振荡 10min。将离心管放入孵育器（80±2）℃孵育 45min，取出置碎冰中冰浴 10min。3 300r/min 离心 10min。再置于冰箱或冰块中冷冻

5～10min 取出，尽快将上层凝固的脂肪层去除，吸出上层液用缓冲液 M₂ 调整 pH 值
至 7.5，待检。

③测定：取一洁净的硼硅玻璃管（Charm 公司提供），加入一片受体试剂片（白
色）再加 300μL 去离子水，在涡旋混合器上振荡 10s 至药片破碎。用加样器加 4mL
样品到试管内。（每一样品用一新加液吸嘴）加入［³H］标记的四环素类示踪剂
（橘红色）药片。用振荡器振荡大约 10s 后，35℃ 孵育 5min，3 300r/min 离心 5min。
离心停止后立即取出试管，倒掉上层液（延迟倒上层液，可能会使沉淀的提取物滑
出试管）。用棉签吸干管边的污渍。加 300μL 蒸馏水到试管内，振荡使沉淀物完全破
碎。加 3mL 闪烁液到试管内涡旋混匀至试管内没有不均一的云状物，等待 1min 后将
试管放入 Charm Ⅱ 7600 分析仪内计数 1min。按 Charm Ⅱ 7600 分析仪操作程序选项
（检测控制点需预先设定并输入仪器），读取［³H］项的 cpm 值。

（4）结果报告

打印样品的 cpm 值，与检出限比较以确定阳性或未检出。样品 cpm>检出限点
的 cpm 为未检出，cpm<检出限点的 cpm 为阳性。如果样品为阳性，重复测试阴性对
照和阳性对照，以确定阳性结果。

阳性结果的确定：样品的 cpm<检出限点的 cpm 时，需要重新检测样品及同时测
定一个阴性对照和一个阳性对照，以确定试剂和设备是否工作正常。通常情况下：测
试的阴性对照应该是阴性对照平均值±20%（每一试剂盒都会给出阴性对照平均值，
平均值一般为运行 3 份阴性对照液的 cpm 值的平均数）；测试的阳性对照应该小于控
制点。符合以上条件则样品的阳性结果成立。

（5）检出限

方法检出限：50μg/kg。

4.2.9 化学发光酶联免疫分析法

4.2.9.1 技术简介

化学发光酶联免疫分析法，是根据酶联免疫分析的基本原理，将高特异性的免疫
反应和高灵敏度的化学发光反应相结合以检测抗原或者抗体的免疫技术。用化学发光
相关的抗体或抗原标记物，与待测的抗原或抗体反应后，将游离态和结合态的化学发
光标记物分离后，经过一定处理产生化学发光，最后对抗原或抗体进行定量或定性检
测。化学发光酶联免疫分析同时具备化学发光反应的高灵敏性和免疫体系的高特异
性，相比传统的生物检测技术，具有分析速度快、线性范围宽、无散射光干扰、无放
射性污染、仪器设备简单等优势，作为疾病诊断的主要手段已被广泛用于肿瘤、糖尿
病、高血压等疾病的临床诊断中，成为体外诊断的主流。同时此技术也广泛应用于各

种抗原、半抗原、抗体、激素、脂肪酸、维生素和药物等的检测分析。

4.2.9.2　方法步骤

以检测禽肉中金刚烷胺和氯霉素残留为例介绍间接竞争化学发光酶联免疫分析方法的基本步骤。

（1）试剂和材料

①试剂：金刚烷胺多克隆抗体、金刚烷胺包被原、氯霉素单克隆抗体、氯霉素包被原；辣根过氧化物酶标记羊抗鼠 IgG（1mg/mL）、辣根过氧化物酶标记羊抗兔 IgG（1mg/mL）；96 孔不透明白色发光板；ECL 化学发光液。所用溶剂和试剂均为分析纯或色谱纯。

试剂的稀释：用包被液稀释金刚烷胺包被原至 743μg/kg，氯霉素包被原至 3.6mg/kg；将金刚烷胺的羊抗兔酶标二抗稀释 1 000 倍，将氯霉素的羊抗鼠酶标二抗稀释 10 000 倍；稀释金刚烷胺多克隆抗体至浓度为 0.06~1.77μg/kg，氯霉素单克隆抗体浓度为 0.010~0.176μg/kg。

②仪器与设备：均质器；超低温高速离心机；多功能标记分析仪；氮吹仪；QP50 质谱仪；液相色谱仪；超净工作台。

（2）操作步骤

①样品处理：称取空白禽肉样品 2g 置于 50mL 离心管中，加入 6mL 乙酸乙酯和 1mL 去离子水，涡旋振荡 3min，加入 2mL 1.2mol/L 的碳酸钾溶液，涡旋振荡 60s，在 4 000r/min 离心 5min，取 3mL 上清液于离心管中，于 65℃氮气吹干，加入 2mL 正己烷和 1mL 0.05mol/L 的 PB 溶液，涡旋振荡 1min，4 000r/min 离心 1min，弃去上层正己烷层，取下层溶液进行 ic-CLEIA 分析（稀释倍数为 1）。

②包被：将稀释好的包被原包被 96 孔不透明白色发光板，每孔 150μL，4℃条件下 16h 包被。

③封闭：经每孔 300μL 洗液洗涤 2 次后，每孔加入 170μL 封闭液，37℃封闭 4h，甩干孔中的液体，置于 37℃烘箱中 2h 备用。

④竞争反应：加入标准品或样品溶液（50μL/孔），先加入 50μL 酶标二抗，再加入 50μL 抗体工作液，混匀后 25℃反应一定时间，洗涤 4 次，每孔加入 100μL 底物缓冲液和底物液等体积混合后的化学发光反应液，轻拍混匀，盖上盖板膜，2min 后用化学发光免疫分析仪测定每孔的发光值 RLU。

（3）结果计算与表述

分别以金刚烷胺、氯霉素标准品浓度的对数值为横坐标（X），以发光值 RLU 为纵坐标（Y），拟合竞争曲线，得到回归方程，根据样品发光值计算金刚烷胺和氯霉素的浓度。

（4）检出限

本方法金刚烷胺的检出限为 0.06μg/L，氯霉素的检出限为 0.009μg/L。

4.2.10 生物传感器检测法

4.2.10.1 技术简介

生物传感器是将固定化生物敏感材料作为识别元件，如细胞、组织、抗体、抗原等，将之与适当的理化换能器结合在一起，将光、热、颜色、声音等信号转化为能定量的电信号，以完成对于抗原、抗体、维生素等物质的快速检测。生物传感器检测法具备良好的选择性，分析速度快且精度高，能实现在线连续监测。

4.2.10.2 分类

生物传感器主要由生物分子识别元件与信号转换器两大部分组成。

（1）生物分子识别元件

①生物分子识别元件：是具有分子识别能力的生物活性物质，决定了生物传感器的选择性。根据生物分子识别元件上的敏感物质可分为酶传感器、微生物传感器、细胞传感器、免疫传感器、适体传感器、分子印迹聚合物传感器等。近五年检测兽药残留的研究主要集中在免疫传感器、适体传感器和分子印迹聚合物传感器，它们的生物受体分别为固定化抗体、核酸适配体、分子印迹聚合物，三者的优缺点如表 4.8 所示。

表 4.8 生物分子识别元件的优缺点

识别元件		优点	缺点
抗体	多克隆	低成本、耐受力好	特异性不高、易发生交叉反应；缺乏重复性和再现性；稳定性有限；批次间差异大；保质期较短；化学改性不易；违反动物福利
	单克隆	高亲和力、特异性；无限的数量和良好的再现性	成本高；热稳定性有限；靶标有限；保质期较短；化学改性不易；存在动物福利问题
	重组	低成本生产；高亲和力、高特异性、热稳定性；多靶标；良好组织穿透力；可靠性高、批次间差异小；保质期长；体外制备	亲和力较低，多种靶标；建立 rAb 文库初始成本高

续表

识别元件		优点	缺点
仿生受体	核酸适配体	高亲和力、特异性、可靠性、稳定性、重现性；低毒性，多功能性；可重复使用的生产：成本低、简单、自动化；易修饰、固定和储存；多靶标；体外筛选；分子质量小，空间位阻小，结构灵活	商业化少；筛选过程：需借助精密仪器，试剂价格昂贵，制备成本高
	分子印迹聚合物	高亲和力、特异性、稳定性、重现性、灵敏度；热、化学和机械耐受性高；适用范围广，易保存；可重复使用的生产：成本低，简单，快速	与水性介质不相容；没有商业化；制造方法复杂，过程耗时；可能存在问题：模板分子泄露，洗脱困难

②抗体：抗体是目前最常用的识别元件，其技术领域大致可分为多克隆抗体、单克隆抗体及基因工程抗体 3 个阶段。多克隆抗体由一系列免疫细胞产生，可在不同表位结合抗原，具有不同的结合亲和力；单克隆抗体由单个亲本细胞产生，对相同抗原的相同表位具有亲和力。Ferguson et al. 以多克隆抗体为生物分子识别元件，建立了检测链霉素和二氢链霉素残留的免疫生物传感器，检测限为：牛奶 30μg/kg，蜂蜜 15μg/kg，肾 50μg/kg 和肌肉 70μg/kg。Chen et al.（2017）以单克隆抗体为生物分子识别元件，并基于磁弛豫开关测定和生物素-链霉抗生物素蛋白系统，构建了一种用于检测牛奶中卡那霉素的免疫传感器，检测限为 0.1ng/mL，分析时间为 45min。但动物源性抗体存在动物福利问题，并且出于提高可靠性与减少批次间差异的考虑，111 名学者和科学家呼吁国际转向使用重组抗体。Li et al. 制备了抗庆大霉素的重组抗体：利用噬菌体展示技术筛选出 2 种特异性的鸡源单链抗体，并通过间接竞争酶联免疫吸附测定证明该单链抗体具有高特异性的优点。此外，与常规抗体相比，仿生生物受体具有在体外制备的优点，避免了对动物的作用，并且可以产生用于识别非免疫原性分子的工具。

③核酸适配体：核酸适配体是从体外通过指数富集配体系统进化技术筛选出对目标靶物质有高度亲和力的单链寡核苷酸序列，分子质量 6~40kDa，解离常数通常在纳摩尔至皮摩尔范围内。Xing et al. 验证了卡那霉素结合 DNA 适体（5′-TGGGGG TTG AGG CTA AGC CGA-3′）自身可形成稳定的 G-四链体结构；并基于 G-四链体适体的荧光嵌入剂置换测定，以噻唑橙作为荧光探针，建立了一种卡那霉素检测方法，检测限降低至 34.37μg/L，线性范围为 0.06~11.65mg/L，牛奶样品中的回收率达 80.1%~98.0%。HA et al. 筛选出新的卡那霉素结合适体，通过适体截短和分子对接研究将其结构优化至提供高结合亲和力与特异性所需的最小序列 KBA3-1，并构建了基于还原氧化石墨烯的荧光适体传感器，检测限低至 11.65ng/L。其传感原理：以 RGO 为猝灭剂，以荧光染料 5′FAM 标记的 KBA3-1 通过 π-π 堆积相互作用吸附在

RGO 的表面上，通过荧光共振能量转移，RGO 有效地猝灭了 FAM 的荧光。样品中的卡那霉素将优先与 KBA3-1 结合，形成络合物，从而诱使 KBA3-1 从 RGO 表面解吸，FAM 标记的 KBA3-1 荧光增强。

④分子印迹聚合物：分子印迹聚合物是指采用分子印迹技术合成的有机高分子聚合材料，拥有与模板分子空间结构匹配的空腔和功能基团互补的识别位点，其识别机制类似于抗原-抗体相互作用，对目标分子具有选择专一性。Lian et al. 基于壳聚糖-银纳米粒子和石墨烯-多壁碳纳米管复合材料装饰金电极，开发了一种用于检测牛奶和蜂蜜样品中新霉素残留的 MIP 传感器。以新霉素为模板，以吡咯为单体，采用电聚合法合成具有高结合亲和力和选择性的 MIP。优化条件后，该传感器检测限为 $5.44\mu g/L$，线性范围为 $5\sim 6\mu g/L$，具有良好的重现性和稳定性。

（2）信号转换器

尽管检测兽药残留的生物传感器层出不穷，但最常用的换能器仍是电化学、光学和基于质量的传感器。根据是否利用标记物产生检测信号，可将生物传感器进一步分为标记型和非标记型两大类。由于标记物需要长时间且复杂的制备过程，以及存在标记后影响生物识别元件选择性的风险，非标记型生物传感器更受欢迎。表 4.9 归纳了近年来检测兽药残留中氨基糖苷类药物的生物传感器法。

表 4.9　动物性食品中氨基糖苷类药物的生物传感器检测方法

生物传感器	分析物	样本	标记物	检测限
电化学适体传感器	卡那霉素、链霉素	牛奶	CdS、PbS	50.86ng/L、26.17ng/L
电化学适体传感器	卡那霉素	牛奶	Cd^{2+}	0.09ng/L
电化学适体传感器	卡那霉素	牛奶	Fe	20.79ng/L
电化学适体传感器	卡那霉素	牛奶	无	$5.83\mu g/L$
电化学免疫传感器	卡那霉素	猪肉	无	15.00ng/L
电化学 MIP 传感器	新霉素	牛奶、蜂蜜	无	$5.44\mu g/L$
荧光适体传感器	卡那霉素	牛奶	TO	$34.37\mu g/L$
荧光适体传感器	卡那霉素	牛奶	FAM	11.65ng/L
荧光适体传感器	卡那霉素	牛奶	FAM	$0.23\mu g/L$
荧光适体传感器	卡那霉素	猪肉、牛奶和蜂蜜	ROX	$0.92\mu g/L$
荧光适体传感器	新霉素	动物性食品	Cy5	$0.11\mu g/L$
液晶适体传感器	卡那霉素	动物性食品	无	$0.58\mu g/L$
压电晶体免疫传感器	链霉素	牛奶	无	$0.30\mu g/L$
悬臂阵列适体传感器	卡那霉素	牛奶	无	$29.13\mu g/L$

①电化学生物传感器：

标记型电化学传感器：电化学传感器主要通过固定于电极表面的生物识别元件识别待测目标物并与其作用，引起电极表面结构的变化，从而改变电化学信号，如电流或电势。近年来，电化学适配体传感器逐步成为研究热点。由于适配体本身不具备电活性，且亲和性可能受电化学调制的影响，因此，许多电化学适配体传感器通过采用标记功能性物质的方式获得定量检测信号。Li et al. 以中孔碳-金纳米颗粒和碳纳米纤维修饰丝网印刷碳电极，以 CdS 和 PbS 分别标记卡那霉素和链霉素的适体，并将互补的适体链固定在 SPCE 表面上；在卡那霉素和链霉素存在的情况下，适体与靶标优先结合，导致电流峰变化，以此构建定量检测加标牛奶中卡那霉素和链霉素的电化学适体传感器，最低检出限分别低至 50.86ng/L、26.17ng/L，线性范围为 0.1~1 000 nmol/L。该传感器具有一次性使用和便携式的特点，可满足真实牛奶样品中卡那霉素和链霉素的现场监测要求。

非标记型电化学传感器：非标记型电化学传感器大多通过检测生物分子识别前后法拉第阻抗的变化，从而实现对目标分析物的定量检测。除了常用的纳米材料，导电聚合物因官能团可确保生物分子在电极上的稳定性且能增加结合位点的表面积，也可用于修饰电极。Dapr et al. 建立了首个无标记全聚合物微流体电化学适体传感器。该传感器是一次性使用设备，以 Topas 为基底，采用双层导电聚合物 PEDOT：TsO 和 PEDOT-OH：TsO 作为电极材料，使用电化学阻抗谱检测法，可测定牛奶中质量浓度为 0.03~349.40μg/L 的氨苄青霉素和 5.83~582.58μg/L 的卡那霉素，具有可靠性、低样品消耗、经济实惠和快速响应的优势。

②光学生物传感器：

荧光适体传感器：荧光因具有高选择性、高灵敏度、多功能性的优势，成为生物传感器中最常用的换能器信号。荧光适体传感器根据测定形式的不同可分为直接、竞争、夹心、置换免疫测定四类；其传感原理主要基于荧光共振能量转移，常采用纳米材料作为能量受体、供体、猝灭剂、辅助载体和接头，采用有机荧光染料作为标记物。Liao et al. 建立了一种荧光猝灭适体传感器。以荧光素 FAM 标记卡那霉素适体，并将其通过非共价吸附固定于荧光猝灭剂碳纳米管上，同时加入互补链，由于适体和互补链的杂交，荧光不被荧光猝灭剂碳纳米管猝灭。在卡那霉素存在的情况下，卡那霉素竞争结合适体，导致互补链的解离，从而使荧光淬灭。优化条件后，检出限为 0.23μg/L，线性范围为 0.58~29.13μg/L，平均回收率 98.5%~103%，相对标准偏差为 3.81%~4.67%。

液晶适体传感器：液晶是一种介于固态与液态的中间态物质，兼具流动性与双折射性。液晶传感器通过生物分子识别，使得液晶分子的有序垂直排列被扰乱，从而导致偏光图像颜色与亮度的变化，以此定性检测目标分析物。Wang et al. 建立了以适配体作为识别元件的液晶传感器，用以现场检测动物性食品中残留的卡那霉素。适体与卡那霉素相互作用，将形成稳定的 G-四链体，从而破坏液晶分子的定向排列，利用交叉偏振器，可观测到从粉红色到绿色的颜色变化，检测限达 0.58μg/L。该传感器的检测结果肉眼可见，无须仪器读数，具有操作简单、成本低廉、无须标记、高灵敏度等优点，但同时也存在半定量检测的不足。

③重力生物传感器：

压电晶体免疫传感器：压电晶体免疫传感器的基本原理是抗原与抗体相互作用，导致电极表面质量变化，由于石英晶体的压电效应，进一步转化为振荡电路输出电信号的频率变化。Mishra et al. 将链霉素的单克隆抗体通过硫醇化抗体的自组装单层固定于金晶表面，建立了基于流动注射分析-电化学石英晶体纳米天平技术检测牛奶样品中链霉素残留的超灵敏生物传感器。该传感器检测限为 0.3μg/L，回收率达 98%～99.33%，相对标准偏差为 0.351%，具有良好的重现性，并且快速响应，可在 17min 内完成分析。这些结果充分体现了该传感器的高灵敏度、可靠性与可重复性。

悬臂式适体传感器：悬臂式生物传感器同样是常见的重力生物传感器之一。通过吸附分子，引起悬臂梁的挠曲以及振动频率的改变，从而将分子相互作用转换为机械运动。它分为 2 种工作模式：静态模式与动态模式。在静态模式中，可通过测量静态弯曲或挠度，实现定量分析；动态模式下，则通过测量诸如共振频率等动态特性实现。值得一提的是，动态模式下的悬臂梁传感器受介质黏性的影响，而在静态模式下则不然，故在检测液体样品时，通常优选静态模式。Bai et al. 建立了一种悬臂阵列适体传感器，用以检测牛奶的 KAN。以适体作为受体分子，对传感悬臂进行功能化；利用 6-巯基-1-己醇修饰参考悬臂，以消除环境干扰因素。卡那霉素与适体间的相互作用将引起悬臂表面的应力变化，使得传感悬臂和参考悬臂对之间发生差异偏转。结果显示，表面应力变化与卡那霉素浓度在 58.26～5.83g/L 呈线性关系，相关系数为 0.995；在信噪比为 3 时，检测限为 29.13μg/mL。同时，该传感器对其他抗生素如新霉素、核糖霉素和氯霉素也具有良好选择性。

（3）总结

尽管生物传感器法作为一门多学科交叉的高新技术，以其灵敏度高、响应快、操作简单、低成本以及便于携带等优势，在众多检测 AGs 残留的分析方法中脱颖而出，但它在该领域仍存在一些挑战和不足。电化学传感器虽具有高灵敏度，易于小型化和低成本等优点，但需要电极改性；荧光传感器常需要信号探针标记，这可能改变生物识别分子活性结合位点的构型，从而影响靶结合亲和力；悬臂传感器虽无须标记，但它们的灵敏度和可重复性仍然有很大的提升空间。

大量研究表明，开发更有效的生物传感器主要取决于 3 个因素：生物分子识别元件、传感器和纳米技术。虽然抗体是目前最常用的生物识别元件，但更多选择性好、稳定性高、亲和力高、易于修饰、制备简单的新型受体正在不断被研发，尤其是重组抗体、核酸适配体和分子印迹聚合物有着良好的前景。此外，金属纳米颗粒、量子点、磁性纳米粒子、碳纳米材料等功能化纳米材料被广泛用作标记支持物和信号增强剂，以提高灵敏度和线性范围；通过增加表面相互作用，降低检测限。纳米技术有助于减少微流体回路，从而缩短检测时间，使生物传感器朝着高度集成化、自动化、简单化、小型化的方向发展。随着纳米技术的飞速发展，新型标记材料、新型抗体、新型检测模式的深入研究，建立新型便携化、高通量、高灵敏、多残留快速检测的生物传感器检测体系指日可待。

4.3　兽药残留危害案例分析

4.3.1　兽药残留的现状

现代养殖业日益趋向于规模化、集约化，使用抗生素、维生素、激素、金属微量元素等，更成为保障畜牧业发展必不可少的一环。然而由于科学知识的缺乏和经济利益的驱使，在养殖业中滥用药物的现象普遍存在。兽药残留已逐渐成为人们普遍关注的一个社会热点问题。近年来，兽药残留引起食物中毒和影响畜禽产品出口的报道越来越多。药物残留不仅可以直接对人体产生急慢性毒性作用，引起细菌耐药性的增加，还可以通过环境和食物链的作用间接对人体健康造成潜在危害。而且兽药残留还影响我国养殖业的发展和走向国际市场。因此必须采取有效措施，减少和控制兽药残留的发生。总结兽药残留的危害主要有两个方面，一是通过兽药的毒性、抗药性等影响人体健康，二是通过影响畜禽产品出口直接影响经济发展。下面从这两个方面分别举例进行分析。

4.3.2　兽药残留危害案例及分析

案例 1

2009 年 9 月 12 日吉林省柳河县某镇一农民家中 10 人因食用牛肉丸子汤引发一起食物中毒，经流行病学调查，结合病人临床症状和实验室检验，证实为牛肉中含有大量的兽用药物陆眠灵而引起的食物中毒。发生经过：2009 年 9 月 12 日中午，柳河县某镇一农民家中举行生日宴，共 13 人就餐，席间菜品有鱼、蘑菇、牛肉丸子汤等。席中将牛肉丸子汤外送给未参加宴席的 2 名亲属。就餐后约半小时，10 人相继出现头晕、倦怠、疲乏无力等症状，到村卫生所输液治疗未见好转，于当晚 20 时症状较重的 5 人到柳河县医院就诊。对就餐人员进食情况调查发现，3 人未吃牛肉丸子汤未发病；2 人食用席中外送牛肉丸子汤者也出现了中毒症状，最终确定购买的牛肉为此次食物中毒的可疑食物。对牛肉的来源进行追查，出售牛肉的店主承认前一天出售的牛肉是私屠乱宰处理的死牛，根本未经过检疫。为进一步分析引起食物中毒的原因，经详细调查发现，此牛于 9 月 10 日由于生产小牛造成子宫外脱，兽医在母牛的颈部注射了 6 支"陆眠灵"（以便为它进行子宫复位），注射 40min 后母牛死亡。养牛户未说明牛死亡的原因，将死牛卖给了店主，店主 2 天内将牛肉全部售出。本次食物中毒经流行学调查、结合患者临床症状及实验室检验证实是一起由动物用药物陆眠灵引起的化学性食物中毒事件。

分析抗生素类兽药残留对食品安全性的危害主要有以下几点。

第一，毒副作用。兽药残留的畜禽肉一旦流入市场被人们食用，会造成不同程度的毒性反应。如案例 1 就是一次性摄入较多残留物，导致 10 人发生急性中毒反应的事件。如长期食用兽药超标的畜禽肉，兽药在人机体内积累，达到一定量时还可能引起慢性中毒。例如人们食入氯霉素超标的猪肉有可能患上"灰婴综合征"或者再生障碍性贫血；食入含有"瘦肉精"的猪肉，会出现肌肉酸痛、心跳加速和头疼等症状；四环素类超标会使人骨骼和牙齿的发育迟缓；食入红霉素超标，会使人患上急性肝毒性；食入性激素含量超标，会使人机体内分泌紊乱，造成性早熟或者胎儿畸形等疾病。

第二，滥用抗生素兽药导致人体细菌的耐药性。过量过多使用抗生素类兽药，可使动物主动或被动吸收抗生素，使其在动物体内全身分布，通过代谢、泌乳和产蛋过程而残留在肉、乳、蛋中。抗生素的残留不仅影响畜产品的质量和风味，也被认为是动物细菌耐药性向人类传递的一个重要途径。除此之外，大量滥用抗生素的动物如死亡后，抗生素等药物进入水体，将使得水环境成为耐药性菌株的基因储存库，同时也将成为耐药性基因的扩展和演化的媒介。

第三，过敏与变态反应。一些抗菌药物，如青霉素、磺胺类药物、四环素和某些氨基糖苷类抗生素残留于动物食品并进入人体后，能使部分人群发生过敏反应及变态反应。过敏反应症状多种多样，人食用含有抗生素的乳及其乳制品，也会出现荨麻疹或过敏休克反应。一部分的抗生素较为稳定，即使加热也不能使其完全破坏，如巴士消毒不能破坏牛乳中存在的抗生素；经常食用含有抗生素的乳及乳制品，会出现荨麻疹或过敏性休克。

第四，引起畜禽肉内源性感染和二重感染。抗生素虽然都有自己的抗菌谱，但也会抑制和杀死体内有益菌群，特别是当人们食用了大量抗生素残留食品。抗生素在杀灭体内病原微生物（细菌、真菌、放线菌、螺旋体、立克次体、衣原体等）的同时对动物体内益生菌也有抑制和杀灭作用，造成机体内菌群失调，潜伏的有害菌趁机大量繁殖，从而使微生态平衡遭到严重破坏而引起机体内源性感染和二重感染。

案例 2

近年来，我国水产品养殖及出口态势总体发展良好，在满足国内消费的同时也拉动国民经济的发展，然而出口水产品中药残检出问题始终困扰着该行业的健康发展，每年都会有不同批次的出口水产品被美国 FDA 检出药残指标不合格，经历了多起因出口水产品药物残留问题遭退回事件。表 4.10 为美国 FDA 2015 年通报的我国水产品及其批次，表 4.11 为 2009—2016 年美国 FDA 通报的主要水产品来源国（地区）违规药物检出批次数。

表 4.10　2015 年 FDA 通报的问题水产品及其批次

水产品名称	药物名称	问题批次
蟹	氯霉素	1
罗非鱼	磺胺嘧啶、甲氧苄氨嘧啶	2
罗非鱼	磺胺嘧啶、磺胺甲嘧啶	2
青蛙腿及其他水生物种	氯霉素、恩诺沙星	2
青蛙腿及其他水生物种	恩诺沙星、甲氧苄氨嘧啶、磺胺甲恶唑、环丙沙星、氯霉素	2
青蛙腿及其他水生物种	氯霉素、甲氧苄氨嘧啶、恩诺沙星	1
青蛙腿及其他水生物种	氯霉素	2
青蛙腿及其他水生物种	环丙沙星、恩诺沙星	2

表 4.11　2009—2016 年美国主要水产品来源国和地区违规药物检出遭 FDA 通报事件数

来源国和地区	结晶紫	孔雀石绿	氯霉素	环丙沙星	恩诺沙星	磺胺甲恶唑	甲氧苄氨嘧啶	诺氟沙星	氟苯尼考	磺胺嘧啶	总计
中国	5	16	23	13	28	6	12				103
越南		7	13	13	16		6	2	1	3	61
马来西亚			17	2	2						21
中国台湾	5	5									10
墨西哥	2				2						4
印度			1								1
印度尼西亚					1						1

其中由于中国是美国最大的水产品进口来源国，药物残留问题也最为严重，涉及的出口受阻事件数多且药残种类复杂，说明在相关政策已经制定好的情况下，仍然存在不规范用药的问题，暴露出我国水生动物防疫工作的薄弱。

分析兽药残留超标对出口经济的危害主要有以下几点。

在出口受阻中，对经济的影响有短期损失和长期损失。

短期损失主要包括 3 个部分：第一，退运及销毁损失：退运损失＝前期费用＋后期费用。前期费用包括产品的包装费、海陆运费、装卸费、报关费、报检费和国外保税区仓储费等费用，后期费用包括因流动资金占用而增加的利息和增加的仓储费用等。第二，出口受阻产品转为内销后因内外销差价造成的损失内外销差价损失。第三，出口恢复期间因出口价格下降造成的损失。

长期损失主要有：第一，因出口份额减少带来的损失：由于药物残留超标带来出口份额的减少是直接的，这将大大降低我国水产品的国际竞争力从而带来长期的经济损失。第二，因出口品种不平衡带来的损失：以禽肉为例，中国禽肉主要市场是日本，但与欧洲市场又密切相关，有很强的互补性。日本市场需求主要是鸡腿肉，而欧盟则是世界最大的鸡胸肉消费市场，对欧盟出口具有平衡胸肉、腿肉销售比例的作用，对生产成本有重要的影响，且间接影响到日本市场。例如：巴西和泰国在高价向欧盟出口鸡胸肉的同时，利用鸡腿肉副产品冲击日本市场。而国内加工企业却因为失去鸡胸肉出口的机会，相对增加了出口产品的生产成本。第三，为恢复市场而增加的成本：案例中我国对美国出口水产品的主要竞争对手是越南、马来西亚、印度等国，如果长时间无法出口，将使多年形成的市场份额和信誉优势大为丧失，且很难恢复。更严重的是为抢回已被占有的市场份额，不惜降低其出口价格。

随着人们对动物性食品需求量的增加，动物性食品中的兽药残留也越来越成为全社会共同关注的公共卫生问题。兽药残留超标不但影响着人们的身体健康而且不利于养殖业的健康发展和走向国际市场。必须在畜牧生产实践中规范用药，同时建立起一套药物残留监控体系，创新兽药残留检测技术，制定违规的相应处罚手段，才能真正有效地控制药物超限残留的发生，保证人们的身体健康和经济的良好发展。

第5章 真菌毒素检测技术

5.1 真菌毒素概述

真菌毒素（Mycotoxins）是某些丝状真菌在适宜环境下（适宜的温度和湿度）产生的具有致死性和致病性的二级代谢产物。

真菌毒素对食品和农产品具有强大的污染能力。其首先直接污染粮油谷物类农产品、饲料等，即使是超低剂量的真菌毒素摄入，也可以造成真菌毒素及其代谢产物在生物体内积蓄，其次会通过食物链间接对动物性食品如猪的肾脏、肝脏等造成污染。经过食物链传导后危害人体健康，造成严重的食品安全事故。当食物被真菌毒素污染后，不仅会破坏或降低其营养价值和风味，而且会带来细胞毒性、生殖毒性、免疫毒性、遗传毒性、肝肾毒性以及致癌、致畸、致突变等毒副作用，对人和禽畜的生长及健康构成严重的威胁。

据统计全世界每年约有 25% 的粮食受到真菌毒素的污染，全世界每年由真菌毒素的污染所造成的经济损失高达数千亿美元，所以，粮食生产和加工过程中真菌毒素含量的监测是十分必要的。

迄今为止全球已确认了大约 400 种真菌毒素及其类似物，在粮食谷物中较为常见，其中因对动物和人类有严重毒性作用而备受关注的真菌毒素有黄曲霉毒素、赭曲霉毒素、脱氧雪腐镰刀菌烯醇、玉米赤霉烯酮、伏马菌素以及展青霉素等。

5.1.1 常见的真菌毒素

5.1.1.1 黄曲霉毒素（Aflatoxins，AFs）

黄曲霉毒素是黄曲霉、寄生曲霉和特曲霉所产生的代谢产物。黄曲霉毒素是一类化学结构类似的化合物，均为二氢呋喃香豆素的衍生物。毒性强，耐高温，不耐碱。AFs 易污染花生、大豆、核桃等食品，及玉米等粮谷类。目前科学家已经分离鉴定出 30 多种 AFs 及其衍生物，其中，以黄曲霉毒素 B 族（AFB_1、AFB_2）和 G 族（AFG_1、

AFG$_2$）在粮食谷物中较为常见，黄曲霉毒素 M 族（AFM$_1$、AFM$_2$）在动物体内及其代谢物、动物源性食品中常常检出。AFs 具有免疫抑制、细胞毒性、生殖毒性、肝毒性和肾毒性等多种毒副作用，致畸、致癌、致突变。AFB$_1$ 在真菌毒素中毒性最强，毒性是氰化钾的 10 倍，砒霜的 68 倍，是危害人类健康最为突出的一类真菌毒素。作为一种毒性极强的剧毒物质，其早已被世界卫生组织的癌症研究机构划定为 1 类致癌物。国家质检总局规定 AFB$_1$ 是大部分食品的必检项目之一。

5.1.1.2　赭曲霉毒素（Ochratoxins）

赭曲霉毒素主要由多种曲霉菌和纯绿青霉菌产生的有毒代谢产物，其结构稳定，耐酸性、耐高温，易污染一些常见的农产品，如谷物、饲料等，因此可通过畜禽食用被其污染的饲料转移至动物源食品，从而危害人体健康。赭曲霉毒素共有 A、B、C、D 4 种异构体，其中，赭曲霉毒素 A（Ochratoxin A，OTA）对人和动物具有强烈的毒副作用，如免疫抑制作用等，能引起不可逆性的肾功能衰竭；并被证实对肝脏、肾脏及泌尿系统具有致癌毒性。世界卫生组织将其列入 2B 类致癌物。

5.1.1.3　玉米赤霉烯酮（Zearalenone，ZEN）

玉米赤霉烯酮，又称 F-2 毒素，是玉米赤霉菌的代谢产物，主要污染玉米、小麦、大米、大麦、谷子和燕麦等谷物。其性质稳定、耐热性好，具有生殖毒性、肝毒性和细胞毒性，同时具有潜在的致癌性。在急性中毒的条件下，玉米赤霉烯酮会导致神经系统的亢奋，对神经系统和内脏器官都会产生一定的毒害作用，严重时可引起动物机体的死亡。

5.1.1.4　伏马菌素（Fumonisins）

伏马菌素是串珠镰刀菌和轮状镰刀菌所产生的次级代谢产物，是一类由多种多氢醇和丙三羧酸组成的双酯化合物，水溶性强，耐热，遇酸水解产物仍有部分毒性。伏马菌素主要污染粮谷类农产品，尤其是玉米。目前已被发现的伏马菌素有 11 种，其中分布范围最广泛的是伏马菌素，其已被世界卫生组织国际癌症研究机构归类为 2B 类致癌物。研究证实，伏马毒素可产生神经毒性、肺毒性、免疫抑制、致癌性等。

5.1.1.5　脱氧雪腐镰刀菌烯醇（Deoxynivalenol，DON）

脱氧雪腐镰刀菌烯醇，又称呕吐毒素，主要由禾谷镰刀菌和黄色镰刀菌等产生，DON 化学性质稳定，在酸性、中性、热中稳定，碱性条件下易分解。其对人体和动物均有较强毒性，主要表现为影响生长发育，对脾脏、心脏和肝脏等造成潜在危害。DON 常污染小麦、大麦、燕麦、玉米等农作物，同时通过被其污染的饲料和植物进而转移至肉制品、内脏及乳及乳制品、蛋等动物源食品中，是一种分布面广，影响较大的单端孢霉烯族化合物。DON 被世界卫生组织的国际癌症研究机构列为 3 类致癌物。

5.1.1.6　展青霉素（Patulin）

展青霉素又称展青霉毒素，是由曲霉和青霉等真菌所产生的一种水溶性次级代谢产物，主要污染水果及其制品，广泛存在于各种霉变水果和青贮饲料中。展青霉素具有生育毒性、遗传毒性、细胞毒性、免疫毒性、神经毒性，致癌性和致畸性等毒理作用，对人体的危害很大，能够导致动物体的呼吸系统和泌尿系统受到损害，并引起胃肠道功能紊乱以及各个器官的水肿和出血，可以麻痹人和动物的神经。展青霉素被世界卫生组织列为第 3 类致癌物。

5.1.1.7　其他真菌毒素

单端孢霉烯族化合物是镰刀菌产生的有毒代谢产物，其基本化学结构为 4 环的倍半萜，到目前为止，已分离出该类毒素近 70 种。其分布面广，影响较大的单端孢霉烯族化合物为 DON，而毒性最强的为 T-2 毒素。单端孢霉烯族化合物毒性作用的共同特点表现为较强的细胞毒性，主要抑制蛋白质和 DNA 合成。不同的单端孢霉烯族化合物毒性大小有很大差异，主要与毒素的结构和染毒动物种类有关。T-2 毒素是单端孢霉烯族化合物中毒性最强的毒素之一，主要危害造血组织和免疫器官，引起出血性综合征，白细胞减少、贫血，胃肠道功能受损等。其 LD50 为 5.2mg/kg（小鼠腹腔注射）。

目前确定的链格孢霉毒素，其母核结构多样，其中 TeA 属于四氨基酸衍生物类；AOH、AME 为二苯并吡喃酮衍生物；Ten 为环形四肽结构。易污染冷藏的果蔬。链格孢霉毒素具有细胞毒性、胚胎毒性、致畸性和致癌性等多种毒性，个别链格孢霉毒素甚至具有急性毒性。其中，毒性最强的为 TeA，具有急性及亚慢性毒性；AOH 具有致突变性、细胞毒性、胚胎毒性、遗传毒性、致癌性等；AME 则具有细胞毒性、致畸性等。不同种类的链格孢霉毒素之间存在协同作用，毒性更强。

表 5.1 列举了 GB 2761—2017《食品安全国家标准　食品中真菌毒素限量》中涉及的真菌毒素种类、安全性及易受污染品种。

表 5.1　常见真菌毒素种类及安全性

毒素	毒性	WHO 规定	安全性	易受污染食品
黄曲霉毒素 B₁	肝毒性，三致	1A	LD50：0.36mg/kg	玉米、棉籽、花生、麦类、坚果、稻谷、香料、牛乳
黄曲霉毒素 M₁	肝毒性，三致	2B 类致癌物	—	牛乳

续表

毒素	毒性	WHO 规定	安全性	易受污染食品
赭曲霉毒素 A	肾毒性，致癌	2B 类致癌物	LD$_{50}$：20~22mg/kg TDI：17.1μg/（kg·d）	豆制品、咖啡、水果、玉米、麦类、高粱、葡萄酒
脱氧雪腐镰刀菌烯醇	生长发育毒性，致癌	3 类致癌物	LD$_{50}$：70~76.7mg/kg TDI：1μg/（kg·d）	玉米、麦类
伏马菌素	神经毒性、致癌	2B 类致癌物	TDI：2μg/（kg·d）	玉米
玉米赤霉烯酮	生殖毒性、细胞毒性，致癌	3 类致癌物	TDI：0.2μg/（kg·d）	玉米、小麦、大米、大麦、谷子、燕麦等
展青霉素	生育毒性、遗传毒性、致癌	3 类致癌物	LD$_{50}$：10~15mg/kg	水果及其制品，尤其是苹果、山楂、梨、番茄及其制品

注：TDI 为每日可耐受摄入量。

5.1.2 常见真菌毒素的检出率和限量

真菌毒素易污染粮谷类食物，而目前全球真菌毒素污染的情况并不乐观，表 5.2 呈现了全球范围内常见真菌毒素的检出率。由表 5.2 可以看出，在欧洲，脱氧雪腐镰刀菌烯醇检出率最高，达到 65%，平均检出含量 0.555mg/kg，最高检出含量达到 28.47mg/kg。在亚洲，伏马毒素检出率最高，达到 85%，平均检出含量 1 354μg/kg，最高检出含量达到 169.5mg/kg。脱氧雪腐镰刀菌烯醇检出率也高达 77%，平均检出含量 735μg/kg，最高检出含量达到 13.206mg/kg。在其他地区伏马毒素和脱氧雪腐镰刀菌烯醇检出率占比也相当大。值得一提的是在亚洲真菌毒素毒性最高、威胁最大的黄曲霉毒素最大检出值高达 10.918mg/kg。可以看出，黄曲霉毒素、脱氧雪腐镰刀菌烯醇和伏马毒素成为农产品及其下游产品最大的潜在安全隐患。

表 5.2 全球范围内常见真菌毒素的检出率、平均含量、最大含量

		欧洲	亚洲	北美	南美	中东	非洲
黄曲霉毒素	检出率/%	16	38	6	23	15	11
	平均含量/（μg/kg）	6	58	36	8	3	17
	最大含量/（mg/kg）	0.468	10.918	0.148	1.336	0.019	0.232
玉米赤霉烯酮	检出率/%	44	49	37	51	53	37
	平均含量/（μg/kg）	72	201	213	113	127	118
	最大含量/（mg/kg）	6.082	8.113	4.213	3.553	0.756	1.995

续表

		欧洲	亚洲	北美	南美	中东	非洲
脱氧雪腐镰刀菌烯醇	检出率/%	65	77	75	82	70	68
	平均含量/(μg/kg)	555	735	995	919	652	496
	最大含量/(mg/kg)	28.470	13.206	51.374	12.802	4.801	9.805
单端胞霉烯族化合物	检出率/%	33	3	2	28	9	2
	平均含量/(μg/kg)	36	53	54	38	25	19
	最大含量/(mg/kg)	0.978	0.221	0.399	0.976	0.077	0.080
伏马菌素	检出率/%	51	85	52	75	74	63
	平均含量/(μg/kg)	77	1 354	2 441	2 992	999	1 148
	最大含量/(mg/kg)	15.554	169.500	290.517	218.883	11.658	16.932
赭曲霉毒素	检出率/%	24	27	5	5	27	16
	平均含量/(μg/kg)	8	7	4	4	2	4
	最大含量/(μg/kg)	889	270	39	14	8	95

数据来源：廖子龙，于英威，唐坤，等，2019. 农作物中真菌霉素研究进展[J]. 粮油仓储科技通讯，36（2）：67-53，60。

真菌毒素限量是指真菌毒素在食品原料和（或）食品成品可食用部分中允许的最大含量水平。为了降低易感食品的安全隐患，各国和相关国际组织先后制定和修订了食品中黄曲霉毒素、赭曲霉毒素、玉米赤霉烯酮、脱氧雪腐镰刀菌烯醇、伏马毒素等真菌毒素的限量标准。欧盟、美国等国家真菌毒素的检验标准（或操作规范）起步较早，但涉及食品种类不多；我国虽起步晚，但历经多次修订，已经逐步形成较为完善的标准体系，可以满足现阶段使用要求。表 5.3 显示的是中国、美国和欧盟对食品中常见真菌毒素的限量标准。由表 5.3 可以看出，对于 AFB1 和 AFM1，中国、美国和欧盟对于食品类别和限量所差无几，但是在中国，规定了婴幼儿配方食品中 AFB1 和 AFM1 的限量分别为 0.5μg/kg。呕吐毒素，欧盟的限量标准更加严格，其低于中国和美国。同样，赫曲霉毒素在食品中的限量，欧盟的标准也更加严格。对于玉米赤霉烯酮，则是中国的限量标准更加严格。欧盟对于展青霉毒素的限量，甚至规定了婴幼儿食品，这一点也严格于中国和美国。

表 5.3　中国、欧盟、美国食品中常见真菌毒素限量标准

真菌毒素	机构	食品类别及限量
AFB1	中国	谷物及其制品、坚果、籽类：5~20μg/kg
		婴幼儿配方食品：0.5μg/kg
		豆类及其制品，调味品：5μg/kg
		油脂及其制品：10~20μg/kg

续表

真菌毒素	机构	食品类别及限量
AFM₁	美国	供人类食用的食品（除乳制品）：20μg/kg（AFTs）
	欧盟	谷物、豆类、坚果、种子油料作物：2~8μg/kg
	中国	乳制品：0.5μg/kg
		婴幼儿配方食品：0.5μg/kg
	美国	乳制品：0.5μg/kg
	欧盟	乳制品：0.025~0.05μg/kg
呕吐毒素	中国	谷物及其制品：1 000μg/kg
	美国	小麦及其制品：1 000μg/kg
	欧盟	谷物及其制品：750μg/kg
赭曲霉毒素	中国	谷物及其制品，豆类及其制品，坚果、籽类：5μg/kg
		饮料类：5~10μg/kg
	美国	—
	欧盟	谷物及其制品：3μg/kg
玉米赤霉烯酮	中国	谷物及其制品：60μg/kg
	美国	—
	欧盟	谷物及其制品：75μg/kg
展青霉毒素	中国	水果及其制品、饮料、酒：50μg/kg
	美国	苹果制品：50μg/kg
	欧盟	果汁及复合果汁、发酵饮料：50μg/kg
		固体苹果制品：50μg/kg
		婴幼儿食品：10μg/kg

5.2 真菌毒素检测方法

5.2.1 常见真菌毒素检测方法概述

目前，发现的真菌毒素有 400 多种。我国 GB 2761—2017《食品安全国家标准 食品中真菌毒素限量》重点关注了黄曲霉毒素 B₁（AFB₁）、黄曲霉毒素 M₁（AFM₁）、脱氧雪腐镰刀菌烯醇（DON）、玉米赤霉烯酮（ZEN）、赭曲霉毒素 A（OTA）和展青霉毒素（PAT）六大类真菌毒素，这些毒素都具有强毒性和高污染频率等特点，主要污染谷物、饲料、果蔬等农产品，通过食物链危害人类健康和畜禽生产安全。

我国的真菌毒素国家限量标准从 1977 年第 1 次颁布，历经近 40 年，2010 年真菌毒素清理工作共分析我国现行有效的涉及真菌毒素标准 100 项，其中食品卫生标准

27 项，食用农产品质量安全标准 39 项，食品质量标准 18 项，有关的行业标准 16 项等，涉及黄曲霉毒素 B_1、黄曲霉毒素 M_1、脱氧雪腐镰刀菌烯醇、展青霉素、赭曲霉毒素 A 及玉米赤霉烯酮 6 种真菌毒素。

我国检验标准中，常见的真菌毒素的检测方法主要有酶联免疫法、荧光光度法、高效液相色谱法和液相色谱-质谱联用法等。表 5.4 总结了我国标准对常见真菌毒素的测定方法和相应的检出限和定量限。

表 5.4　我国标准对常见真菌毒素的测定方法

毒素	检测方法	检出限/（μg/kg），定量限/（μg/kg）
黄曲霉毒素 B_1	同位素稀释液相色谱串联质谱	5g 样品，检出 0.03，定量限 0.1
	高效液相色谱-柱前衍生法	5g 样品，检出 0.03，定量限 0.1
	高效液相色谱-柱后衍生法	5g 样品，检出 0.03，定量限 0.1，无衍生器法，检出限 0.02，定量限 0.05
	酶联免疫吸附筛查法	特殊膳食用食品 5g，检出限 0.1，定量限 0.3，其他食品，检出限 1，定量限 3
	薄层色谱法	最低检出量 0.000 4μg，检出限 5
M_1	同位素稀释液相色谱-串联质谱	液态乳，酸奶 4g，检出限 0.005，定量限 0.015；乳粉、奶油、奶酪及特殊膳食用食品 1g，检出限 0.02，定量限 0.05
	高效液相色谱	液态乳，酸奶 4g，检出限 0.005，定量限 0.015；乳粉、奶油、奶酪及特殊膳食用食品 1g，检出限 0.02，定量限 0.05
	酶联免疫吸附筛查法	液态乳，酸奶 10g，检出限 0.01，定量限 0.03；乳粉含乳特殊膳食用食品 10g，检出限 0.1，定量限 0.3；奶酪 5g，检出限 0.02，定量限 0.06
脱氧雪腐镰刀菌烯醇	同位素稀释液相色谱-串联质谱	谷物及其制品、酒类、酱油、醋、酱及酱制品 2g，检出限 10，定量限 20；酒类 5g，检出限 5，定量限 10
	免疫亲和层析净化高效液相色谱法	谷物及其制品、酒类、酱油、醋、酱及酱制品 25g，检出限 100，定量限 200；酒类 20g，检出限 50，定量限 100
	薄层色谱	最低检出量 100ng，检出限 300
	酶联免疫吸附筛查法	谷物及其制品 5g，检出限 200，定量限 250
展青霉素	同位素稀释液相色谱-串联质谱	净化方式为混合型阴离子交换柱的液体试样，检出限 1.5，定量限 5；固体、半流体检出限 3，定量限 10。净化方式为净化柱，液体试样，检出限 3，定量限 10；固体、半流体检出限 6，定量限 20
	高效液相色谱法	液体试样，检出限 6，定量限 20；固体、半流体检出限 12，定量限 40

续表

毒素	检测方法	检出限/(μg/kg)，定量限/(μg/kg)
赭曲霉毒素 A	免疫亲和层析净化高效液相色谱法	粮油及其制品检出限 0.3，定量限 1；酒类检出限 0.1，定量限 0.3；酱油、醋、酱及酱制品检出限 0.5，定量限 1
	离子交换固相萃取柱净化高效液相色谱法	葡萄酒，检出限 0.1，定量限；其他样品，检出限 1，定量限 3.3
	免疫亲和层析净化液相色谱法-串联质谱法	粮食作物、辣椒及其制品、啤酒检出限 1，定量限、3，熟咖啡、酱油检出限 0.5，定量限、1.5
	酶联免疫吸附	检出限 1，定量限 2
	薄层色谱	检出限 5
玉米赤霉烯酮	液相色谱法	粮食及其制品，检出限 5，定量限 17；酒类检出限 20，定量限 66；酱油、醋、酱及酱制品检出限 50，定量限 165；大豆、油菜籽、食用油检出限 10，定量限 33
	荧光光度计	大豆、油菜籽、食用油检出限 10，定量限 33
	液相色谱-质谱法	畜肉、牛奶、鸡蛋检出限 1，定量限 4

5.2.2 前处理方法概述

真菌毒素种类繁多，结构差异较大，含量跨度范围广，样品基质形态多样且干扰物多，这些因素制约着样品中真菌毒素的直接分析。因此，针对不同测定目标、不同基质中的真菌毒素的测定和分析，需要选择合适的样品前处理技术，达到分离富集待测物，消除基质干扰的目的。

提取和净化是真菌毒素样品前处理技术中常用的操作，常见的提取、净化方法包括，液液提取（LLE）、固相萃取法（SPE）、免疫亲和层析法（IAC）、凝胶渗透色谱（GPC）、固相微萃取（SMPE）、浊点萃取（CPE）、分散液微萃取法（DLLME）。其中 LLE 存在有机溶剂消耗量大的缺点，SPE 尽管选择性高和特异性强，但是其价格昂贵、不能重复使用且只能净化一种或一类真菌毒素，同时由于吸附剂对部分目标物有一定的吸附作用，会造成部分真菌毒素的回收率偏低；GPC 可有效去除色素、脂肪等大分子干扰物，但是也存在昂贵的溶剂纯化系统和大量有机溶剂的消耗问题；SMPE 萃取容量小。因此，可见不同的前处理方法和技术，具有各自的特点，实际应用中应根据样品的特点以及检测目的，选择合适的前处理方法。

5.2.2.1 液-液萃取

液-液萃取是指利用不同物质在溶剂中溶解度不同来达到分离、提取的目的。传统液-液萃取技术中常用的萃取剂有三氯甲烷、四氯乙烷、甲醇、乙腈、水、甲苯等，这种萃取方式存在耗时、成本高等问题，而新型液-液萃取技术，主要包括仪器辅助萃取法和溶剂辅助萃取法，这些新方法不仅能减少有毒有害试剂的使用量，还缩短了萃取的时间并降低萃取成本。表 5.5 列举了利用液-液萃取对部分真菌毒素进行前处理的技术参数。

表 5.5　液液萃取净化真菌毒素

食物	真菌毒素	提取液	纯化技术	回收率/%
粮谷类谷物	OTA，AFs	甲醇-水	三氯甲烷液液萃取净化	71.73~115.37
粮食	AFs	三氯甲烷	液液分配	80.30~97.00
谷物	单端孢霉烯族化合物	乙腈+水+二氯甲烷	液液萃取	70.00
啤酒	OTA	甲苯-丙酮+硫酸铵	溶剂辅助液液萃取	90.00
植物油	AFs	二氯甲烷+三氟乙酸	漩涡辅助液液萃取	83.60~96.30

数据来源：潘程，张云鹏，刘晓萌，等，2020. 农产品中真菌毒素检测技术研究进展[J]. 食品安全质量检测学报，11（11）：3571-3580。

5.2.2.2　固相萃取

固相萃取是以固体材料为吸附剂，利用分析物在不同介质中被吸附能力不同从而对目标分析物进行萃取。不同类型的吸附剂赋予了形式多样的固相萃取方法。这里简单介绍基于化学吸附和免疫吸附的两种高效的净化技术。

基质固相分散萃取技术是一种将被测样品与固相萃取剂一起研磨后，使用不同的溶剂冲洗固相萃取柱，最终达到除杂目的的固相萃取技术。基质固相分散萃取技术中常用的固相分散剂有 C18、氧化铝等，适用于处理固体、半固体或是黏性样品，该方法操作简单、经济环保。表 5.6 列举了部分使用基质固相分散净化真菌毒素的具体方法。

表 5.6　基质固相分散净化真菌毒素

食物	真菌毒素	分散剂	洗脱剂	回收率/%
谷物	OTA	C18	甲醇	80.00~93.65
辣椒	AFs	氧化铝-石墨烯	乙腈	87.30~95.40
玉米	FB1，FB2	硅胶	70%甲醇氨水缓冲液	86.00~106.00
小米、花生、菜籽	AFs	硅凝胶和硅藻土	乙腈	90.39~100.95
大米	AB1	C18	乙腈	78.00~83.00

数据来源：潘程，张云鹏，刘晓萌，等，2020. 农产品中真菌毒素检测技术研究进展[J]. 食品安全质量检测学报，11（11）：3571-3580。

免疫亲和柱层析净化是一种通过抗原和抗体特异性结合从而达到纯化目的的固相

萃取技术，由于该技术具有较高的选择性，广泛应用于真菌毒素的富集和纯化。传统的免疫亲和柱虽然能够特异性吸附目标真菌毒素，但也存在着萃取成分单一、效率低等问题，同时也会吸附少量杂质，例如小分子蛋白质、多肽等。利用不同洗脱液可消除这些杂质的影响，如乙腈、甲醇、磷酸盐缓冲液等。新型免疫亲和柱采用多抗体净化柱，能够同时吸附多种真菌毒素，大大提高了萃取效率，同时降低免疫亲和柱的成本。表 5.7 列举了部分使用免疫亲和柱净化真菌毒素的具体方法。

表 5.7　免疫亲和柱净化真菌毒素

食物	真菌毒素	提取溶剂	分散剂	洗脱剂	回收率/（%）
花生	AFs	80%甲醇	单克隆免疫亲和柱	乙腈	74.8%~97.3%
粮谷类	T-2 毒素	甲醇-水	单克隆免疫亲和柱	甲醇	79.7%~94.5%
粮谷类	4 种真菌毒素	乙腈/水/乙酸	多抗体免疫亲和柱	甲醇/水	80.0%~110.0%
生麦芽和干姜	OTA	甲醇/水	单克隆免疫亲和柱	磷酸盐缓冲液	70.0%

数据来源：潘程，张云鹏，刘晓萌，等，2020. 农产品中真菌毒素检测技术研究进展[J]. 食品安全质量检测学报，11（11）：3571-3580。

5.2.3　真菌毒素测定方法

食品中真菌毒素的检测方法主要可以分为两大类，一类是以色谱法、色谱-质谱法为代表的分析方法，这类方法灵敏度高，准确性好，能够对真菌毒素精确定量，但样品前处理过程复杂，耗时较长，如高效液相色谱法（HPLC）、液相色谱-质谱法（LC-MS）、气相色谱-质谱法（GC-MS）等；一类是以免疫学分析方法为基础的快速分析技术，如酶联免疫分析法（ELISA）、免疫层析分析（ICA）、荧光免疫分析法（FFIA）、免疫传感分析（ISA）等，其具有耗时短、检出限低等优点，但存在假阳性较高、重复性较差等缺点。

5.2.3.1　色谱法

色谱法是一种物理或物理化学分离分析方法，其分离原理是利用混合物中各组分在固定和流动相中溶解、解析、吸附、脱附或其他亲和作用性能的微小差异，当两相做相对运动时，各组分随着移动在两相中反复受到上述各种作用而得到分离。色谱法是最为主要的检测技术，它具有分离效率高，检测灵敏度高，可多组分同时分析，易于自动化的优点，但其定性能力比较差，部分方法成本很高。色谱检测技术主要包括薄层色谱分析法（TLC）、高效液相色谱（HPLC）和质谱联用法。

5.2.3.2　薄层色谱法

薄层色谱法又称薄层层析法，原理为针对不同的样品，选用合适的提取液将真菌毒素从样品中提取出来，经过柱层析的净化之后，在合适的展开剂作用下使净化后的物质在薄层板上层析展开，从而实现分离，最后用吸收法或荧光法将被测样品与标准样品进行比较，从而确定真菌毒素的含量，此法能够同时对多种真菌毒素实现定性和定量检测，例如，当丙酮与氯仿（1∶1）混合液作为流动相时，通过荧光法能够灵敏快速地测定出 ng 数量级的黄曲霉毒素 B_1、B_2、G_1 和 G_2。

5.2.3.3　高效液相色谱法

高效液相色谱法（HPLC）原理为在适宜流动相的作用下，首先采用固相萃取柱实现多种真菌毒素的分离，接着分离后的真菌毒素依次进入检测器，最后通过测量所得到的色谱图中各个色谱峰的面积就能计算出各种毒素的含量。实际测定中，需要根据待测样品理化性质的不同，选用不同的检测器进行监测。其中紫外检测器、荧光检测器、二极管阵列检测器最常用。HPLC 作为当今国内外检测真菌毒素的最常用技术，能够对真菌毒素进行高效的定量分析。由于样品基质比较复杂，样品中的杂质容易干扰真菌毒素的检测，因此，提取和纯化方法是关键。通常样品在检测前，需经固相萃取柱或者免疫亲和柱进行净化处理。表 5.8 列举了利用 HPLC 对部分真菌毒素的测定方法。

表 5.8　高效液相色谱检测真菌毒素

食物	真菌毒素	流动相	检测器	回收率/%	检测限
玉米	Fb1	甲醇-磷酸二氢钠	FLD	82.1~87.8	0.02mg/kg
坚果	AFs	甲醇-水	FLD	77.5~109.8	0.05~0.1μg/kg
小麦样品	9 种镰刀菌毒素	乙腈-水	FLD	75.78~118.24	1.5~20.0μg/kg
大米	AFs	甲醇-水-乙腈	FLD	70.0~104.0	0.001 1~0.17μg/kg
麦麸	7 种真菌毒素	甲醇-水-乙腈	DAD-FLD	70.2~105.8	0.12~12.58μg/kg
牛奶	AFM1	甲醇	FLD	85.2~107.0	0.001 5μg/kg

数据来源：潘程，张云鹏，刘晓萌，等，2020. 农产品中真菌毒素检测技术研究进展［J］. 食品安全质量检测学报，11（11）：3571-3580。

5.2.3.4　色谱联用法

色谱联用法主要是色谱-质谱联用，包括液相色谱-质谱联用，气相色谱-质谱联用法。表 5.9 列举利用液相-质谱联用方法对部分真菌毒素进行检测的条件和方法。气相色谱法通常与质谱法配合使用，对分子中不含生色团和荧光基团或具有弱吸收和弱荧光的真菌毒素的分析与测定。事实上，HPLC 也可与其他非色谱光谱技术进行联用，如 Chen et al. 开发了高效液相色谱与荧光探测联用（HPLC-FLD）方法分析 6 种不同化学族的霉菌毒素，通过改变波长的方法同时测定其最佳波长下的 AFB_1、

AFB$_2$、AFG$_1$、AFG$_2$、ZEN 和 OTA 6 种真菌毒素，得到了较低的检测限。

表 5.9　色谱-质谱联用技术对常见真菌毒素的测定

食物	真菌毒素	流动相	检测方法	回收率/%	检测限
玉米	9 种真菌毒素	0.1%甲酸-乙腈	UHPLC-TOF-MS	77.4~110.4	—
食用油	6 种真菌毒素	甲醇-甲酸铵水溶液	UHPLC-QqQ-MS	80.0~120.0	0.5~1μg/L
啤酒	23 种真菌毒素	0.1%甲酸，甲醇-甲酸铵水溶液	UHPLC-MS	70.0	0.038~30.43μg/L
谷物	19 种真菌毒素	0.1%甲酸，甲醇-甲酸铵水溶液	HPLC-MSMS	68.8~109.3	0.04~9.10μg/kg
大麦籽粒	链格孢霉毒	甲酸铵-水（0.1%甲酸)-乙腈（0.1%甲酸)	HPLC-MSMS	83.5~99.2	0.13~4mg/L

数据来源：潘程，张云鹏，刘晓萌，等，2020. 农产品中真菌毒素检测技术研究进展[J]. 食品安全质量检测学报，11（11）：3571-3580。

5.2.3.5　免疫化学法

免疫学检测方法是利用抗原与抗体之间能够发生特异性结合，从而实现对真菌毒素定性定量检测的分析方法，具有实验设备简单、检测灵敏度高、分析速度快等特点，可用于大批量真菌毒素的初期筛选。真菌毒素，均属于半抗原，具有反应原性而无免疫原性，因此不能够直接刺激动物机体产生抗体，只有将真菌毒素与载体蛋白进行偶联，形成具有免疫原性的完全抗原，就可以通过免疫反应获取相对应的抗体。免疫化学检测技术由于其良好的灵敏度和高特异性，在真菌毒素的快速检测中发挥重要作用，其中以酶联免疫吸附法（ELISA）和免疫化学荧光检测法最为常见。

（1）酶联免疫吸附法

作为应用最多的免疫分析技术，酶联免疫吸附法几乎适用于所有重要的真菌毒素。一般来说，ELISA 的检测原理是将抗原或抗体与酶进行连接，形成酶标抗原或酶标抗体，这种酶标抗原或酶标抗体既保持抗原、抗体的免疫活性，同时又具有酶的活性。将待测物与酶标记抗原或抗体按不同步骤与固相载体表面的抗体或抗原反应，洗涤去除未反应结合的物质，最后根据固相载体上酶的含量与待测物之间的对应比例关系进行定量分析。表 5.10 列举了利用 ELISA 法测定部分真菌毒素的测定方法。

表 5.10　酶联免疫吸附法测定的部分真菌毒素

食物	真菌毒素	提取液	检测技术	回收率/%	检测限
花生	AFB1	乙腈-水	间接竞争 ELISA	76.0~92.8	176.56ng/L
大米、面粉	T2	甲醇-水	直接竞争 ELISA	85.0~117.5 98.1~102.5	0.125μg/L
谷物	STG	乙腈-正庚烷	直接竞争 ELISA	88.0~127.0	1.5μg/L

续表

食物	真菌毒素	提取液	检测技术	回收率/%	检测限
小麦燕麦大麦	HT2，T-2	甲醇-水	非竞争 ELISA	—	0.1~0.3ng/ml

数据来源：潘程，张云鹏，刘晓萌，等，2020. 农产品中真菌毒素检测技术研究进展[J]. 食品安全质量检测学报，11（11）：3571-3580。

随着技术的革新，为了提高检测灵敏度，学者们研发了不同结构的 ELISA，如夹心法、间接法和竞争法等。另外，在 ELISA 中引入其他材料也是提高检测灵敏度的方法之一，如胶体金-ELISA 免疫法，胶体金具有良好的生物相容性，其相应的试纸条最短 10min 就有肉眼可见的直观结果。胶体金免疫层析技术是以胶体金作为示踪标志物应用于抗原抗体的一种新型的免疫标记技术，具有使用方便、稳定性好、成本低廉、肉眼可测且无毒无害的优点，其中应用最广泛的为胶体金免疫层析试纸条。在胶体金免疫层析技术的检测过程中，需要将特异性的抗原或抗体以条带状固定在膜上，胶体金标记试剂（抗体或单克隆抗体）吸附在结合垫上；当待测样本加到试纸条一端的样本垫上后，液体的毛细作用使待测样品在层析条上向前移动，溶解结合垫上的胶体金标记试剂后相互反应，再移动至固定的抗原或抗体区域时，待检物与金标试剂的结合物又与之发生特异性结合而被截留，进而聚集在检测带上产生肉眼可见的颜色变化，因此通过观察显色结果可以实现对待测物含量的快速检测。

（2）免疫化学荧光

免疫化学荧光一般需要荧光物质标记抗原或者抗体，而后通过荧光显微镜测定荧光强度推测检测物的浓度，对于黄曲霉毒素，其本身也具有荧光性质。由于主要采集的是光信号，所以其具有灵敏度高、检测速度快的特点。常见荧光物质有异硫氰酸荧光素（FITC）、四乙基罗丹明（RIB200）和量子点等。免疫化学荧光用免疫学方法将荧光基团链接到特定抗原上，其荧光染料蛋白标记能力强，多种蛋白及染料可用于多重标记，信号强度大，成像速度快，实验成本低，但具有荧光易淬灭和高背景的缺陷。

基于以上介绍，不难发现，不同的检测方法具有各自的优缺点（表 5.11），至于何种真菌毒素选择何种方法，需要综合考虑。

表 5.11　比较了常用测定真菌毒素的方法的优缺点

方法	优点	缺点	应用
HPLC	准确度高、重现性好、	预处理烦琐、成本高	可实现多种待检测物同时检测
GC	效率高、灵敏度高、选择性好、分析速度快、样品用量少	适用范围小，样品要求高	定性和定量时，需要已知样品或者标准品
薄层色谱	操作方便、设备简单、检测快速、成本低廉和易于普及	样品预处理复杂、精确度低、灵敏度不高而且重现性较差，易出现假阴性与假阳性检测结果	实现对多种物质的同时检测，初步定性分析

方法	优点	缺点	应用
免疫化学荧光	荧光染料蛋白标记能力强，信号强度大，成像速度快，实验成本低	具有荧光易淬灭和高背景的缺陷	多种蛋白及染料可用于多重标记
ELISA	操作便捷、灵敏度高、特异性强	一次检测一种毒素，重复性差，易出现假阴性和假阳性的检测结果，易受温度和时间干扰且需要使用标准品，易对实验人员造成伤害	现场实地检测工作

5.2.4 真菌毒素测定新技术

现有霉菌毒素检测技术有诸多的局限性，对于霉菌毒素检测而言，免疫化学法的优点是方便快捷，但 ELISA 重复性差，免疫化学荧光需要相应的设备进行辅助检测，免疫所用标记物不易长期保存，具有易淬灭和高背景的缺陷。色谱法可以实现多种真菌毒素同时灵敏检测，但是仪器设备价格贵，样品预处理步骤较多且烦琐，检测效率低，需要专业人士操作。因此，学者们通过研究优化了检测的关键技术，出现了一批新型真菌毒素检测技术。

5.2.4.1 前处理新介质

在样品前处理过程中，介质通常可实现对目标物的富集提取，比如液体溶剂和固体材料，液体溶剂中水和有机溶剂应用较多，也较为传统，而固体介质种类较多，通常具有大比表面积、多孔结构、超顺磁性、特异性识别等特点，其在样品前处理过程中发挥着重要作用。目前在食品真菌毒素样品前处理过程中常用的固体介质主要有纳米材料（如磁性纳米材料和石墨烯类材料等）、聚合物材料（如分子印迹聚合物材料等）和生物材料（如适配体功能化材料、免疫亲和材料等）。表 5.12 列举了常见的新型前处理固体介质以及相应的净化方法。

表 5.12 固相萃取净化真菌毒素

食品	真菌毒素	提取液	纯化技术	洗脱溶液	回收率（%）
植物油	AFB1、ZEN、OTA	甲醇-水	磁性固相萃取柱	甲醇-乙腈-甲醇	89.4~97.1
牛奶	13 种真菌毒素	乙腈-水	磁性固相萃取柱	乙酸乙酯（1%甲酸）	81.8~106.4
谷物	AFB1、ZEN、OTA	甲醇-水	磁性固相萃取柱	甲酸-乙腈	70.01~100.12
玉米、花生	OTA	乙酸乙酯	磁性固相萃取柱	甲醇	82.8~108.0
牛奶	9 种真菌毒素	乙酸（1%甲酸）	rGO-Au 萃取柱	5%甲醇	70.2~111.2

续表

食品	真菌毒素	提取液	纯化技术	洗脱溶液	回收率（%）
大豆	AFB1、B2、G1、G2	75%乙腈	纳米纤维柱	甲醇	76.0～101.0
大米	AFB1、ZEN	乙腈-甲醇-水	固相萃取柱	乙腈	78.0～102.8
花生	AFB1	甲醇-水	固相萃取柱	甲醇-乙酸	79.5～91.2

数据来源：潘程，张云鹏，刘晓萌，等，2020. 农产品中真菌毒素检测技术研究进展［J］. 食品安全质量检测学报，11（11）：3571-3580。

（1）纳米材料

纳米材料以其独特的物理化学性能，在很多领域都有着广泛应用，在食品真菌毒素样品前处理领域应用较多的纳米材料主要有磁性纳米材料、石墨烯材料、碳纳米管等。磁性纳米材料以其较大的吸附容量、较好的超顺磁性、较强的稳定性、易于分离、可以重复使用等优点，已逐渐应用于食品真菌毒素样品前处理过程中，而常用的磁性基础介质主要为铁的氧化物（Fe_3O_4）、铁合金（Fe-Co）、铁氧体（$CoFe_2O_4$）等铁磁性化合物。

（2）聚合物材料

聚合物材料在食品真菌毒素样品前处理中的应用较早，始于聚合物分离柱，近年来多集中于功能聚合物的开发及应用，其中分子印迹聚合物应用最为广泛。分子印迹聚合物材料通过引入目标物模板分子进行聚合，再对模板分子进行洗脱，并在聚合物中留下模板分子空穴结构和大小的"印迹"，这种"印迹"结构能够特异性识别目标分子及其结构类似物。因此，分子印迹聚合物具有较好的构效预定性和选择性，且耐高温，耐酸碱和有机溶剂，常用作固相萃取技术和固相微萃取技术的吸附剂。

（3）生物材料

生物类材料在食品真菌毒素样品前处理中的应用目前主要以免疫亲和材料和适配体功能化材料为主。适配体功能化材料是利用适配体能够高特异性识别和结合靶标分子从而进行分离纯化的新型材料，具有特异性强、亲和力高、灵敏度高、靶标分子范围广和易于修饰等特点，在食品真菌毒素样品前处理中已有较多应用。近年来，核酸适配体被研究应用于目标物的色谱纯化及前处理应用，Chen et al. 制备了具有特异性识别性能的新型高亲水性多面体低聚倍半硅氧烷-核酸适配体杂化-二氧化硅亲和整体柱，能应用于啤酒中 OTA 的检测分析，回收率为 94.9%～99.8%，而且对比旧的核酸适配体整体柱显著降低了检测的背景干扰；Mohammad et al. 制备选择性吸附 AFM1 的基于核酸适配体修饰磁性纳米材料，采用分散固相萃取法建立了牛奶中 AFM1 分析方法，方法具有高特异性及高灵敏度，但是其应用受限于材料性能，其吸附容量降低。表 5.13 简要总结了主要纳米材料，聚合物材料和生物材料的结构特点以及它们的主要应用食品基质。

表 5.13 食品真菌毒素样品前处理介质及其适用基质

固体介质	特征	食品基质
磁性纳米材料	超顺磁、吸附量较大、快速分离，稳定性强	液态食品
石墨烯	超高特异性表面积、吸附力强、可进行表面修饰	谷物、食用油
分子印迹聚合物	特异分子识别、预测性、稳定性强	多种常见食品
免疫亲和材料	抗原抗体特异性识别、亲和性强、选择性强	液态食品、乳制品
功能适配体	高灵敏度	谷物、蛋制品、红酒

数据来源：黄远祥，2019. 核酸适配体功能材料选择性吸附霉菌毒素的研究及其在乳制品检测中的应用[D]. 广州：广东药科大学。

5.2.4.2 前处理新方法

（1）磁性固相萃取技术

磁性固相萃取技术是一种基于磁相互作用的固相萃取制备技术，在固相萃取的基础上，学者们采用磁性物质作为吸附剂，MSPE 技术，在 MSPE 过程中，磁性吸附剂被分散在含有目标分析物的样品溶液或悬浮液中，在超声、高速均质或涡旋振荡等提取条件下，磁性吸附剂将样品溶液中的待测分析物富集在自身表面，然后，在外部施加磁场的作用下含有待测分析物的磁性吸附剂被分离出来，经甲醇/乙腈等洗脱剂将目标分析物从磁性吸附剂上洗脱下来，通过色谱分析技术进行检测。基于磁性吸附剂特有的离散性质，因此可以通过增加目标分析物与磁性吸附剂分子间扩散来促进相分离，这一特性意味着萃取过程比其他方法更能够使目标分析物的相转移快速完成，提高萃取效率。利用外磁场代替过滤或高速离心从样品溶液中分离出磁性吸附剂，使样品前处理过程简单方便。此外，这种磁性吸附剂很容易功能化，从而提高磁性吸附剂对目标分析物的选择性。综上所述，磁性固相萃取技术是一种易操作、效率高且环保的食品样品前处理技术。

（2）QuEChERS 方法

QuEChERS 是集快速（quick）、简单（easy）、便宜（cheap）、有效（effective）、可靠（rugged）、安全（safe）于一体的前处理技术的简称。QuEChERS 技术与传统的真菌毒素提取净化方法相比，QuEChERS 方法具有如下优势：①仪器设备简单，只需要离心机、振荡器即可；②技术难度低、前处理步骤简单；③耗时短，整个提取过程不超过 30min；④通过设计提取液比例、盐包成分和净化剂的种类，可实现真菌毒素的同时提取。

QuEChERS 方法包括 3 个步骤：提取、盐析和净化。样品（干燥的样品，如谷物需要加水）先用乙腈、乙酸乙酯或者丙酮等有机溶剂提取，然后加入硫酸镁和氯化钠等试剂促进有机相和水相的分离，最后取部分提取液加入净化剂（乙二胺-N-丙基硅烷、石墨化炭黑和 C18 键合硅胶、十八烷基硅烷键合硅胶 ODS 等）经过振荡离心后，取上清液进行检测。提取作为 QuEChERS 技术的关键步骤之一，其效果决定了分析结果的准确性。在传统方法中，乙腈、甲醇和丙酮均具有较好的提取效果，在 QuEChERS 法中，乙腈因其提取效率较高，且与色谱分析（LC-MS-MS 或者 GC-MS）的兼容性强，应用最多。但是对于极性敏感的化合物，还需要在提取液中加入乙酸、甲酸等物质以提高其萃取效果。如 OTA 和 FUN，可以在提取液中加入一定比例的甲酸或乙酸以提高其提取率。MOL et al. 比较了 3 种提取溶剂甲醇、乙腈、丙酮，对真菌毒素提取的影响，结果表明丙酮提取的回收率最高，其次是乙腈。而对于基质干扰，乙腈影响最小，甲醇最差。综合考虑最终选择乙腈为提取剂，回收率范围为 70%～120%，相对标准偏差为 5%～10%，并且基质效应较低，能够用于日常检测（表 5.14）。

表 5.14　QuEChERS 净化真菌毒素

食品	真菌毒素	提取方式	填料	回收率/%
玉米	7 种真菌毒素	乙腈-水-甲酸	无水硫酸镁、PSA、C18	89.7～112.9
谷物	8 种真菌毒素	1%乙酸乙酯	无水硫酸镁、醋酸钠	75.5～113.4
小麦、玉米、水稻	杂色曲霉素	95%乙腈、正庚烷	硫酸镁、氯化钠	88.0～127.0
坚果	16 种真菌毒素	乙腈-甲酸	EMR-Lipid	75.0

数据来源：潘程，张云鹏，刘晓萌，等，2020. 农产品中真菌毒素检测技术研究进展［J］. 食品安全质量检测学报，11（11）：3571-3580。

5.2.4.3　测定新技术

（1）真菌毒素光谱测定新技术

①真菌毒素的近红外光谱检测技术：近红外光谱是分子振动光谱倍频和合频吸收谱，具有丰富的结构和组成信息。近年来，国内外学者以近红外光谱技术在粮食真菌毒素检测方面开展了大量研究。目前，全球范围内对常见的真菌毒素纷纷建立了检测方法和污染预测模型。我国学者建立了玉米黄曲霉毒素识别模型、玉米颗粒、花生霉变程度的判别模型。但此技术目前仅限于实验室研究，对真菌污染比较严重的粮食，近红外光谱可以较好地识别，但低含量真菌毒素检测方面精度不高；并且粮食的真菌污染具有随机性，在同粒玉米或小麦毒素分布是不均匀的，在尺度上，前期研究一般只是对整粒进行研究，对粉碎样从显微尺度上研究可以提高预测的稳定性；真菌毒素分子量小、含量低，合频和倍频的分子振动信号弱，真菌毒素的近红外光谱响应与解析方法需要进一步探索，明确毒素近红外的谱带归属，以提高检测模型的适应性和稳定性。

②真菌毒素的拉曼光谱检测技术：拉曼效应是光子与光学及声子相互作用的结果，拉曼散射光谱可以获取分子振动能级与转动能级跃迁的特征信息，具有强大的分

子识别能力，同时具有非标记、非接触的特点，是分子信息快速获取的理想手段。拉曼光谱在粮食真菌毒素检测方面从 2009 年开始了实验室阶段研究，美国先后建立了脱氧雪腐镰刀菌烯醇、黄曲霉毒素、伏马毒素的识别模式和定量分析模型。法国制备了高灵敏度、选择性检测赭曲霉毒素 A 的表面增强拉曼传感器。我国成功建立了呕吐毒素、黄曲霉毒素 B_1，赭曲霉毒素 A、玉米赤霉烯酮等毒素的检测方法。拉曼光谱信号指纹性和特异性的技术特点，在粮食真菌毒素检测方面有巨大潜力，受到越来越多的关注，但研究多是基于金、银等纳米材料或磁性材料进行拉曼增强，而这种复杂的稳态检测体系与常规湿化学分析一样需要进行耗时的样本预处理；另外，拉曼增强材料或增强基底制备的重现性和检测的稳定性有待提高；与特异性抗体相结合的免疫检测方法存在抗体分子较大、合成复杂、昂贵等缺陷。

③真菌毒素的荧光检测研究现状及发展动态分析：荧光光谱因其特异性和灵敏性在食品安全检测领域展现了巨大的发展潜力，虽起步较晚，但已成为国内外食品安全检测领域的研究新热点。目前国内外纷纷合成了不同类别的荧光探针，特异性地检测真菌毒素。欧洲生物化学研究所建立了一种基于荧光偏振的近红外荧光探针技术，不需要对样本进行预处理就可以检测苹果汁中的棒曲霉素。日本国家农业与食品研究会建立了肉豆蔻中黄曲霉毒素污染水平的荧光指纹图谱检测方法。俄罗斯国家生物技术研究中心通过激发发射矩阵荧光光谱测定荧光适配体交互作用的赭曲霉毒素 A。我国也对测黄曲霉毒素 B_1 和呕吐毒素、赭曲霉毒素 A 合成了特异的荧光探针或适配体，开展了检测工作。目前有关荧光光谱技术的粮食真菌毒素检测研究较少，已有研究通过构造特异性荧光探针或荧光指纹图谱实现真菌毒素的高灵敏检测，表明荧光光谱在真菌毒素检测方面具有很好的应用前景。荧光光谱技术具有有效表征真菌毒素的长共轭结构信息的这一技术优势，经过进一步研究探索必将成为一种强有力的检测工具。

④光谱成像技术：光谱成像技术能同时获得粮食的光谱和图像信息，光谱技术能检测待测对象的组织结构和化学成分，图像技术能反映待测对象的外在特征和空间信息，集合了光谱技术与图像分析技术于一身，因此既能对待测对象的外观特性进行检测又能对其内部成分进行检测，在粮食真菌毒素空间分布的可视化检测方面将发挥重要作用。Jin et al. 利用可见-近红外高光谱成像和紫外激发荧光高光谱成像鉴别黄曲霉菌产毒和不产毒菌株，混合识别率仅为 75%，成对识别率达 95%。表 5.15 列举了部分近红外光谱成像和荧光光谱成像的粮食真菌污染及毒素检测方法。我国学者在光谱成像应用于真菌毒素的检测和预测方面也取得了长足进步。目前，我国利用近红外光谱成像检测玉米单粒的黄曲霉毒素污染水平，识别率为 82.5%，利用荧光高光谱图像鉴别花生黄曲霉菌株不产毒和产毒菌株类型，识别率分别为 100% 和 80%。利用高光谱成像法测定不同水平的脱氧雪腐镰刀菌烯醇的散装小麦籽粒，识别率为 97.2%。真菌污染及真菌毒素分布的不均匀性影响了检测的可靠性，光谱成像技术可解决这个问题。但对样本的整体性有效评价还存在许多挑战，检测准确性和速度需要

进一步提高，光谱成像检测仪器价格较高，成本也限制了该技术实际和大规模的应用（表 5.15）。

表 5.15　菌毒素的光谱成像检测方法

真菌毒素	检测技术	建模方法	检测结果
小麦-镰刀菌侵染	高光谱成像（400~1 000nm）	SAM	正确识别率 87%
玉米-黄曲霉菌株	高光谱成像（400~1 000nm）	LSD，DM	接种 48h 可识别
小麦-呕吐毒素	高光谱成像（400~1 000nm）	LDA	准确量 95%
玉米-黄曲霉菌	荧光光谱成像（400~900nm）	ANOVA	差异显著
玉米-黄曲霉毒素 B_1	高光谱成像（1 100~1 700nm）	PLS-DA	识别率 96.9%
小麦-镰刀菌污染	高光谱成像（400~1 000nm）	PLS-DA	识别率 90%
小麦-青霉、曲霉	高光谱成像（700~1 100nm）	LDA、QDA	识别率 91.8%
玉米粒-黄曲霉毒素污染	高光谱成像（1 000~2 500nm）	PCA-FDA	识别率 88%
玉米粒-黄曲霉毒素污染	荧光光谱成像（400~700nm）	SAM	识别率 92.3%
玉米粒-镰刀菌	高光谱成像（1 000~2 498nm）	PLSR	$R^2 = 0.94$
玉米-黄曲霉毒素	荧光光谱成像（400~900nm）	BENDFI	识别率 87% $R^2 = 0.81$
玉米-黄曲霉毒素	荧光光谱成像（399~701nm）	LS-SVM	识别率 83.34%

数据来源：郭志明，尹丽梅，石吉勇，等，2020. 粮食真菌毒素的光谱检测技术研究进展[J]. 光谱学与光谱分析，40（6）：97-103。

⑤质谱成像分析法：质谱成像技术是一种简单、高效的定性方法，其通过质谱离子扫描与成像技术结合测定，再对得到的目标物质荷比（m/z）信息进行分析、归类。Hickert et al. 采用基质辅助激光解吸-飞行时间质谱成像技术同时检测鉴别被污染葡萄中的 OTA 及 12 种伏马毒素，直观地看到其污染程度和污染区域。Berisha et al. 研究表明，采用激光解吸-高分辨质谱成像技术快速筛查鉴定小麦种子中的 DON，样品无须前处理，结果误差 $<2×10^{-6}\mu g/kg$，并且不受水分含量影响。质谱成像检测步骤简单、效率高，并且可同时测定多种毒素污染的程度和分布，但进一步的确证和定量仍需借助其他检测技术。因此，质谱成像技术在食品安全检测中的应用尚不广泛。

⑥超临界流体色谱技术：超临界流体色谱法利用改变超临界流体溶剂的温度和压力控制超临界流体中不同组分的溶解度，从而达到分离、检测待测物的目的。该法具有对环境友好和高效等特点，并且在真菌毒素检测过程中，能够对不同真菌毒素异构体实现分离。Marthe et al. 首次提出采用超高效-超临界流体色谱串联质谱的方法检测啤酒中游离菌毒素和修饰菌毒素，成功测出啤酒样品中的 6 种镰刀菌毒素及其衍生物，为真菌毒素的检测拓展了新思路。但此法保留机制复杂，洗脱不稳定，也限制了

超高效-超临界流体色谱法在多菌毒素分析中的应用。Lei et al. 用异丙醇稀释经^{13}C 标记的食用油样品，再经乙腈-饱和正己烷萃取，最后以超临界 CO_2 和甲醇作为流动相对萃取液进行梯度洗脱，此方法无须纯化就能在 30min 内对食用油中 4 种 AFT 完成检测，其检出限为 0.05~0.12mol/L，RSD<8.5%。

（2）真菌毒素的免疫化学测定新技术

①时间分辨荧光免疫技术：时间分辨荧光免疫技术是一种由光激发产生的均相化学发光技术，以稀土元素为荧光标记物，使用时间分辨荧光仪测定荧光信号强度，光信号强度与样品中的分析物浓度成反比，对照标准曲线即可确定被测样品中分析物的含量。与 ELISA 法相比，结果稳定性高。张兆威等使用自制时间分辨荧光免疫层析试纸条对不同农产品的 AFB1 进行检测发现，测定结果与 HPLC 法检测结果相互验证，检测限为 0.3μg/kg。周彬等利用 DON 多克隆抗体和光（680nm）激发产生的均相化学发光技术，通过标记免疫反应建立起均相的 DON-AlphaLISA 免疫检测法，测定的样品光信号强度与 DON 浓度成反比，此法测定周期短，稳定性好，有效范围更宽，为 0.007~100ng/mL，灵敏度为 0.007ng/mL，批内批间变异系数均<5%，无明显基质干扰。时间分辨荧光免疫技术灵敏度高、重现效果佳，并且能一次测定多个样品，不足点在于易受背景荧光的干扰且测定需要的试剂可能损害人体健康，务必要在严密的防护条件下进行操作。

②放射免疫测定技术：放射免疫测定法通过同位素标记靶标并加入特异性抗体检测真菌毒素。闫磊等建立了用 Charm Ⅱ放射免疫法检测牛奶样品中 AFT，通过与液相法交叉验证，表明该方法灵敏度和精密度良好，检出限为 0.25μg/kg。此法前处理简单，测定周期短、效率高，但也容易对其他物质产生污染，成本较高，还需要更进一步的探究优化。

③其他技术：横向流动免疫检测技术的发展源于临床分析中的大分子检测，研究者利用横向流动原理研制出一种快速检测 OTA 的免疫检测方法。先通过筛选和交叉反应找出最优的 OTA 抗体，然后用染色的血清感光乳胶颗粒对抗体进行吸附固定，通过横向流动中的测试线和质控线进行结果定性。2 条线均存在时表明样品很少或没有 OTA 存在；仅有 1 条时表明样品中有大量的 OTA 存在。该方法可用于快速鉴别 OTA 的产毒真菌，对毒素的早期预防有重要意义。蛋白芯片分析法是建立在微电子学和生命科学等多学科交叉基础上的 1 种新方法，由于具有分析时间短、多样品参数同时处理及自动化程度高等方面的优势，近年来已成为研究的热点。宋慧君等通过液相芯片技术平台和间接竞争法原理，对偶联抗原浓度进行优化，探索出 AFB1 抗原抗体结合的最佳反应时间和单抗临界饱和浓度，建立起一套高效的定量检测方法，灵敏度为 2.33ng/mL。

（3）真菌毒素的电化学检测新技术——生物传感器

①核酸适配体生物传感器：核酸适配体是单链 DNA 或者 RNA 片段，通常通过

SELEX 技术筛选而得到，不同于抗原与抗体结合，核酸适配体能够借助氢键、范德华力、疏水作用等分子间作用力以三维立体结构与靶分子特异性结合。和抗体相比，核酸适配体为化学合成，不同批次差异较小，化学性质更为稳定，靶分子范围也更大，所以用于生物传感器可能取得更好的效果。当核酸适配体与靶物质靠近时，能够通过弯曲盘旋折叠、链内碱基互补配对形成特殊的立体结构（发夹、茎环、假节、凸环、G-四分体等），这些立体结构是核酸适配体与靶物质亲和作用的结构基础，具有特异性识别功能；靶物质或靶物质的一部分恰好能进入到立体结构中，在立体结构中具有某些特异性识别位点，能通过假碱基堆积、氢键作用及静电作用等作用力与靶物质亲和作用。核酸适配体也广泛应用于真菌毒素的分析检测中，主要的研究报道都是基于核酸适配体特异性亲和结合真菌毒素所建立的高灵敏快速分析方法或传感器，如 Peng et al. 基于单个二氧化硅光子晶体微球的表面上设计了针对 OTA 的竞争性适体化学发光测定法，在水稻、小麦和玉米中高灵敏快速检测 OTA 回收率为 81% ~ 105%；Sharma et al. 利用荧光淬灭-去淬灭基质制备了核酸适配体荧光传感器测定牛奶中 AFM1，加标牛奶样品的回收率为 94.40% ~ 95.28%（n=3）。

②基于纳米材料的荧光信号适配体生物传感器：荧光信号检测法具有灵敏度高、检测限低、测定时间短等优点，因此基于荧光信号的适配体传感器受到广泛关注。Guo et al. 利用单壁碳纳米管（SWNTs）作为淬灭剂，构建了一种适用于 OTA 检测的荧光适配体传感器。其原理为在不存在靶分子（OTA）的情况下，适配体呈游离单链 DNA 状态，易被 SWNTs 吸附，适配体上标记的羧基荧光素易被 SWNTs 通过能量共振转移而淬灭。在靶分子（OTA）存在情况下，适配体与 OTA 特异性识别结合，形成 G-quadruplex 二级结构，G-quadruplex 结构能抵抗 SWNTs 的吸附，适配体上标记的荧光信号得以保留。因此，可以通过测定不同 OTA 浓度对应的荧光强度建立浓度与荧光强度的关系进行 OTA 检测，此法检测限为 24.1nM。Zhang et al. 报道了基于 DNA 支架和银纳米簇（DNA/AgNCs）作为信号平台的荧光适配体传感器，用于同时检测 OTA 和 AFB1。将 OTA 适配体（Ap1）和 AFB1 适配体（Ap2）分别固定在磁珠表面上，再加入信号探针 1（Sp1）和信号探针 2（Sp2）进行杂交，形成 Aps-Sps 双链体结构。在存在这两种真菌毒素的情况下，它们与各自相应的 Apt 结合形成 G-四链体的复合结构，Sp1 和 Sp2 被释放。通过磁分离，上清液中的 Sps 作为相应的支架，与加入的 AgNCs 结合产生不同的荧光发射峰。随后，在 DNA/AgNCs 合成期间，向溶液中加入 Zn（Ⅱ）离子，使荧光强度增加更易于观察，此法测定 OTA 和 AFB1 的线性范围为 0.001 ~ 0.05ng/mL，OTA 检测限 0.2pg/mL，AFB1 检测限 0.3pg/mL。Lu et al. 开发了一种基于二硫化钼（MoS2）纳米片与半导体量子点（QDs）结合作为有效荧光淬灭剂（QDs-MoS2）和新型适配体-CDTe 用于检测 OTA。当存在 OTA 时，适配体-QDs 结构可以与 OTA 特异性结合形成折叠的四链体结构。并且 OTA 分子占据的核碱基被埋在结构内，适配体-QDs 结构和 MoS2 纳米片之间的相互作用力变得

非常弱，所以 QDs 荧光被保留。当不存在 OTA 时，适配体-QDs 结构和 MoS2 纳米片相互作用，导致 QDs 荧光被 MoS2 纳米片淬灭。因此，通过荧光强度检测 OTA 的含量。该平台显示出良好的特异性，检测限为 1.0ng/mL。

③基于纳米材料的电化学信号适配体生物传感器：电化学信号检测方法具有选择性高、简便、成本低并且检测更加精密的优点。电化学适配体传感器是将靶分子与适配体特异性结合的识别信号转换为电化学信号，通过电流或电位的变化来检测目标分子，纳米材料的加入使其检测更加灵敏快速。Hamid et al. 基于金纳米颗粒（AuNPs）和黄曲霉毒素 M_1（AFM$_1$）适配体（Apt）以及适配体互补链（CS），构建了一种新型电化学适配体传感器用于 AFM$_1$ 的检测。该体系检测限为 0.9ng/L，并且成功应用于实际样品如牛奶和血清的检测。Rijian et al. 提出了一种基于氧化石墨烯（GO）修饰的聚丙烯酸（PAA）膜通过 π-π 堆积与 AFB$_1$ 的适配体结合用于检测 AFB$_1$ 的新型生物传感器。电流的增加与 AFB$_1$ 的浓度成正比，此法检测限约 0.13ng/mL，线性范围为 1~20ng/mL。此外，该传感器对 AFB$_1$ 具有良好的选择性。Wang 开发了基于金纳米粒子和 β-环糊精修饰的 MoS2 片的电化学适配体传感器用于 OTA 超灵敏检测。OTA 浓度对传感器信号的线性响应范围为 0.1~50nM，并且最低检测限为 0.06nM。该检测方法易构建，具有高灵敏度和特异性。

④光纤生物传感器：光纤生物传感器就是将光纤用于生物传感的载体，能够把化学信号或者电信号转变为光信号。光纤本身并不能提供特异性识别的功能，需要与识别单元共同作用。常需使用指示剂或标记物如酶、抗体或荧光物质等才能进行检测。光纤生物传感器具有耐腐蚀、不受电磁干扰和可微型化等特点，通常分为荧光淬灭传感器、表面等离子体共振传感器、光纤光栅传感器和光纤倏逝波传感器。Liu et al.研究表明消逝波光纤核酸适配体传感器可用于快速、灵敏和高选择性地检测食品中的 OTA。在该系统中，使用了戊二醛和乙二胺作为连接物将 OTA 分子共价固定在光纤表面上，可研究核酸适配体及其对应物的亲和力。基于该传感器测得 OTA 在浓度范围内的定量范围为 0.73~12.50μg/L，检出限为 0.39μg/L。

⑤DNA 行走机器人适配体传感器：DNA 行走机器人是通过设计几条特定的 DNA 链，并利用 DNA 步行链的定向自主运动来达到信号放大的目的，属于一种设计简便的 DNA 纳米器件。DNA 互补碱基之间的特异性识别作用为 DNA 行走机器人提供了可靠的稳定性和高度的可编程性，赋予了 DNA 行走机器人良好的可操作性和可预测性；有学者利用 DNA 行走机器人能够显著放大检测信号的优良特性，构建了一种简单灵敏的电致化学发光适配体传感器用于 OTA 浓度的检测。将硫化镉量子点（CdS QDs）通过物理吸附作用修饰在电极表面作为电致化学发光信号发射，当在 CdS QDs 表面修饰 DNA 之后，仪器检测到的响应信号强度很微弱，加入 OTA 之后，DNA walker 能够与 Cy5-DNA 自主进行链杂交反应；在核酸内切酶的帮助下，Cy5-DNA 被切割并从电极表面释放，由于 DNA walker 能够循环多次地与电

极表面的 Cy5-DNA 进行杂交，导致大量的 Cy5-DNA 被核酸内切酶切割进而远离电极表面，所以仪器检测到的电致化学发光信号显著增大。因此，可以通过监测恢复后的电致化学发光信号来实现对 OTA 浓度的定量检测。此适配体传感器用于检测 OTA 不仅在 0.05~5nM 呈现良好的线性关系，检出限为 12pM （S/N=3），而且对于 OTA 表现出优良的选择性。

5.3　真菌毒素危害案例分析

历史上由真菌毒素导致的中毒事件并不少见。早在 9 世纪就记录了由真菌毒素引起的中毒事件，但直到 17 世纪才证明是由于寄生在麦穗上的麦角菌产生的麦角毒素导致，在 1926 年苏联，1929 年爱尔兰，1953 年法国，1979 年埃塞俄比亚，都发生了大规模的麦角中毒。20 世纪初发生在苏联的 ATA 病，是由于食用了在田间越冬的粮食所引起的中毒，经过大约 40 年的研究，确认是由于镰孢菌产生的 T-2 毒素所引起的。另一个著名的案件是由黄曲霉毒素引起的中毒事件。1960 年 6—8 月，英格兰南部及东部地区死亡 10 万只火鸡，解剖见肝脏出血及坏死，肾脏肿胀，当时病因不明，经过 2 年调查，在巴西饲料中进口的花生饼粉中分离出黄曲霉，进一步研究，发现正是黄曲霉产生的一种荧光物质造成火鸡死亡，并将其命名为黄曲霉毒素。1974 年印度 2 个邦中有 200 个村庄暴发黄曲霉中毒性肝炎，397 人发病，死亡 106 人，中毒患者都食用过霉变的玉米，其中的黄曲霉毒素含量高达 6.25~15.6mg/kg。1974 年印度 2 个邦中 200 个村庄，因村民食用了霉变玉米暴发了中毒性肝炎，症状为发热、呕吐、厌食、黄疸，严重者出现腹水、水肿、甚至死亡，尸检中可见到肝胆管增生。检测发现这些霉变玉米含有高浓度的黄曲霉毒素。其后许多学者证实黄曲霉毒素不但能引起急性中毒，而且长期少量食用可引起癌症。

最近关于真菌毒素与人类疾病之间的关系研究也取得了许多进展，其中首推 T-2 毒素与大骨节病的病因研究。我国学者经过多年探索，从流行病、病理学等多方面研究证实，引起大骨节病病因的物质是病区山区生产的谷物内超常聚集的 T-2 毒素，从而解决了困扰世界医学界 150 多年的难题。克山病也是一种地方病，近年来学者认为克山病的病因可能和黄绿青梅污染病区谷物有关。

说到广义的真菌毒素中毒，还包括食用有毒的真菌造成的食物中毒，这最典型的也是我国高发的案例就是毒蘑菇中毒。每年春夏交接时节，我国都会发生多起毒蘑菇中毒事件，国家卫计委也会多次通报其伤亡和调查结果，截至 2020 年 5 月上旬已报告造成 261 人中毒、6 人死亡。为预防和控制毒蘑菇和有毒动植物中毒发生，保障人民群众健康与生命安全，特发布以下提示：毒蘑菇中毒事件主要发生在我国西南地区，特别是适宜野生蘑菇生长的云南、湖南和贵州等地。截至 5 月初，全国已报告 76 起毒蘑菇中毒事件，80% 以上中毒事件为家庭自采误食导致。野生蘑菇种类繁多，许多品种外观相似，肉眼鉴别有毒和可食用品种十分困难。毒蘑菇中毒可以产生急性肝损害、急性肾衰竭、横纹肌溶解、胃肠炎、神经精神症状、溶血和光敏性皮炎等后果，中毒者救治非常困难，严重者可以导致死亡。因此，特别提示公众不要自采自食野生蘑菇，以免危及生命健康。

针对我国真菌毒素的污染问题，学者们也做了详细的调查，一份关于2014—2016年北京市市售谷物真菌毒素污染情况报告，小麦粉受脱氧雪腐镰刀菌烯醇（DON）、玉米赤霉烯酮（ZEN）和伏马菌素B1的污染最严重，检出率超过83.3%；DON检出率达到100%；其他谷物（玉米、玉米面，大米）各种真菌检出率较低，所有谷物的各种真菌污染水平均值未超过国家标准限值。另外一项关于小麦的真菌毒素污染的调查指出，2018年湖北、安徽、江苏和河北4省脱粒小麦受多种镰刀菌毒素，尤其是DON的污染较为严重，而AF污染相对较轻。DON的检出率最高，为90.3%，阳性样品中DON平均污染水平为2 706.3μg/kg，45.3%样品DON的含量超过国家限量标准1 000μg/kg；4种AF的检出率和平均污染水平均较低，其中AFB1和AFB2的检出率最高，均为3.2%，2份样品AFB1含量超过国家限量标准5μg/kg，仅1份样品检出AFG2，所有样品均未检出AFG1。从地区来看，湖北省脱粒小麦中各毒素污染最严重，尤其是DON，其检出率和平均污染水平分别为100%和6 314.9μg/kg；江苏省样品中ZEN的平均污染水平为1 971.2μg/kg，远高于其他省份。关于河南省2018—2019年市售小麦粉及其制品，玉米及其制品进行调查显示，伏马菌素、玉米赤霉烯酮、黄曲霉毒素、脱氧雪腐镰刀菌烯醇是主要污染真菌毒素，检出率范围为0%~95.7%；220份小麦粉、面条和馒头中脱氧雪腐镰刀菌烯醇检出率分别为78.0%（124/159）、64.3%（18/28）和87.9%（29/33）。

同时在我国的对外贸易方面，真菌毒素的影响也存在大量真实的案例和数据。根据中国农业科学院农产品加工研究所统计，2001—2011年，受真菌毒素污染的影响，我国出口欧盟食品违例事件达2 559起，其中真菌毒素超标占28.6%，高于公众熟知的重金属、食品添加剂、农业残留等因素，在单一事件中比例最高。针对以上案例不同种类的真菌毒素中毒的案例，需要系统地看待此类问题。

5.3.1　真菌毒素危害概述

真菌毒素中毒系指真菌毒素引起的人体健康的各种损伤。狭义真菌毒素中毒是指产毒真菌寄生在粮食或饲料上，在适宜条件下产生的有毒代谢产物，在人畜食用后导致中毒。广义真菌毒素中毒则包括了食用了本身就含有毒素的真菌或真菌毒素污染的食物（饲料）所引起的中毒。还包括食用以下3类食品引起的中毒，其一，外表类似食用菌子实体的有毒真菌，如毒蘑菇；其二，在粮食生长过程中，病原微生物感染这些作物，并形成毒素残留在其中，如麦角中毒；其三，真菌引起的食品腐败变质，产生有毒有害物质，如腐烂的柑橘。

对真菌生长和产毒条件许多学者进行了深入研究。研究发现，真菌的产毒与温度、湿度、环境 pH 值关系极为密切，粮食饲料在收获时未被充分干燥或储运过程中温度或湿度过高，就会使侵染在粮食饲料上的真菌迅速生长。几乎所有在粮食仓库中生长的真菌（仓储真菌）都侵染种胚造成谷物萌发率下降，同时产生毒素。谷物的含水量是真菌生长和产毒的重要因素。一般把粮食储存在相对湿度低于 70% 的条件下，谷物的含水量在 15% 以下就可控制霉菌的生长。真菌毒素大部分真菌在 20～28℃ 都能生长，在 10℃ 以下或 30℃ 以上，真菌生长显著减弱，在 0℃ 几乎不能生长。一般控制温度可以减少真菌毒素的产生。但是有些镰刀菌能在 7℃ 时在过冬的谷物上产毒。黄曲霉最低生长温度为 6～8℃，最高生长温度达 44～46℃，在 32℃ 时黄曲霉毒素 B_1 的产量最高。在多数情况下，当环境偏酸性时会使产毒量增加。

5.3.2　真菌毒素的防控

5.3.2.1　真菌毒素的防控

由于真菌毒素的形成受环境条件的影响较大，因此在粮食生产、收获、储藏、运输、加工期间注意对环境条件的控制能有效预防真菌毒素的污染。务必要做到按照良好农业规范 GAP 的标准，对田间生产、收获、运输、储藏、加工等全产业链中会影响真菌毒素产生积累的重要因素进行描述，建立危害关键控制点（HACCP），希望采用综合方法以合理的方式处理所有可能的风险因素。

①生产：种植前需要清除土壤中的残余物并培土。建立合理轮作制度，选择抗真菌病害和抗逆性强的作物及品种进行轮作。选取大小均一、饱满、无损伤和霉变的种子，考虑到天气和环境因素，适时播种，并合理密植。植物生长期间，在不同生长阶段采取合理的生产管理措施（施肥、除草、灌溉、病虫害防治），土壤温度和持水量对真菌毒素的产生和积累十分重要。

②收获：收获前，确保收获设备、设施性能完好、清洁、无污染。考虑到环境条件在作物成熟时及时收获，收获过程中，避免作物受到机械损伤。收获后及时干燥，控制农作物含水量，避免挤压、堆积或密闭存放。干燥后，迅速用卫生、无污染包装袋分装。

③运输：运输工具要消毒，并保持清洁、干燥、无可见污染物质（真菌、昆虫等），运输过程中注意防潮，避免作物发热或霉变，避免作物受生物因素（鸟、虫等）和非生物因素（雨水、日晒等）影响。

④储藏：储藏前选择适当干燥方式，确保作物水分含量低于规定，做好清理，清除作物中不成熟、受损、虫蚀、发芽、生霉的部分和其他杂质。储藏场地应该清洁、

干燥、密封性好、可以通风降温、防潮隔热、防虫鼠鸟。根据储藏条件选择合适的储藏方式，对不同批次、用途、含水量的样品要分开储藏，储藏期间定期检查样品温度、含水量等，并注意防虫防菌，及时分离受霉菌感染的样品。

⑤加工：选择具有加工资质的加工厂。对进厂原料的含水量、生霉率、毒素含量等进行严格检验。加工前对样品进行精选，去除虫蚀、发芽、生霉样品，保持加工设备整洁、卫生。不同批次、用途、含水量的样品要分别加工。加工后产品应存放于干净、干燥、通风环境中，定期取样检测毒素水平，超标批次单独存放处理。

⑥流通：生产、贸易、加工和分销均要求粮食经营者严格执行国家卫生标准、粮食质量的有关规定。

5.3.3 真菌毒素的检测和风险评估

5.3.3.1 粮油真菌毒素快速检测技术

免疫传感速测技术因其高通量、高特异性和高灵敏度的优点，以及检测装置不断向数字化、小型化、低能耗、低成本方向发展，正成为真菌毒素等风险因子快速检测技术研究的主流方向。国际上粮油产品真菌毒素快速检测技术研究热点与前沿主要集中在两个方面：一是免疫速测传感技术配套核心试剂及其产业化技术研究，各类真菌毒素多克隆抗体正在逐渐被单克隆抗体取代，摆脱对动物依赖的分子重组抗体、人工模拟抗体技术仍在改进与探索中，抗体大批量制备技术仍不成熟。二是免疫速测传感技术的物化产品研发。目前开发的免疫速测传感技术产品包括：如微阵列分析传感器（包括流式液相芯片仪）、免疫电极传感器、表面等离子共振仪、免疫层析速测装置、免疫亲和柱等，为粮油真菌毒素污染快速检测提供了关键技术支撑。

5.3.3.2 粮油真菌毒素风险评估

美国是世界上最主要的花生生产国和出口国之一，为了保障本国花生质量安全和稳定花生出口贸易走势，美国从 20 世纪 90 年代起就投入了大量的人力和财力开展花生生产中黄曲霉毒素预警模型的研究。例如，多位学者利用人工神经网络方法建立花生中黄曲霉毒素污染预测模型，对黄曲霉毒素的污染情况进行了估计，识别影响黄曲霉毒素污染水平的关键环境因子，以及改善管理措施、有效的监控资源调配和为全球气候变化带来的农艺措施的调整提供科学依据。

第6章 农产品中污染物的防控措施

重金属污染、农药残留、兽药残留、真菌毒素污染已逐渐成为人们普遍关注的热点问题。前面几章已经介绍了农产品中污染物的种类、对应的检测技术以及残留危害案例分析，这一章重点介绍农产品中污染物的防控措施。

6.1 重金属的防控措施

重金属是具有潜在危害的重要污染物。重金属污染物的威胁在于它不能被微生物分解。相反生物体可以富集重金属，并且能够将重金属转化为毒性更强的金属-有机化合物。防治与治理重金属污染的首要任务，是控制和消除环境污染源，包括大气、水、土壤。其中，主要是由于自然来源、垃圾和煤炭的焚烧、汽车尾气和汽车刹车轮胎摩擦产生。

6.1.1 水中重金属防控措施

水体被工业废水污染后，各种有毒化学物质如汞、砷、铬、苯酚、氰化物、多氯联苯和杀虫剂通过饮用水或食物链传播，引起急性和慢性中毒。环境中的汞以元素汞和汞结合的形式存在。进入水环境后，汞及其无机化合物以元素汞、一价汞和二价汞的形式存在。采取防止发生、拦截污染物、截断扩散路径、封堵污染区等方式实现污染物人为干预的快速修复，"防、拦、截、堵"是保证污染不进一步扩散的方法，建议利用水动力驱动过程的局部路径回收或矿化手段消灭污染物。

统一和协调城市水资源开发利用和保护的各个方面。系统完整地考虑城市防洪、排涝、节水、处理等，通过污水深处理技术和保护政策以及完备的奖励体系进行水资源的循环与保护，妥善安排城乡居民生活，工农业生产的不同用水需求。尽快建立符合中国国情，科学合理的城市供水、节水和水污染防治法律法规体系。

尽快建立统一的水资源管理体系。众所周知，城市水利工程建设是一个涉及多部门、多领域的综合治理任务。建立统一的水资源管理体系，可以选择建立城市水资源综合管理部门。同时，本文提出在未来的城市建设和拆迁重建项目中，在初步项目可行性研究报告中，应该有与水和水资源保护评估有关的内容。

严格执行环境影响评价制度，实施污染物排放总量控制。铺设了大量传统的水泥地砖或沥青油表面。由于上述设施在制作时均采用了不透水材料，这就使得降水白白浪费，没有得到很好的利用，建议将城市地面进行改造，将不透水材料换成可以渗透的材料，进而降水可直接渗透进入地下，形成良好的水循环等。

完善污水处理工艺，加强污水处理技术改造。城市水环境恢复的关键环节是污水的深度处理和再利用。本文提出重建或改造旧城污水管网，实施"城市污水支管直接到户"工程。最终实现"雨污分流"——污水进入管道，雨水入河；分类管理——"眉毛"和"胡须"分开捕捉。这是因为如果抓住眉毛和胡须，河水污染河流，污染水环境，影响人们安全用水的可能性很大。

节水减排污水排放一般来说，城市用水量大，污水排放量大。水循环的概念应纳入整体城市规划；同时，要加强对水资源严重短缺的国情教育。提高全社会对水的认识，使群众认识到保护水资源和水环境是基于水环境完成产品化的过程，以水流为传输媒介，以水域为反应场所，以水溶液为反应介质，以太阳能等廉洁能源为主要驱动能源；高浓废弃物的固化—矿化—资源化，以废弃物矿化为保障手段，以矿化物再利用为优化目标，实现开放式的产销模型是每个公民的责任。

6.1.2 大气中重金属防控措施

目前我国经济发展正处于工业发展阶段，工业经济和工业生产是推动我国经济发展的主要方式。在工业生产的过程中，各种重金属物质的燃烧和生产会产生大量的重金属污染物，尤其是增加了大气中的重金属颗粒含量，造成了严重的大气污染。大气污染对人体的伤害是极为严重的，所以我国在发展的过程中，针对大气中的重金属污染问题，监测工作就是其中的必要环节，有效监测大气中的重金属含量，为大气污染治理提供帮助。

6.1.3 土壤中重金属防控措施

重金属污染形成规律。从土壤污染发展和形成规律来看，人为污染是主要的原因之一，主要河流（水体和悬浮颗粒）发生远距离输送，周边形成浓度较高的重金属累积甚至污染区域，通过持续性的大气（向四周）扩散和水溶形态的远距离输送等，环境问题会经大气环境、土壤环境和水环境反作用于人类生产和生活。大气运动、流域土壤和江河流域形成区域元循环，进而构成地球生态圈大气环境—土壤环境—水环境的重金属循环。人为原因是导致环境大规模持续暴露的核心因素和暴露水平不断上升的主力推手，不论人类生存空间尺度大小，重金属污染的风险及环境问题会持续性且较快转移至土壤和水环境，最终以土壤、流域非点源污染形式呈现。土壤中重金属的累积将逐渐演变为土壤环境的污染，底泥中的累积将逐渐演变为水环境重金属污染。简言之，重金属污染问题是元素累积、形态转化和形式演变的过程。

研发重金属污染问题修复技术。为了使得农田土壤重金属污染问题能够得到控制，务必要使用效果较好的修复技术来对农田土壤进行修复，防止废水污水灌溉农田，污灌区土壤积累更多重金属。对已污染的土壤，采取有效措施清除土壤中的污染物，控制污染物的迁移转化，改善农村生态环境，提高农作物的产量和品质。更重要的是，要加强农产品污染防治的法律制度建设。添加清洁土壤要对农田土壤的重金属污染问题进行修复，必须具体问题具体分析。由于我国各区域的农田土壤重金属污染问题严重程度不一，因此不存在统一在全国范围内适用的污染修复办法。具体而言，对于污染较为严重以及污染较为轻微区域内的修复方法是有很大不同的。对于污染不甚严重的区域，技术人员可以通过添加清洁土壤的方式来进行土壤修复。所谓添加清洁土壤，就是向重金属污染较为轻微的区域添加各项指标均能达到要求的，没有被重金属污染的土壤。这类土壤的添加，能够进一步地稀释原本农田土壤中的重金属含量，使得原本的土壤污染问题进一步得到缓解。同时相关技术人员，也并非需要将清洁土壤与重金属污染过的土壤完全混合在一起，技术人员可以使用分层处理的方式，让清洁土壤层覆盖重金属污染的土壤层，然后将农作物种植在清洁土壤层。这样一来，种植的农作物就不会受到重金属污染的影响，种植出来的农作物就能够更加绿色、健康，不会对人体的健康造成损害。通过热脱附技术进行修复除了可以针对污染程度进行分类，进而使用不一样的修复技术之外，还可以对污染的重金属种类分类，来使用不一样的修复技术进行修复。土壤中所蕴含的重金属俱是 Se、Hg 等容易挥发的重金属，那么就可以使用热脱附方法来进行修复。对土壤进行加热，通过高温使这些重金属挥发。倘若土壤中存在无法挥发的重金属，在加热过后或许会对土壤性质进行改变，进而使得农作物的种植受到负面影响。基于此，相关技术人员应当对使用热脱附技术进行慎重的考虑，以免由于热脱附技术的使用而导致土壤性质发生改变。稳定固化技术是土壤修复当中较为重要的一种技术。为了使得农田土壤的重金属污染得到控制，有关技术人员开始尝试采用物理或化学的方法，把土壤中可能会对农作物生长产生危害性的重金属固定起来。使用这种方式能够使得土壤中的危害物质迁移以及扩散的速度变慢，能够一定程度地减少污染物在农作物生长过程中的危害性。玻璃化固化方式是将已经被重金属污染过的土壤，通过高温高压的热固化方式使得其变成玻璃态。一旦受到重金属污染的土壤变成了玻璃态，那么其可能发生转移和扩散的概率就会大大降低。通常情况下，能够使得土壤中的重金属污染物产生固化的固化剂一共有四类，分别是有机黏结剂、无机黏结剂、热硬化有机聚合物以及玻璃质物质等，这是使用物理固化的方式来进行土壤修复。

化学固化方式。除了物理固化以外，还可以通过化学固化的方式来进行土壤修复。所谓化学固化，是往土壤中加入一定量的化学药剂（例如硅酸盐、磷酸盐），使得其与重金属之间产生反应，进而降低重金属在土壤中的迁移和扩散效率。通常情况下，硅酸盐、磷酸盐会对土壤内部的重金属反应进行固化，形成难以溶解的沉淀物，当把硅酸盐钢渣放入土壤后，此时重金属离子就会逐渐产生吸附、沉淀的作用。这种方式虽然能够取得明显的稳定固化土壤中重金属的效果，但是由于农田土壤需要作用于农作物的生长，从而进行化学药剂的使用应当格外慎重，免得由于化学药剂的滥用而使得农田土壤性质发生改变，导致农田土壤无法再适用于农作物的生长。

生物修复技术。生物修复一般是通过植物、动物、微生物来吸附、转化、降低土壤中重金属含量的技术。该类技术具有降污染效果显著、操作方法简单、成本相对较低且无重复性污染等优点。生物修复技术相对于"添加修复物"类型的方法，更加绿色、节能，该种修复技术更加符合可持续发展的观念。

植物修复。植物修复是利用金属耐性较好的植物，来降低土壤中重金属的扩散速率，增加土壤中重金属的稳定性。一旦相关植物在农田土壤中种植成功，那么土壤中的重金属都会较好地固定在相应的状态当中，不容易被耕种农作物吸附，也就无法对人体造成十分严重的危害。而这种植物固定的方式主要是通过植物根部的吸取和累积来进行重金属的固定，需要注意的是，适用于种植在农田土壤中的，有土壤修复功能的植物主要是芦苇、芥菜以及红麻等。这些都并非名贵植物，相关技术人员能够进行大批量的采购。

微生物修复。微生物的使用，为重金属污染土壤修复开辟了新道路。这种修复技术是通过细菌、真菌、藻类等微生物代谢物或者微生物群（人工构建或天然驯化）等对土壤中的重金属进行吸附与转化，从而净化土壤。不同的重金属积聚需要使用不同的微生物来进行修复。微生物个体微小，后期无法从土壤中分离，还与受损土壤自身菌群竞争生存。故经过基因重组或者驯化筛选获得的相关菌种菌群，更能适应环境的变化，加强菌种稳定性和菌群抗毒性。常用的微生物有铜绿假单胞菌、固氮醋酸杆菌、皱褶假丝酵母菌等。微生物修复方式由于其本身绿色、环保、可持续的发展理念，在未来的农田修复过程当中，必将起到举足轻重的作用。

动物修复。除了使用植物修复以及微生物修复技术之外，相关研究人员还尝试使用动物修复技术来对土壤中的重金属污染进行控制。许多习居在土壤中的低等动物，能够吸收土壤中大量的重金属，不会对土壤造成二次污染，也不会对土壤的质地性能造成影响和破坏。蚯蚓就是这种类型的动物。它长期生活在土壤中，繁殖迅速，适应能力极强，可用于治理土壤重金属污染。

加强耕地土壤环境质量状况监管与治理。建立土壤环境质量定期监测制度和信息发布制度，设置耕地和集中式饮用水水源地土壤环境质量监测国控点位，提高土壤环境监测能力。加强全国土壤环境背景点建设。加快制定省级、地市级土壤环境污染事件应急预案，健全土壤环境应急能力和预警体系。对耕地附近的企业、矿山逐一排查，做好环保论证，使重金属污染企业或矿山与耕地之间保持严格的防护距离。选择被污染地块集中分布的典型区域，实施土壤污染综合治理。预防方面主要包括不断完善我国现有的耕地环境标准制度、耕地土壤质量检测制度、农业清洁生产制度等；治理方面主要包括建立农产品重金属污染区规划制度、农产品重金属污染法律责任制度以及农产品重金属污染治理资金保障制度等，这些制度的建立和完善，将对我国农产品重金属污染防治工作的顺利开展起到重要保障作用。

6.2 农产品中农药残留的防控措施

有效控制农药使用量，保障农业生产安全、农产品质量安全和生态环境安全，强化农药行业规划与指导，开展农药行业发展现状调研，组织拟定农药行业五年发展规划，积极引导生产企业进入园区，推动企业转型升级。

6.2.1 深入推进农药使用量零增长行动

普及农药常识，做到对症下药。根据目前市场上农药的理化性质，结合农作物生物学习性、生长规律以及土壤、气、肥、水等条件合理用药，以最少的用量获取最大的防治效果，既可节约成本，又能保障农产品质量安全和环境安全。加快促进农作物病虫统防统治与绿色防控融合发展，加强科学安全使用农药指导和减量控害技术应用推广。

首先，在生物农药研发当中，生产企业应重点关注农户对策略属性的偏好，加大技术创新，优化产品属性，降低生产成本；其次，在生物农药理念培育当中，政府应重点宣传"以防为主，防治结合，综合治理"的病虫害控制理念，鼓励农户从源头控制病虫害的繁殖或蔓延，提升农户质量安全、自身健康和环境保护意识，加强对化学农药危害认知。最后，在生物农药推广阶段，经销商及农技推广人员应重点向农户普及生物农药的低毒、天敌友好、不易使病害虫产生抗药性等特点，政府应坚持以绿色农业为导向，建立健全相应生物农药的补贴机制，对采纳生物农药绿色防控措施的农民进行合理补贴，用以补偿农户使用生物农药的正外部性收益。

各种农药的理化性状不同，不同作物的生物学习性不同。因此，要在熟悉农药理化性状及防治对象生物学习性的基础上合理用药，不仅防效好，而且对作物和环境污染少。如水稻二化螟，其发生特点是蚁螟孵化后群集在水稻叶鞘内侧为害，造成叶鞘变色。注意用药浓度和用量，掌握正确的施药方法。在农业生产过程中，广大农业生产者在农药用量上往往都采用大剂量、高浓度，且没有把握好用药适期，导致防治成本提高，防治效果不理想，同时还对环境和农作物造成残留污染。

结合使用表面活性剂，提高防效。改进农药性能，尤其与表面活性剂结合使用，可改善药液的展布性能提高施药质量，对提高防效、降低用药量、减少残留污染是很有必要的。注重合理混配用药。农药合理混配使用，可兼治病虫害，还可提高防治效果。但混配农药必须充分考虑农药的混配效应，必须在充分了解混配农药理化性状的基础上施用，否则不但造成成本增加，而且还造成环境污染。制定农药的安全使用方法，防止产生农药污染是生产上的一个重要措施，归纳起来主要有以下几个方面。在了解并掌握国家规定的禁用农药、限用农药以及限量标准的基础上合理安全地使用农药。了解农药对人畜的毒害特点，并据人畜的取食习惯，掌握农业生产中农药残留的最大限量标准，植物保护工作和农产品质量安全工作相结合，有目的、有计划地开展农作物化学防治。了解防治作物的生物学习性、病虫害的危害特征及农药在目标作物上的安全间隔期，合理用药，同时在农作物收获前注意停止用药，以达到控制农药残留的效果。

加强对相关农产品安全知识的宣教工作，提高群众绿色环保理念，贯彻可持续发展原则。加强对市场上农产品质量的安全验证工作，建立完善的认证工作管理机制，根据产品质量对农产品进行等级划分，根据等级确定价格，加强农民对农产品质量的认知，减少农药残留过高的产品流入市场。

6.2.2　大力推广科学种植技术

通过扩大绿肥种植面积，进行秸秆还田，实现氮、磷、钾3种元素比例均衡，不仅能够提高化肥的利用率，减轻耕地污染，还可显著提高农产品的产量和质量。未来应大力推广高效、低毒、低残留的农药，积极保护和利用害虫的天敌资源，应用益鸟、益虫或微生物农药进行生物防治；减少地膜在农田的残留数量及残留时间，将废旧地膜回收循环利用，同时，要加大降解地膜和生物地膜等新型地膜的研制开发力。鼓励农民进行绿色种植，提高产品质量，使消费者购买到无公害的食物，满足对食品安全的需求。推广绿色防控技术，应用农业防治、生物防治、物理防治和用药防治相结合，综合运用各项技术之前要做好病虫害预测预报。比如防治花生病毒病，当监测到花生田块周围作物有少量蚜虫、飞虱、蓟马等害虫时，立即悬挂色板诱杀，并结合天敌防治，当监测到天敌数量较低，害虫虫量较高时，用高效低毒的化学药剂防治。

6.2.3　提高对农产品生产种植基地的保护

农产品生产种植基地作为农产品生产的重要场所，为控制农产品的质量问题，需要从源头上对感染源进行控制，切断农产品与感染源之间的联系。在种植技术上，以绿色、无公害为主，合理安全地使用农药，杜绝使用有毒、致癌物质，从源头上提高农产品的安全性。在土地利用上，需要合理施肥，避免由于施肥不合理造成土地盐分含量超标和破坏土地的情况，影响农产品正常生长发育。

6.2.4　加强对农产品生产的治理

农产品质量情况决定着食品市场的走向与发展，在农产品生产过程中，基层生产的基地建设是整个生产的基础，也是控制食品安全的重要场所。在农产品生产过程中，需要加强卫生管理以及人员培训管理，保证农产品的生产达到相关卫生标准，确保工作人员能够沉着应对突发情况，尽可能地提高农产品在生产过程中的安全完善的农业生产体系是食品安全行业推行的主要计划，对食品市场安全有较大的影响。在基层生产基地的建设过程中，需要有效控制食品质量，加强农民对农产品质量安全的意识，使种植人员意识到滥用农药的严重后果，并做好农药残留检查工作。

6.2.5　加大无污染农药的防控措施，建立生态法治体系

非内吸性农药去污处理比较容易，如果农药只污染农作物、果蔬等的表面，则用清水或溶液漂洗即可达到农药去污目的。然而，目前使用的农药多为有机化合物，剂型以乳油为主，能进入作物体内，同时很多内吸性农药还能在作物体内传导，因而难以去除。对于目前的残留农药去污处理，有待于广大农业科技工作者进一步努力。不同作物对不同农药的吸收千差万别，农药在田间的降解也不一样。因此，可以用避毒措施减轻农药对农作物的污染，即在受污染的地区，在特定时期内种植不易吸收农药的作物，这样避毒可以减轻农药残毒的危害。

植物保护。采取正确的植物保护措施，有利于减少植物发生病虫害的可能性，从而降低农药的用量，减少农药残留的风险。理想的农药应该是高效、低毒、低残留，不对动植物产生毒害作用且只对害虫、病菌有较好防治效果，同时易降解。这样的农药推广应用到农业生产上，可达到控制农药残留的良好效果。

推广绿色防控技术，转变病虫害防控方式。通过栽培方式减少病虫害，选用抗病品种，并做好种子消毒工作，防止种子带菌。合理进行粮菜轮作，减少土壤病虫害积累，培育壮苗或者使用嫁接苗，设施蔬菜在生产前进行土壤消毒，注意棚内环境卫生，防止交叉传染病菌，或使用微生物菌剂达到以菌治菌、以菌治虫的效果。在蔬菜生产过程中，坚持"预防为主，综合防治"的方针，优先采用农业防治、物理防治和生物防治方法防治病虫害，提倡用挂黄板诱杀蚜虫、白粉虱和斑潜蝇，推广生物农药、植物源农药，适时应用防虫网隔离虫源。使用的化学农药必须符合国家《农药安全使用标准》和《农药合理使用准则》的规定，严禁在蔬菜上使用高毒、高残留农药，严格控制农药浓度和使用次数。

提升植保装备水平，实行病虫害专业化防治。大力开发应用现代植保机械，开展

统防统治，研发和实现农艺与植保机械的配套技术，推广无人机在蔬菜病虫害防治方面的应用，提高蔬菜病虫害防治效率，逐步淘汰跑冒滴漏的人工器械，解决一家一户打药难、乱打药的问题。建立蔬菜病虫害防治专业化组织，并培养一批技术骨干，辐射带动农民在准确识别病虫害的基础上，正确地选择化学农药及使用正确的、科学的防治技术，提前预防，因地制宜建立起相应的蔬菜病虫害化学药剂防治规程，开展清洁化生产和农药包装废弃物回收利用，减轻农药污染。

6.2.6 建立生态法治体系，定期开展法治教育

要想培育农民形成良好的生态文明意识，就要建立能够适应农村地区发展的生态法治体系，充分利用法律的武器，强化对地区生态环境的保护。通过法治教育对农民形成监督与管理，督促农民自觉遵守生态法治规定，循序渐进地形成良好的生态文明意识。地区政府主管部门要立足实际，结合地区生态环境及生态破坏情况，制定对应的生态保护策略与环保制度，明确提出不符合生态法律法规的行为，对农民形成警示、监督的作用，促使农民自觉遵守法律法规，避免对环境造成破坏与不良影响。长此以往，生态文明意识深入农民思想体系，促使农民自觉成为生态农民。

加强基层蔬菜植保和农残检测力量，宣传安全用药知识。增加基层蔬菜植物保护和产品质量安全监测力量，加大宣传力度，加强技术指导，抽调专门的检测监管人员进行业务培训，推行绿色防控和精准施药，在蔬菜生产季节要定期向农户宣传农药使用知识、蔬菜安全生产方面的法律法规，控制农残超标。通过电视、网络、手机自媒体等多种形式宣传蔬菜安全生产相关知识，提高农户对蔬菜农药残留的认识，在正确识别病虫害的基础上，做到对症下药、适期用药、科学用药，交替轮换使用农药，使蔬菜生产过程中农药的使用更加安全、经济、有效。加大宣传力度，加强技术指导，抽调专门的检测监管人员进行业务培训，推行绿色防控和精准施药，在蔬菜生产季节要定期向农户宣传农药使用知识、蔬菜安全生产方面的法律法规，控制农残超标。通过电视、网络、手机自媒体等多种形式宣传蔬菜安全生产相关知识，提高农户对蔬菜农药残留的认识，在正确识别病虫害的基础上，做到对症下药、适期用药、科学用药，交替轮换使用农药，使蔬菜生产过程中农药的使用更加安全、经济、有效。

6.2.7 加强农药监管，建立农产品质量检测网络平台

认真贯彻执行新修订《农药管理条例》，各市县建立健全农药管理体系，鼓励小宗作物用药安全和高效产品开发登记，逐步淘汰高毒高风险农药，实行限制使用农药定点经营制度，制定限制使用农药定点经营规划。各级政府部门需要根据实际的市场情况以及农产品种植情况，加强农产品安全宣教工作，加强培训，提高农民在种植过

程中的安全意识，避免在源头上出现农产品安全质量问题。此外，需要充分利用现代技术，对农产品质量检测措施进行完善，建立农产品质量检测网络平台。政府需加强对农产品质量安全的重视，加强质量平台的投入以及扶持力度，公开农产品相关健康信息，并定期对农产品检测技术人员进行培训，提高专业检测知识以及个人职业素质，实现资源配置的最优化，减少农产品安全隐患。建立完善的检测制度，并将制度进一步推广，如建立专业的销售网点以及生产标识，进一步提高生产专业性。

加强对农药市场的监管力度。加强《农药管理条例》《农药合理使用准则》等相关法律的贯彻执行，加强对农药销售和使用过程的监督和管理，严禁违禁农药进入农资市场，使假冒伪劣和不合格农药无立足之地。监管部门要定期对本辖区农药经销点进行抽查，对经销过期、假冒、国家严令禁止的高毒、高残留农药的经销商加大处罚力度，杜绝假冒、劣质、禁用、高毒的农药流入市场销售。加强农药源头治理，重点监管乡、村级营销点，对销售未经登记、假冒等级证和过期农药，对非法从事农药生产和销售的部门依法立案查处，积极发挥媒体监督作用，对于媒体披露的农药违法案件积极联合工商、质检、公安、农业等部门进行坚决查处。

制定蔬菜标准化生产规程，建立蔬菜质量安全追溯体系。蔬菜技术推广部门应根据当地特色，制定蔬菜标准化生产技术规程，并通过试验与示范相结合的方式，推广蔬菜标准化生产技术。目前，通过追溯体系来促进生产源头进行标准化生产是提高蔬菜生产者质量安全意识的重要途径，通过引导他们进行科学用药、合理施肥来减少农药残留，对蔬菜生产的全过程进行控制和追溯，同时监管部门实现对蔬菜产品在生产、加工、流通和销售各个环节的监管，让蔬菜产品来可追、去可查，建立完善的蔬菜质量安全追溯体系，及时发现和解决存在的问题，让健康安全的蔬菜到达人们的餐桌。

加强农业从业者的人员教育。受到历史原因的影响，很多农业从业者的文化水平较低，很多农业从业者没有接受过正规的教育，对法律知识了解不多，很难足够重视农产品安全，因此需要进一步加强对农业从业者的教育，定期开展培训，提高农业工作者的知识水平，加深对相关法律法规的了解，深化农产品质量意识，能够在日常种植时，科学合理使用农药或者其他产品，从而保证食品安全，维护社会稳定，推动农业发展。

尽管环境响应农药控制系统在农业中的研究已取得长足的进展，但其应用仍然有限。这是由于尽管已经实现了简单的缓释与环境刺激，但材料的相容性、可降解性及经济性仍然有待进一步研究开发和改进。因此，研究出环境响应灵敏、成本低、可降解性强及环境友好的外部环境刺激控制释放农药成为未来的研究热点。

6.3　农产品中兽药残留的防控措施

6.3.1　推广生态养殖技术、加强兽药监管力度

推广生态养殖技术：一些现代规模化养殖场采用了生态养殖技术，不仅能够提高动物自身的免疫力，还减少了疫病的发生和兽药的使用，提高饲养效益与畜禽产品的质量；并践行了绿色、环保、生态养殖理念，降低对环境造成的污染，从而促进畜牧业的健康可持续发展。例如，一些集约化养殖场引进并使用发酵床等先进技术来处理粪污，将其转化成为有机肥和沼气原料，进而有效地利用废物，减少环境污染。

加强兽药监管力度：首先，完善兽药管理和残留监控的法制建设，加强兽药的生产、经营、销售和使用等环节的管理，提高兽药与饲料添加剂的残留限量标准，加大执法力度。其次，推广兽药残留相关培训，通过网络、专题讲座、上门指导等形式对饲养人员宣讲兽药残留的危害，增强合理用药意识、规范用药行为和兽药使用记录，使其严格遵守休药期。最后，建立健全动物性食品可追溯体系，从饲料加工、养殖管理、屠宰加工、储存运输及销售等各个环节进行电子信息记录和追踪，以便对兽药进行全方位监督检查。大力开发应用新型饲料添加剂：依据国内外现代畜牧业的发展趋势，大力开发无残留、无污染、无毒害、多功能的新型饲料添加剂具有重要的生产应用价值。现阶段新型绿色饲料添加剂主要包括酶制剂、酸化剂、低聚糖、中草药添加剂和微生态制剂等，其中一些已在养殖业得到普遍认可和广泛使用，为生产安全、优质、绿色动物性食品提供了基础保障。大力研发新型兽药：在饲料端"禁抗"、养殖端"减抗、限抗"的形势下，亟须研发新型抗生素替代药。首先，加强疫苗和生物兽药等兽用生物制品的研发，其具有无残留、疗效好等优点。其次，利用现代生物技术对抗菌药进行改良，通过改变其结构、优化剂型和给药方式等，增强药效，减少抗生素使用量，降低耐药性和毒副作用。最后，还可以加快中兽药产业的发展，中兽药具有良好的天然性、多功能性、无污染、毒副作用小、不易产生耐药性和药物残留等优点，具有多组分、多功能、多靶点、主张标本兼治、整体系统防治等优势。然而，当前中兽药制剂存在来源复杂、成分复杂、作用机理复杂、生产复杂和剂型单一等诸多问题，应建立统一的中兽药产品质量控制、药理、毒理及临床防治效果的科学评价标准，并应用现代生物医药科学技术对中兽药的作用机理等进行研究，明确有效成分及其防治效果。同时加强研制中兽药制剂新剂型，使其质量稳定、服用方便、易于储存与运输。

必须运用兽药的食品动物应遵守休药期。不同的动物、同一动物体的不同部位，其药物残留期均不一样，一般在肌肉中残留时间短，脏器中残留时间较长。遵守兽药残留限量标准，必须加强对动物性食品中药物残留量的检测并制定动物性食品中药物残留量的标准。目前畜牧生产过程中使用较为广泛的抗生素主要有四环素类、青霉素

类、氯霉素等。在使用这些兽药及添加剂时应遵守农业农村部规定的残留限量标准。

加大兽药饲料安全宣传。应通过多种途径、多种方式，广泛宣传饲料安全常识及有关法规，安全饲料及相关产品的选购和使用常识；要通过公布举报电话等形式，为社会监督提供便捷的渠道和必要的手段，向社会各界征询饲料安全问题的线索，以期尽可能地解决已暴露出的饲料安全问题；要增强服务意识，及时回复社会各界的咨询和建议，及时通报有关问题的处理结果；要制定相应的激励措施，对提供重要线索和建议的人员给予表彰或奖励。

健全畜产品安全法律法规。各级政府部门要高度重视畜产品安全问题，建立统一的管理部门。加快和完善畜产品安全管理的立法程序，提高立法的层次和加大立法的力度。加强采用国际标准，制定我国药物与饲料添加剂限量标准，加强对残留的监测，防止高残留的畜产品进入流通环节。加强对兽药的管理，对使用的药品的种类、对象、剂量及条件做出必要的规定，严格控制，防止滥用。对高残留的兽药应限制生产或禁止生产。加强对饲料生产和使用的管理，对饲料中添加剂剂量进行严格监控，严禁添加激素及其他禁用药物，抗生素药物的添加应严格按照标准执行。

加大对兽药饲料监管执法工作力度，把市县动物卫生监督所执法工作经费和基础设施建设纳入各级财政预算，完善设施建设，配备必要的执法装备，统一执法着装，切实提高兽药饲料监管综合执法能力，保障兽药饲料监管执法工作的正常开展。

严格约束，规范兽药使用。相关部门在开展畜禽生产中兽药残留控制监管工作的时候，要求相关企业必须在遵守兽药使用法律法规的基础上开展各项生产经营管理工作；在使用兽药的时候，还必须要根据用药规范合理用药，要坚决杜绝成分不明，成分与标注成分不符的兽药进入市场。还要进一步加强对市场中的违禁兽药进行查处，对于发现违规使用兽药的行为还要严厉打击。相关部门还要约束养殖场、诊疗人员合理使用兽药，主动学习先进的畜禽饲养经验与饲养技术，在畜禽养殖中能够打造良好的圈舍环境，促进畜禽的免疫力提升，减少兽药使用。在畜禽饲养中，要尽可能地使用一些兽药残留小，毒性低的高效兽药，例如微生态制剂、酶制剂等。

畜禽生产中兽药残留的控制措施，虽然我国的畜禽生产中兽药残留的控制工作相对起步较晚，但是相关部门、人民群众对畜禽生产中兽药残留的控制与监管工作相当重视。在具体的监管、控制工作中取得了一定成绩，同时还存在一定的问题。因此，必须要针对畜禽生产中兽药残留的危害，进一步优化控制措施。

应当及时清理与修改落后的相关国家标准与行业准则，加快设计与世界接轨的畜禽产品质量安全要求，使得该标准拥有系统性与科学性，达到畜禽产品安全管理的需求。此外，应构建畜禽产品认证与市场准入机制，要求养殖户必须通过国家无公害认证，畜禽产品的最低市场准入标准为无公害。加工、屠宰等必须拥有省级畜牧兽医行政管理部门所审核颁发的市场准入证件，不然不能上市进行销售。同时，还应当加强对违法生产销售行为的惩处力度，严厉打击违法违规生产，对不达标的产品遵照

《农产品质量安全法》等法律法规进行惩处。

规范兽药标签与说明书，《兽药管理规定》对兽药标签、说明书都进行了明确的规定。农牧行政监管部门以及工程行政监管部门要贯彻落实有关法律法规，合理使用手中的权力并履行好自己的责任，严格执法，整顿市场经济秩序，使得兽药残留不会成为影响大家生命安全的因素之一，让大家吃得放心。

建立兽药环境监管机制，从源头控制抗生素抗性基因污染。虽然指导兽药的合理使用是农业部门的主要职责，但是，抗生素的使用或者添加剂的选择都会对后续抗生素抗性基因的环境暴露及其生态影响发挥重要作用。例如，金属（如铜、锌和砷）通常在动物饲料中用作添加剂。由于抗生素耐药性也可由金属共选择产生，显然用金属来替代抗生素会使抗生素耐药性加剧。此外，金属（特别是铜）可以在农业土壤中蓄积，因此相较于更易分解和/或螯合的抗生素残留物，在施用粪肥的土壤中，金属是更强的抗生素耐药性长期选择剂。然而，受制于环保部门对兽药管理没有直接的行政渠道，我国畜禽养殖业向环境中排放的抗生素/抗性基因种类与数量完全不可控制。因此，建议建立跨环保、农业、卫生和质检等部门的联合工作机制，通过加强宣传等方式指导养殖户科学合理地使用抗生素及其替代品，定期抽查养殖场所用的饲料与抗生素药物，严格控制养殖场使用抗生素的种类和用量，从源头控制抗生素抗性基因的来源。

重视兽药安全监督抽检工作。兽药安全监督抽检工作不仅可以提高兽医的工作效率，同时还可以保证动物的健康成长。然而，实际工作中，监督抽查工作存在不少问题，下面对具体问题进行分述，并加以建议。兽药安全监督抽检工作计划和方案的制定实施一定要有所依据，秉持科学性原则，首先确定7个方面的内容：兽药品种、检验项目、检测环节、检测时间、检测区域、样本量、样本量分配。只有把握好所有环节，监督抽检工作才能成效显著，任何一个步骤监管不力都可能让整个流程崩溃失败，千里之堤毁于蚁穴，工作量虽多却不可松懈。但是鉴于人为因素的波动性、多样性，样本量的选取确定也要考虑诸多因素，例如以往的兽药污染情况，检测区域的范围大小，不同地段也可能有不同的情况，检测区域内的人口数量多少，计算统计的误差等。检测也要确定地域大小对检测难度的影响，市、区、县、乡、街道需要投入的人力物力从多到少，对于有着兽药安全事故先例的地方应重点关注，又如兽药生产集中区、兽药安全问题多发区、兽药交易市场。多则容易生变，如果监管不到位，这些地区风险相比其他地方要更大。有关检测项目，则需要考虑到受众，兽药标准，以往的检测结果，不同兽药不同风险评估危害程度等。检测环节需要合理分配人力，合理监督各环节，把握经济投入比例，也要把可能发生的突发情况尽量考虑进去。

6.3.2　加强兽药监管体系的构建，加大安全宣传

相关部门还可以充分应用当前的自媒体等多种媒体平台来加强畜禽养殖中兽药残

留控制宣传。使人们充分认识到兽药残留不仅会影响畜禽产品的质量，还会危害人类身体健康，对生态环境产生不利影响。还可以为畜禽养殖专业户提供兽药使用、科学用药提供科学指导，使养殖户能够自觉自发地根据兽药使用规范来遵守休药期等相关规定，减少兽药残留。

相关检测部门要重视对兽药生产的管理，并加强对兽药生产的监督，严格监管兽药的生产和销售，对其进行检测，避免出现违禁药品。同时，要加强对违禁药品的惩处力度，一旦发现违禁药品要给予重罚。另外，也要重视对饲料的检测工作，严厉禁止在饲料中出现违禁药品，一旦发现要对其进行严厉处罚。

加大教育宣传。为实现对动物性食品中兽药残留的控制，相关部门要加强政策的制定，完善药物监管体系，在动物养殖过程中要严格限制饲料添加剂以及药物的使用。针对药物滥用的情况，相关部门要积极开展教育工作，指导养殖户了解兽药的使用规范，避免药物滥用的情况发生，降低动物性产品中的药物残留。要对药物残留进行控制，确保药物生产和药物使用过程合理。生产兽药过程中，相关生产企业必须制定严格的管理条例对生产过程规范化管理，同时对储存兽药的仓库进行严格管理，防止返潮造成药物变性。同时，对于新型兽药在进行生产前必须取得有效生产许可，确保降低兽药残留，保障动物产品的安全性。在对兽药进行使用时，应进行严格管理，确保兽药使用的合理性。由于兽药残留会对人体健康产生重要威胁，因此，对于一些危险性较高的兽药，其适用范围必须得到限制。尤其是对一些抗菌药，其滥用会使细菌产生耐药性。对于一些激素类药物或添加剂，国家相关部门已制订了严格的规范条例进行控制。如盐酸克罗地那，即人们常说的瘦肉精，这类兽药在刺激性畜瘦肉含量提高的同时，也会对人体各项机能产生不利影响，必须严加控制。最后，在对动物用药前必须对所用药物进行药理性测试，确保兽药具有的毒性不会超标。在对肉制品进行加工前，要确保肉中药物残留不超标。通过对国家相关规定进行查阅发现，不仅是兽药，国家规定的各种药品、食品添加剂、农业用药及各种工业用的原料等在进行生产使用前都必须进行毒性监测，在确保其安全的情况下才可以投产。

推行养殖环境调控技术，使用药物要遵从兽医指导，合理用药，不得轻易更改药物品种、剂型剂量和给药途径等，避免兽药残留和细菌耐药性的产生。严格执行休药期，充分发挥动物机体的药物代谢与消除作用，从而减少或消除药物在动物组织和器官中的残留，降低动物用药对人类健康的危害。此外，规模化养殖场应树立大厂风范，勇于担当社会责任，建立正确的兽药使用理念，自觉减量化使用兽药，带头控制兽药残留，带动提高我国动物产品质量安全的整体水平。规模化养殖场应以动物性产品的产品品质和质量安全为目标，把现代科学技术更好地集成运用于畜禽饲养、疫病防治、精准饲喂、新药研发上来，优化养殖环境，提高日粮平衡技术，促进动物健康、快乐地生长；积极开发中草药、酶制剂、微生态制剂等，走兽药残留控制科技创新之路，树食品安全名优品牌，为市场供应自然成熟、肉质鲜美、安全放心、营养丰富的动物性产品；大型养殖场还可以在培育抗病型畜禽新品种上做文章。

开展兽药和饲料添加剂市场专项整治工作。要经常性地进行专项整治无证经营兽药和饲料添加剂、违禁兽药、假劣兽药和饲料添加剂、不规范标签和说明书等违法行为的行动，规范辖区内兽药和饲料添加剂市场的秩序，指导养殖户正确选择和使用兽药和饲料添加剂等产品。提高执法人员综合素质。要定期对兽药饲料监管执法人员进行专业技术和相关法律法规等知识培训，不断提高行业人员的专业综合素质，使他们能严格按照国家的相关规定履行职责，做到严格执法、公正公平执法、执法程序合法。提高饲养人员素质，科学合理使用兽药和饲料添加剂。加强对广大饲养者宣传教育和科学养殖知识的普及，使他们能充分认识到兽药残留对人体健康及社会的巨大危害，指导他们学会正确选药，合理用药，从动物性产品的源头杜绝兽药残留的发生。

加快立法工作，加大执法力度在完善法律法规的基础上，必须严格执行才能显示其存在的价值，否则只能是一纸空文。例如，允许使用的兽药和饲料添加剂必须按安全休药期使用，治疗用药需严格遵守《中华人民共和国兽药典》的规定使用，但近些年兽药残留时间持续不断发生，尤其是已明令禁止使用的瘦肉精仍被不法商贩所使用，面对这些兽药残留事件，相关部门应加大执法力度，加强检查和处罚力度，一经查出，立即取消营业资格并在经济上给予处罚。

要保障动物性食品的食用价值，保障群众消费与市场经营活动的正常开展，相关监管部门应从源头入手，积极控制兽药的流入数量与使用周期，加大监管经营力度，依靠硬性强制力保障养殖活动的科学开展，从而确保兽药残留问题得到解决。市场监督及管理单位应对兽药、饲料的生产、销售进行严格排查，并建立完备的批签发的管理制度，对于存在违规制药、违章制药行为的生产单位，要坚决取缔其生产资格，并要求正规生产公司做好备案工作，严防不良分子盗用饲料添加剂文号。动物养殖管理单位应积极推广科学化的管理制度，要求养殖户与养殖企业合理控制兽药投入量，对于成长健康、无不良疾病反应的食用性动物，应避免投喂兽药，对于已经出现病症的食用性动物，应科学投喂兽药。大型饲养单位应积极落实预防为主、治疗为辅的经营理念，采用科学的免疫程序、用药程序、消毒程序对禽畜及其饲养环境进行处理，对于已经出现病症的禽畜要及时淘汰。

动物卫生视频监控系统，在出入境的所有交通路口、重点养殖场、屠宰场安装了监控系统，县级设立了视频监控指挥中心，实行24h不间断视频监控，配合公路动物卫生监督检查站对引入或过境无疫区动物及动物产品实施监管。流动监管为进一步规范无疫区内动物及动物产品的流通监管，制定了《引入易感动物及动物产品报检制度》《引入动物及动物产品指定通道管理制度》《外埠动物产品报检工作制度》等8项工作制度，并通过电视等媒介进行宣传，规范动物及动物产品经营人的行为。同时，加强巡查力度尤其是对饲养场（户）及时掌握辖区内出入境动物情况，同时掌握非指定通道出入境动物情况，并加大执法力度，对各类违法行为从严处罚，营造知法、懂法、守法的良好环境，确保无疫区有效运行。

公路动物卫生监督检查站、动物隔离场、视频监控等屏障体系为建设全省无规定动物疫病区提供了必要保障。加快动物食品安全立法速度，构建一个完善的法律法规体系以及责任追究制度，是做好监管工作的前提。除对兽药残留问题进行严格的监管和控制外，也要重视对食品安全知识的宣传，进而提升人们的防范意识。此外，也要重视对养殖人员的科普和引导，使他们认识到兽药残留对人体造成的严重危害，让他们在养殖工作中能科学合理地用药，且禁止应用违禁药品，这样才能更好地解决动物性食品中存在的兽药残留问题。

制定兽药抗生素环境风险评估导则，从登记环节规避污染。国外主要采用风险评估和控制的方法对抗生素类污染物进行有效的环境管理。我国可参照国际兽药协调委员会（VICH）制定的《兽药的多层次风险评估导则》和国际食品法典委员会制订的《食源性抗菌剂耐药性风险评估指南》，立项制定《兽药抗生素环境风险评估导则》，规范和指导兽药抗生素环境管理工作。但导则的制订需要一些相关研究项目和成果作为支撑和前提条件，包括：识别环境中抗生素及抗性基因的主要来源，研究和初步掌握我国环境中抗生素及抗性基因的分布特征；整理完善相关毒性研究结果等。

提高养殖行业从业者意识，大力宣传动物性食品中兽药残留的危害，进一步提高养殖业从业人员的认识和重视程度，转变滥用抗生素的思想观念。同时，对养殖户进行技术培训，指导养殖户进行合理用药，合理控制抗生素的使用，使抗生素的使用剂量处在一个相对有效和安全的范围以内，而做到从源头上控制兽药残留。

加大《兽药管理条例》《农产品质量安全法》等相关法律法规的宣传力度，大力推广畜禽绿色养殖技术，让养殖户充分认识到兽药残留带来的严重危害，全程控制兽药的合理使用，不断提高他们的安全意识，并且要对违规且不按要求整改的养殖户加大处罚力度，对典型案件依法从严处罚。

6.3.3　加强合理用药，加速开发新型兽药与兽药制剂

我国市场上销售的兽药品种较多，并且这些药物在使用量、使用方法上都存在差异，这就需要相关人员根据药物特点合理选择药物品种，控制好用药量。在使用之前，必须认真阅读药物使用说明书，掌握剂量及方法。要注意，药物使用过多不仅不利于控制成本，还会增加动物性产品的药物残留，最终会危害人体身体健康，对此，为了达到预期效果，要合理使用兽药。此外，要确保兽药配比的均匀度，了解药物之间有无拮抗作用。重视兽药的轮换期，在添加抗菌药物时，要考虑有害微生物的侵入，防止有害微生物进入动物肠道。对于幼畜，应当谨慎使用兽药，设置好休药期，一般控制 2 周左右，这样可以最大限度地降低动物性食品的兽药残留。

积极采用新型抗生素替代品。目前经过科研人员的不断努力，已经成功开发了很

多与抗生素具有相同疗效的新型产品，例如各种天然和人工合成的抗菌肽等。同时也出现了很多可提高动物机体健康的植物源性抗菌添加剂或一些微生态类添加剂。养殖实践已经证明，这些产品在养殖生产中具有不错的使用效果。这样既能减少抗生素的使用，改善动物的健康状态，还能减少对动物粪便中的兽药残留的检测覆盖面、频率和效率，并加大对超标产品的处罚力度。同时进一步完善相关法规标准体系的建设，为兽药残留的监管工作提供法制保障。

加强药物残留分析方法的研究，加快新药物的研发。目前兽药残留检测方法多数是仪器分析法，仪器检测不仅成本高、周期长，而且操作复杂，不适宜大规模监控，进而有效控制动物性产品中兽药残留问题。此外，国家还应加大研制在功能上可替代的、无污染、无残留、无抗药性、安全道运输混群后进行饲养，阻断疫病的传播。动物及动物产品无害化处理场对动物及动物产品无害化处理工作，主要采用集中处理和分散处理相结合的方式进行。为更好地集中处理，建设了动物及动物产品无害化处理场，内部划分办公管理和无害化处理两个工作区域，在无害化处理区域内，同时配备了冷冻库等满足工作要求的设备、设施。制定了《无害化处理后物品流向登记制度》《染疫、病死动物及动物产品无害化处理工作制度》，对区域内的动物及动物产品采用厢式封闭运输车运往无害化处理场进行处理。

有关人员要加速开发新型兽药与兽药制剂，应用高效率、低残留的兽药代替残留高、容易出现抗药性的药物，降低药物残留所带来的危害。要注重中兽药、微生态制剂与酶制剂等高效率、低威胁、无公害的兽药以及药物添加剂的研发、使用。此外，还应当加大对兽药残留检测先进手段的研究，加速设计出高效率、精密、有效的检测手段，提升兽药残留检测水平，来满足新时代检测工作的需求。养殖过程中要坚持"预防为主、治疗为辅"的准则，在治疗过程中，应当在兽医的协助下合理用药，一定不能自主用药，用药应当拥有兽医的用药方案，方案上对每种药都要标注休药期，对于饲养过程中的用药必须仔细记录，从而实现科学用药、有效用药、对症用药、适量用药，以免出现药物残留或中毒等严重问题，尽可能地采用高效率、低危害、无公害、无残留的中兽药或者药物制剂。

严格按照国家制定的兽药管理法规进行兽药的规范使用，不得使用明令禁止、未得到国家批准、来历不明的兽药；用药时需咨询兽医，在得到正确指导后合理用药，不可擅自改变兽药的剂量剂型、给药途径及种类，以免因超剂量和超范围用药导致兽药残留、提高病菌耐药性。应严格遵照停药期要求使用兽药，除无停药期的数种兽药之外不得在禽畜产奶期或产蛋期使用。

加强兽药的管理和合理规范使用兽药是降低兽药残留超标的关键，也是保证乳制品质量安全的关键控制点。兽医行政部门要加强对兽药的管理，查处生产和经营环境的假劣兽药和非法添加兽药，使其不能进入到养殖环节。规模化养殖场要对所购买的兽药进行检查和检测，发现假劣和非法添加兽药要立即停止使用，并将情况报告当地兽医行政部门。在使用兽药治疗动物疾病时，要正确合理使用兽药，严格执行兽药的休药期，尽量使用无毒副作用的中药制剂。

改变目前这种对动物性产品兽药残留由多系统、多部门分头监控管理的模式，积极与国际接轨，对动物性食品的生产、加工及进出口等环节进行统一监测控制，建立一个完善的监控体系，杜绝兽药残留超标的动物性产品进入市场；对于兽药残留严重超标的产品，就地销毁，并严厉处罚相关人员。同时要加大投入力度，加快兽药残留检测方法的研究和普及推广应用。修订并严格执行兽药的休药期。

建立健全临床使用兽药品种的检测方法，并由国家颁发予以实施。要建立以快速检测试纸条和酶联免疫吸附（ELISA）为基础的快速筛选方法，和发现疑似阳性采用高效液相或液相色谱-质谱联用等仪器的确诊检测方法体系。

各种生物病毒正在不断进化，要解决动物性食品的兽药残留问题，就必须从根源上做好动物疫病防治工作。防疫部门与畜牧业服务应积极开发新型制剂，用高效、药效持续时间短、残留量低的药物代替传统的治疗药物，对于已经产生抗体的兽药，应积极进行配方优化，避免因效力降低而出现的大量用药问题。药物研发单位应重视兽药、微生态制剂等高效、低毒、无公害药物的研发工作，并积极针对当前的动物防疫工作开展检查，通过排查数据确定兽药残留量，根据动物的恢复状态确定兽药的优化方案。对于已经无法发挥消毒灭菌作用的老药物，应要求养殖户停止使用，避免因大量用药、无效用药引发的药物残留问题。

开发和应用新型兽用中草药制剂。中草药制剂具有毒副作用小、残留低或无残留等优势，是解决兽药残留的另一途径。养殖企业在预防和治疗动物疾病时，在保证疗效的情况下，尽量使用中草药制剂。同时，各科研院所和生产企业要加大兽用中草药制剂的开发，为解决兽药残留问题和保证人民身体健康做积极的贡献。

6.3.4　优化养殖，精准预防，科学防疫

优化养殖环境，为动物提供宽敞的圈舍、舒适的睡床，控制适宜的温度、湿度与光照条件，保持洁净的卫生和新鲜空气流通，从而增强动物体质，提高抵抗力，保持动物精神饱满、无忧无虑的快速生长。这样才能使它们经常性地处于健康状况，减少动物患病、使用兽药的机会，从根本上降低兽药残留与化学污染物的产生。我国畜禽养殖场在养殖环境方面的建设普遍薄弱，可借鉴国外有关经验。如日本猪场采取教科书级别的养殖方式，在猪舍内配置专用的清洁设备与调控设备，每天定时冲洗猪舍，将猪粪、尿液等废弃物排入蓄粪池；并调控舍内温湿度、通风光照等条件，满足动物健康要求。蓄粪池通过管道通向专门的处理车间，固形污秽物风干处理后制作有机肥料，废液经过净化处理才能排放。这样既能保证动物健康养殖，又完全符合环保养殖要求。

除了保证圈舍具有适宜的光照、温湿度，确保空气流通与环境干净卫生，还应确保养殖环境宽敞。规模化养殖场的经济条件远远优于个体养殖户，可以参考日本畜禽养殖模式，在圈舍内配备清洁设备、调控设备，每日定时对圈舍进行冲洗，按照时间变化调控通风、光照及温湿度，以确保畜禽的舒适。种类不同的畜禽对营养有不同的需求，同一种畜禽品种不同、所处生长阶段不同、季节不同也会有不同的需求。因此，养殖场应根据畜禽所处的生长阶段、季节、所属品种等制定相应饲养方案，实现对畜禽的精准饲养，以满足其生长需求，避免畜禽因疾病而大量使用兽药，减少兽药残留的可能。

除了严格遵照国家的强制免疫计划对疫病进行防控，还需要定期为畜禽驱虫、消毒、测报疫病，定期为其免疫接种或补种，并把好引种关，避免外源性传染。动物疫病不仅会给畜禽养殖业带来严重的经济损失，还会经由畜禽传染人类，威胁人类健康。规模化养殖场一定要制定科学化的畜禽防疫制度，有效落实防控责任，保障动物安全，维护人类健康。严格执行国家强制免疫计划，有效防控重大动物疫病。结合养殖场实际，搞好环境卫生，及时清理粪便与污秽物，对病（死）畜禽和污染物进行无害化处理。制定科学的免疫、驱虫、消毒程序和疫病测报程序，定期免疫接种与补种。对养殖环境实施安全改造，限制外来人员、动物进入，把好引种关，严防外源污染。

实施精准饲养技术，不同动物具有不同的营养需求。应根据畜禽品种、生长阶段、生产需求和季节条件制定合理的营养需求量，科学地设计不同动物的饲料配方，合理地添加蛋白质、维生素、微量元素、饲料添加剂等营养成分，实施畜禽精准饲养。这样既能满足不同畜禽的生长生产需求，又不会给动物器官造成负担，减少动物发病、使用药物情况，还能使畜禽饲料得到很好的消化吸收，减少畜禽粪便的产生，从而起到节约粮食、减少人工劳动和保护环境的目的。

饲料兽药供应商统一推荐，规范牧场饲料兽药使用。为了从源头上规避兽药残留风险，蒙牛集团对牧场使用的物资进行统一管控并推荐牧场使用，针对牧场使用量较大的饲料和兽药进行了统一推荐，优先选择行业内排名靠前，产品质量和口碑较好的饲料和兽药供应商提供饲料和兽药销售和技术服务。供方控制、品控管理及可追溯性、生产过程控制及可追溯性、召回及投诉处理、人力资源及文件控制，标准从源头到产品实现过程审核全覆盖，能准确全面地评价饲料供应商的生产能力和质量保障能力。

在动物性食品的加工和生产过程中，要重视对兽药残留的检测工作。同时也要确保在对动物性材料进行加工处理的过程中，选择正确的加工处理方法，尽可能地通过加工处理过程消除掉兽药残留。一些兽药残留会因为高温或高压的加工处理过程而出现异变的情况，如金霉素或土霉素，在经过处理后会形成相对稳定的物质，进而降低其对人体造成的危害。

基层执法部门要完善执法监测机构，加大对基层兽药残留检测单位的投入力度，补充先进的检测设备，定期加强检测技术人员的培训，并在饲养过程中，不定期对中小规模养殖场及散养户的水样、饲料、畜禽粪便及血样等相关样品进行药物残留检测，及时掌握不同养殖场的用药情况，发现问题，立即进行整改，以有效控制药物残留的发生。

加快制定粪便和污水中抗生素/抗性基因的控制标准。污染动物粪便是抗生素/抗性基因进入环境的主要媒介，因此控制粪便中抗生素/抗性基因的含量，阻断粪便中的污染物直接进入水体环境是减控养殖场抗生素/抗性基因环境污染的有效途径。我国《畜禽规模养殖污染防治条例》和《畜禽养殖业污染物排放标准》是环境保护部发布的关于养殖业污染控制的法规与标准，向环境排放经过处理的畜禽养殖废弃物，应当符合国家和地方规定的污染物排放标准和总量控制指标，畜禽养殖废弃物未经处理，不得直接向环境排放。然而，现行《畜禽养殖业污染物排放标准》规定的污染物控制项目没有针对抗生素抗性基因的特征性指标。《畜禽养殖业污染物排放标准》修订时考虑过添加抗生素指标，但是由于目前缺乏抗生素的基准值，也缺乏其他国家的参考值，因此无法直接制定抗生素的环境质量标准及排放标准。然而，抗生素的环境污染是我国比较特殊且严重的污染问题，其他国家在抗生素生产、使用量都不大的情况下未开展制定抗生素的基准，并不代表我国不需要研究制定抗生素的基准与标准。因此，建议尽快组织制定《抗生素类污染物基准制定指南》，确定各类抗生素的基准值。《畜禽规模养殖污染防治条例》鼓励固体粪便再生利用为有机肥，目前关于动物粪便的无害化处理一般遵照 GB 7959—2012《粪便无害化卫生标准》中的高温堆肥和沼气发酵卫生标准。该标准中同样未涉及抗生素/抗性基因指标。建议环保部门应在有机肥生产技术规范中提出环保要求，在肥源营养元素保证的前提下对消除抗生素抗性基因的关键处理环节进行技术规定。

以前我国兽药行业执法中的存在薄弱环节，致使瘦肉精、红心蛋、多宝鱼等兽药残留问题相继出现，因此，需要我国增强兽医执法部门的监管力度，明确执法机构和行政权力，对畜产品龙头企业应增派监督人员，从源头上禁止使用违禁药物和化合物，同时健全兽药、饲料、养殖、屠宰、食品加工等的全程监控体系，对生产使用的药物情况做出详细记录，一旦发生兽医残留问题，可立即追查问题根源，杜绝食品安全问题的再次发生。

事在人为，再好再健全的工作计划如果交给没有相关经验能力的人员去做，也不会得到想要的效果。监督和抽检是密不可分、相辅相成的两部分，监督要到位，可以安排专注度比较高的成员，懒散怠慢的员工坚决不用，风险和问题一定要及时发现，若是不管不顾很可能会引发事故。至于抽检，可以分为抽样和检验2个方面，首先是抽样。抽取样本一定要有代表性、覆盖性，不然最后得到的结果可能是不精确的，不能全面地反映问题所在，严重的可能导致结果不准确，偏离实际，甚至造成误判，徒增麻烦和成本。所以兽药抽检也必须安排有能力、熟悉相关法律法规又经过相关专业培训的人员，同时多人协作可以有效减少误差。秉持科学性、代表性、稳定性原则，规范操作步骤过程，不得出现因为个别人员的专业知识不足而导致整个抽检团队的结果不可靠，这也是不可取的，可是这种情况却常出现在下级区县街道部分地区的工作中，这同样需要引起有关部门的高度重视，虽然工作是从上至下阶段开展的，但是代表工作质量效率就要有区别，在其位谋其职，提高工作人员抽检水平也是当务之急。

虽然我们常说检验是确保正确的保障措施，但是重复检验却是不可取的措施。根据国家相关规定，经过国家级监督抽检部门抽检过的产品，地方各部门不允许再次抽样检查，经过上级部门监督抽检的产品，下级部门不允许再次抽样检查。但是规定和实际往往有着不小的出入，在实际生产工作中，由于各级政府部门之间缺乏完善的兽药监督抽检信息数据汇总平台，导致实际抽检工作中，上下级乃至各行业之间经常出现重复抽检的情况，造成人力物力的浪费，这样就违背了兽药安全监督抽检工作的经济性，这也是需要注意的问题。及时了解到每一年的政策，在法律法规的支持下，进行样品的检测工作，根据有关变动的规则及时进行调整，保证各项工作的正常开展。

制定一个完善健全的工作计划和方案是必不可少的。工作计划和方案作为整个监督抽检工作的第一项任务，势必要投入必要的精力去制定，一套好的方案可以让工作开展事半功倍，一套糟糕的计划也能让工作开展事倍功半，还会造成资源浪费，不符合经济性、科学性原则。目前的相关政府部门在制定食品安全监督抽检工作计划时一定也要秉持着公正、科学、高效、经济的原则，这样才能大大提高食品安全监督抽检工作的质量，促进工作更加高效有序地完成。

6.3.5 完善相关法律法规，建立科学的监控体系

近几年，兽药残留问题引发争议，我国相关法律法规存在诸多问题，虽然已颁布一些相关法规，如《兽药管理条例（中华人民共和国国务院令第 404 号）》《兽药国家标准和部分品种停药期规定（中华人民共和国农业部第 278 号公告）》《食品动物禁用的兽药及其他化合物清单（中华人民共和国农业部公告第 193 号）》《动物性食品中兽药残留最高限量》等，但尚不完善，而且各省制定的法规标准不一，使兽药生产、储藏、销售无法实现规范化、标准化和程序化，因此，需要建立一个完善的动物产品兽药残留监控体系，以准确掌握动物产品和兽药的产量和质量状况，从源头切断兽药残留，消除危害。

从养殖到市场各个环节都需要专门的部门来负责，各个部门应该责任明确并且紧密联系在一起，加大监管与执法力度。各类兽药、饲料行政主管部门加强对兽药、饲料生产企业的监督强度对违反法律的人进行严厉惩处，对导致严重危害的行为进行从重处理。兽药生产企业要严格遵照兽药 GMP 的标准进行生产，兽药销售企业要严格

遵守兽药 GSP 的标准进行销售，饲料生产销售这方面也需要执行市场准入机制，预防饲料生产商盗用饲料添加剂文号，生产假冒伪劣产品。对兽用生物制品生产企业要落实驻厂监督以及批签管理机制。在兽药审批过程中明晰给药途径、使用剂量以及休药期，生产企业必须在产品说明书上标注。要定期排查并打击、取缔违法药物制造销售点，彻底将违法药物生产、销售、供给、使用者消除干净，从根本上杜绝违法药物的出现。

我国相关部门需要根据畜禽生产中兽药残留的实际情况，以及畜禽生产中兽药残留控制相关法律法规实施情况，来尽快制定更加完善的法律法规，明确兽药安全使用规范，制定违反兽药使用规范相应的惩罚。在制定、完善相关法律法规的过程中还需要关注其可操作性，使得各项畜禽生产中兽药残留监管控制工作能够切实落到实处，再开展各类监控工作也就有章可依，能够促进畜禽生产中兽药残留控制、监管工作质量与工作效率不断提升。

为了保障畜产品质量安全，促使我国畜禽养殖业的健康发展，国家相继出台了《兽药管理条例》《农产品质量安全法》等法律法规。这样从畜禽饲养生产到屠宰加工整个过程中，督促畜产品质量有了一定的保障和提高。但我国畜产品质量与国外还存在很大差距，需要进一步完善我国法律法规，减少盲点，同时提高食品检测技术和扩大检测范围，杜绝动物性食品安全事件的发生，提高畜产品安全可信度，增加国际贸易和创外汇收入。

要想强有力的控制畜禽养殖中的兽药残留问题，就需要建立起国家、部、省三级兽药监管机制。在该兽药监管体系构建之后，需要严格遵守国家关于兽药残留控制的监控计划开展工作，并进一步加强检验检疫工作，要坚决杜绝兽药残留超标的畜禽养殖产品进入市场。相关部门要建立联调机制，一旦在监管、检查中发现兽药残留超标的畜禽产品进入市场，要及时通报，并对收售违规产品的商户进行处罚、对该产品进行销毁；还要进一步实现畜禽产品从数量型向品质型转变，要使得兽药残留超标的畜禽产品没有市场、销路，这样用销售引导畜禽养殖场、养殖户，主动积极地用兽药使用规范来约束畜禽养殖中的兽药用药情况，严格控制兽药残留问题。增强兽药残留检测体系构建，健全兽药残留监管计划。构建与健全兽药残留管理与监管体系，使得从中央到地方能够形成全面有效的动物性食品质量安全检测体系。此外，还应当进一步健全兽药残留监管计划，特别是设计出未来 5~10 年的兽药残留监管计划，将对人体安全威胁大、国内外重点检测、国内有滥用情况的兽药列入重点监管名单中。

完善兽药监控体系。对于基层动物性食品的兽药残留控制工作，应当建立健全药物残留标准体系，加快药物残留控制计划的确定，落实群众监督，严格把控动物检疫关，严防兽药残留量超标的动物性食品进入市场。动物性产品市场应当由数量追求转变为质量追求，要保证兽药残留超标的动物性产品无销路、无市场，从而迫使动物养殖户科学用药，严格遵守用药标准。监管部门也要加大对动物性产品兽药残留的监管和检测，督促企业合法使用兽药，禁止不明成分药物进入市场，一旦查出要给以严厉打击，在产品流入市场之前要进行详细检测，避免出现较为严重的兽药残留。

重视对兽药残留检测工作的监管，并对相关的法规内容进行完善，在发现兽药残留问题时能根据相关的法律法规进行严厉惩处，将其纳入法律法规的管控范围中。同时，也要严格要求兽药残留的检测和检疫，动物性食品必须通过加快检测兽药残留和检疫才能被允许进入市场，一旦在检测或检疫中发现兽药残留，那么必须对其进行销毁处理，避免其通过其他方式进入市场，对人们生命健康造成威胁。

市场监督及食品安全管理单位应建立完备的兽药残留管理体系，使其形成从中央到地方、从市场到群众的质量检测网络，并积极引入检测人才，处理市场动物性食品的交易与食用问题。监督管理单位应根据市场的检测要求、动物性食品消费速度建立对应的检测周期，根据检测要求、消费群众分布范围建立完备的权责管理制度，加强县级单位、市级单位、乡镇单位的检测服务，积极引入现代化检测设备，保障检测活动的全面开展。监管单位应将对人体危害较大、市场流动性较强、动物疫病防治活动中应用较为频繁的兽药列为重点排查项目，加强用药管制，通过取样检测、抽样检测等多元化检测手段保障动物性食品的卫生安全。

6.4 农产品中真菌毒素的防控措施

农产品质量安全防控技术总体发展思路为以农产品质量安全全程防控技术为龙头，以农产品质量安全关键检测技术和农产品真菌毒素污染风险评估技术为两翼，以配套支撑技术产品为保障，构建我国农产品质量安全全程防控技术体系。

6.4.1 真菌毒素防控技术

做好真菌毒素污染的防控工作，要从多个角度出发，预防真菌毒素污染的防控措施，对产业链的全程进行防控，重点关注稻米采收、储藏和加工等环节。水稻在田间或收获季节，如遇到适合真菌侵染的天气，真菌就会快速生长和产毒。另外，稻米在收获时，若没有及时干燥或受到了机械损伤，也会加重真菌毒素的产生。因此，在收购粮油时，要严格把控验收标准，加强真菌毒素的抽检普查工作，结合普查结果确定收购的区域及范围，避免收购到已经受到真菌毒素污染的稻谷而影响到后续的储存加工。在储藏环节，水分与温度是关键因素。在正式进行储藏前，先要检测稻米的水分，更有利于抑制真菌的生长和产毒。储存的仓库要通风阴凉、干燥清洁、防虫防鸟，若长时间储存，应定期翻动，防止发生堆放发热、发霉的情况，影响品质和使用安全。加工工厂应对进厂含水量、生霉率、毒素含量等进行严格检验。真菌毒素污染应结合各环节间可能的相互作用，避免毒素产生积累。

粮食中真菌毒素的污染主要是在收获期和储藏期。通过加强田间管理是抑制真菌毒素产生最有效的方法。在储存过程中控制湿度低于 70%，干燥、低温、密封的环境能控制真菌毒素的产生。也可以通过减少氧气，加入二氧化碳的方法制约粮食中真菌毒素的产生。

6.4.2　真菌毒素的脱毒和解毒措施

饲料防霉只能预防霉菌的生长，然而由于霉菌的广泛存在，对于那些已经产生的霉菌毒素，还需要通过科学可行的办法进行脱毒，对于霉变的饲料与原料，应根据具体情况，采用不同的方法对饲料及原料中的霉菌毒素进行脱毒。目前的脱毒方法一般有物理法、化学法、酶解法和吸附法等。

作物收获后加工的物理脱毒方法有快速干燥、紫外线处理和浸泡等，其目的是减轻收获后的真菌毒素。另一种物理分离技术称为浸泡技术，利用受污染谷物和未受污染谷物之间的特定重量差异，通过浸泡去除部分真菌毒素。在畜禽饲料中添加吸附剂的目的是通过吸附剂和真菌毒素的作用降低饲料和饲料原料中真菌毒素含量。农业和畜牧业中主要的真菌毒素有黄曲霉毒素 B_1、呕吐毒素、玉米赤霉烯酮、伏马毒素、赭曲霉毒素和 T2 毒素。真菌毒素造成的经济损失和健康问题引起了人们对探索新的灭活和解毒方法的研究兴趣，如从被污染的谷物中去除真菌毒素，降低动物胃肠道中此类真菌毒素的生物利用度，或直接降解饲料中的真菌毒素。在此基础上，开发和优化降解微生物/酶的吸附、化学处理和生物转化等方法。

在过去的几十年里，人们研究了各种不同来源的黏合剂对真菌毒素的吸附效果。第一代黏结剂，即所谓的矿物吸附剂或无机吸附剂，主要是黏土矿物群中的硅酸盐，其中最重要的是蒙脱石、水合铝硅酸钠，特别是膨润土或蒙脱石。矿物吸附剂的结合效能与结合剂和真菌毒素的结构有关，吸附剂的电荷分布、表面积、孔径及真菌毒素的电荷分布、极性和形状对整体结合相容性有显著影响。虽然许多现有的矿物吸附剂能有效隔离黄曲霉毒素，但体内研究发现，它们似乎不能有效地结合其他非黄曲霉毒素，尤其是三聚氰胺。矿物吸附剂具有一定的局限性，包括对维生素、氨基酸和矿物质的吸附，以及络合化学物质对矿物吸附剂的潜在风险。为了克服这些缺点，第二代吸附剂已从微生物的细胞壁成分中开发出来，主要候选微生物包括酵母、乳酸菌和曲霉分生孢子。解毒的机制仍然是物理吸附，由灭活的细胞壁促进，而不是由活的微生物分解代谢真菌毒素，这些细胞壁的多糖、蛋白质和脂质成分通过氢键、离子和疏水相互作用为真菌毒素的附着提供了许多潜在的位点。如从湿酒糟、干酒糟及其可溶物中获得的酵母生物质，具有结合各种霉菌毒素的能力，其中酵母细胞壁的 β-葡聚糖能有效结合玉米赤霉烯酮毒素。酵母细胞壁与矿物黏土的结合显著增强与真菌毒素的结合能力，在体外研究中，其组合协同作用增强了对黄曲霉毒素、玉米赤霉烯酮和伏马毒素的解毒作用，但对呕吐毒素、赭曲霉毒素和 T2 毒素的吸附能力较低。

可采取物理方法有辐射法、吸附法，化学碱处理、氨气熏蒸法、臭氧熏蒸法，生物酶降解、微生物降解法等消除黄曲霉毒素和赭曲霉毒素。一般情况下，在低温、通风、干燥、碱性环境可以有效地抑制黄曲霉毒素和赭曲霉毒的产生，用以防止、消除对农产品的危害或将其降低到可接受的水平。加强田间管理，科学合理指导生产。

许多物理方法，如清洗法、剔除法、热钝化法和紫外照射法，均已被用来减少真菌毒素的危害。但这些方法均有一定的局限性，如清洗法工作量大；剔除法不仅麻烦而且不彻底；氨气熏蒸法虽然有效但氨熏周期达到 6~7 个月之久，不适于实际应用，因此并没有被广泛地采用。物理脱毒最常用的一个方法即吸附法，即在饲料中添加真菌毒素吸附剂进行脱毒。该方法对饲料企业及养殖业来说是一种比较经济、常用、有效的脱毒方法，也是迄今为止比较可行的方法。真菌毒素吸附剂，如：沸石、高岭土、硅藻土、绿泥石等是一类大分子多聚物，它们对真菌毒素都有很强的定向吸附作用，而且性质稳定，一般不溶于水，加入饲料后会在肠道内与真菌毒素分子结合，生成不可逆转的络合物。该络合物不能被消化分解，最后与粪便一起排出体外，从而减少动物消化道对真菌毒素的吸收，达到脱毒效果。如水合铝硅酸钠钙（HSCAS）可吸附黄曲霉毒素，并且吸附效率很高，遗憾的是这些产品在日粮中必须达到一定的浓度才能发挥作用，然而高剂量的添加会对饲料中的营养元素，如维生素 B 族和微量元素产生一定的影响。

化学解毒技术涉及使用碱、酸、氧化剂、醛或亚硫酸氢盐来改变真菌毒素的结构或生物利用度。公众对动物饲料和人类食品中潜在的有害化学物质日益关注，引发了利用农产品中无害和固有成分脱毒新方法的发展。如甘油被美国食品及药物管理局归类为通用食品添加剂，它在消化系统中无毒，在单胃动物的日粮中是一种有用的能量来源。据报道甘油和氢氧化钙混合产生的增强性复合物，具有强大的解毒作用。

许多化学物质，如氨、亚硫酸氢钠和次氯酸盐等，已经被用于净化真菌毒素污染的谷物。其中，双乙酸钠（SDA）具有高效防霉、防腐保鲜的作用，可抑制真菌生长，对真菌和酵母菌的作用效果显著，可有效地防止饲料霉变。研究表明，SDA 还可以通过调节肠道 pH 值，提高蛋白质利用率，促进体脂肪的合成，进而提高生产性能。但 SDA 的缺点是当饲料霉变严重时或 SDA 用量达不到完全抑菌时，它本身可作为微生物的营养源反而促进了霉菌的生长。虽然提高 SDA 的用量可完全抑菌，但同时也会增加成本。另外，虽然有些化学物质的脱毒作用显著，但其安全性还有待于进一步研究。

以生物为基础的解毒方法被认为是高效、特异、环保的。在不涉及有害化学物质的情况下，营养和感官特征（如颜色和味道）被轻微改变或完全不改变。筛选和分离天然存在的微生物来转化真菌毒素已成为一种流行的策略。另一种可能的做法是直接应用具有商业价值的生物活性材料，如酶、多肽等。

微生物的脱毒作用良好的真菌毒素生物控制候选微生物通常来自一个特定的环境。这些细菌与污染的真菌毒素共存，对参与真菌毒素耐受或耐药的代谢途径保持选择压力，进一步使这些化合物有可能被用作碳源。如在最近的一项专利申请中，通过饲料接触真菌毒素的鸡大肠内容物表现出高度的生物转化活性，将呕吐毒素转化为毒性较低的衍生物。除了肠道，富含作物碎屑的表层土壤也被证明是生物转化微生物的良好储藏地。聚合酶链反应扩增和末端限制长度多态性等分子技术有可能降低细菌培养的复杂性。另一种分离具有理想的真菌毒素生物转化能力的微生物的方法是检测以前确定的菌株。这些被选择的菌株也有能力减少其他真菌毒素，如玉米赤霉烯酮、黄曲霉毒素 B_1、伏马毒素 B_1 等。生长和解毒活性的外部因素，如 pH 值、温度、需氧量、培养基和孵育时间、生物转化活性的稳定性和效率以及解毒代谢物的安全性。在最佳温度和好氧培养环境下，该菌株在玉米粉缓冲液培养基中显示出显著的细胞生长和呕吐真素毒素的生物转化。许多消除真菌毒素相关副作用的生物学方法被广泛使用，但最终目标是分离出能生物降解这些污染物的高效酶。酶是很有吸引力的目标，因为它们可以以一种高度专一和高效的方式加速化学反应。近年来，随着重组 DNA 技术和蛋白质工程的发展，酶已成为重要的催化载体，可广泛应用于不同的工业领域。微生物酶因其稳定性好、易于生产和修饰、产量高和经济可行而受人们的青睐。探索和鉴定真菌毒素降解菌的基因、蛋白质组构成已成为一种非常有吸引力的方法，可以用来鉴定参与生物转化的新型酶、基因，特别是在下一代测序技术、活性筛选和分子克隆技术取得进展的情况下，探索真菌毒素降解酶的兴趣似乎呈指数级增长。重组解毒酶能解毒黄曲霉毒素 B_1，显著降低该毒素的诱变作用。玉米赤霉烯酮可以被漆酶降解，漆酶是一种含铜氧化酶，在工业上广泛应用，因此，在这方面具有很大的潜力。已鉴定的酶的数量仍然有限。解毒酶的分离成功率低的原因似乎与这一过程的复杂性有关。

利用微生物或其代谢产物进行解毒，安全无污染，代表了生物解毒的新方向，且生物酶催化方法因具有专一性强、转化效率高的特点而备受研究者的关注。经研究发现，某些微生物可以降解或者吸附黄曲霉毒素，包括细菌、酵母菌、霉菌、放线菌和藻类等。微生物吸附黄曲霉毒素的研究主要集中在乳酸菌和酵母菌。

有机吸附剂是以植物纤维或有机物碎片制成的，利用有机吸附剂对饲料进行脱毒无毒副作用、不会影响饲料的营养价值以及饲料的适口性。相反，某些生物脱毒剂还具有很好的促生长和免疫功效。

乳酸菌对真菌毒素的驱除功效：乳酸菌不仅具有益生菌的功能，还对某些真菌的生长与产毒有抑制作用，同时还可以对已存在的毒素进行吸附脱毒。因此，乳酸菌在防霉去毒中的研究是目前生物控制的热点，也是未来脱霉技术发展的重要领域。张建梅等筛选了 1 株乳酸菌，在体外可以吸附黄曲霉毒素 B_1，吸附率高达 98%，0.2% 的添加量饲喂淘汰蛋鸡，全收粪方法检测结果表明有 75% 的黄曲霉毒素 B_1 被排出体外；唐雨蕊从分离自动物肠道或粪便的 14 株乳杆菌中，筛选对 AFB_1 具有最高吸附效率的菌株，结果表明，不同乳杆菌之间吸附效率差异明显，其中，植物乳杆菌 F22 对 AFB_1 具有最强吸附作用，吸附率可达到 56.8%。乳酸菌吸附 AFB1 的方法兼顾了条件温和、保证产品品质，同时还能增加产品营养价值的优点，具有重要的研究意义。

酵母菌对真菌毒素的驱除作用：酵母菌细胞壁提取物脱毒剂在饲料及畜牧行业也备受关注，其有效成分为葡甘露聚糖。聚合葡甘露聚糖（GMA）是从酵母菌细胞壁中提炼而成，对真菌毒素具有良好的吸附作用，使用葡甘露聚糖进行脱毒，不仅无毒副作用，也不会影响饲料的营养价值及适口性，因此它为解决传统吸附剂的局限性开辟了一条新的途径。研究证明，葡甘露聚糖对黄曲霉毒素有较好的吸附作用，对赭曲霉毒素 A、玉米赤霉烯酮、T-2 毒素、脱氧雪腐镰刀菌烯醇也有一定的吸附作用，但利用不同种属酵母制成的产品对霉菌毒素的吸附能力差别较大，导致产品质量不稳定。

酶解法主要是选用某些酶，通过打开某些化学键破坏真菌毒素的结构，对真菌毒素进行降解，从而脱毒或降低其毒性。与物理和化学方法相比，酶解法对饲料营养成分影响较小。但在实际应用中，存在一些问题：酶不耐热，容易失活，而饲料成品的制作过程尤其是压制颗粒饲料均需经过高温，对酶的活性影响较大；酶解法脱毒成本较高；在利用酶解法对真菌毒素脱毒时，某些真菌毒素需要一套完整酶系才能彻底降解其毒性，如玉米赤霉烯酮的降解需要一系列的酶才能将其降解成无毒物质，因此酶解法不仅对技术要求比较高，还会增加成本。

利用益生菌的代谢产物对真菌毒素产生酶解进而去除其危害是最理想的方法，添加益生菌不仅能够发挥益生菌的功效，还能去除毒素的危害，可降低单纯使用酶制剂所产生的昂贵费用，而且筛选具有真菌去除能力的益生菌方法简便可行，因此，越来越多的研究集中在益生菌的代谢产物对真菌毒素的降解作用上。乳酸菌除了对黄曲霉毒素具有吸附作用之外，它还可以降解黄曲霉毒素，达到脱毒效果。

抗菌肽具广谱抗菌作用，可以抑制细菌、真菌和病毒等的繁殖，对畜禽具有促生长、保健和治疗疾病的功能，并且还具有无毒副作用、无残留、不产生耐药性等优势。随着生物技术的发展，通过微生物表达抗菌肽，以提高抗菌肽的产量和得率进而发挥其抑菌功效，具有良好的社会效益和环境效益，但缺点是技术不好掌握。

由于消费者对化学处理的食品安全性的担忧，利用微生物的食品解毒策略对消费人群具有无形的吸引力，所以黄曲霉毒素的生物降解技术已成为具有吸引力的一个研究方向。在现有的研究当中，黄曲霉毒素的生物降解有三大类方法，包括微生物法、植物提取物法和酶法。微生物酶对黄曲霉毒素的降解并非作用于单一毒性位点。对于酶降解黄曲霉毒素的完整代谢途径及相关降解酶的特性仍有待深入研究。

6.4.3 建立我国农产品真菌毒素风险评估体系

加强对重点风险的管控和持续跟踪。对于在风险评估工作中发现的高风险的农产品及其风险成分，应建立问题清单，加强跟踪监测。可通过纳入农业农村部例行监测及专项监测项目，进行重点管控和问题的持续跟踪。同时，严厉监管禁用添加物及高毒农业投入品，重点监测农业农村部公布的禁用和限用高毒农兽药、被世界卫生组织确认为致畸或致癌不适宜在食用农产品中添加的物质，以及为达到特殊目的违法违规添加的非食用添加物等。重点围绕气候环境变化对收获花生、玉米等农产品黄曲霉毒素污染的影响及其对消费者的危害，提出黄曲霉毒素等农产品主要真菌毒素污染防控技术，为提高生产效益、保障出口贸易和国民消费安全提供技术支撑。研究建立农产品真菌毒素等污染物关键防控技术。生产过程农艺控制技术、农产品产毒真菌绿色杀菌或抑菌技术、抑制真菌产毒技术和脱毒去毒技术以及土壤修复技术，并开发配套产品，为我国农产品安全生产与消费保驾护航。

开展风险评估，完善基础数据和标准体系。通过农产品收储运环节质量安全风险评估工作的持续开展，完善相关风险因子的风险识别技术及检测方法、毒理学评估数据、风险管控措施等基础信息，建立数据库，为农产品收储运环节的全程管控提供技术支撑。制定农产品收储运环节管控技术标准体系，涵盖农产品收购、储藏、运输、包装等全过程。针对产业中确实需要，经过评估其风险可接受的情况，优先制定相关标准，指导产业合理使用；对于产业中实际使用，我国无相关限量标准，但有相关国际食品法典标准的，可优先开展国际食品法典标准转化工作。

建立完整的农产品生产供应体系。农产品生产供应体系的建立是为了稳定农产品市场，确保农产品的质量安全，建立完善的生产体系，让农产品的生产过程处于稳定状态。建立起宏观调控体系，增强农产品市场竞争的综合实力，在农产品价格出现波动时，及时调节。建立农产品信息收集体系，为农业生产提供最可靠的信息支持。还要考虑到广大农产品生产者的利益，为他们建立保障体系，一旦有人遇到困难，便可以得到及时的帮助，这样才能激发生产者的积极性。

目前，可以通过以下几种方式建立农产品生产供应体系，必须保护生产者的利益和生产能力，只有生产者具备充足的生产力，才能不断向市场供应农产品。提倡节约用水、保护环境，在生产的同时保护人类生存环境。要加大科研力度，以创新推动生产，让人类拥有更先进的生产方法。只有形成完善的生产供应体系，才能更好地控制农产品质量，让所有的生产、加工活动都进入到良性循环阶段。

目前人们对农产品质量安全的问题特别重视，检测技术也日益完善，能够针对不同的农药残留问题选择不同的检测方法，确保存在问题的农产品不会流入市场。但再严格的检测技术都不可能完全保证农产品的质量，市场上的农产品数目巨大，仅依靠检测的力量来保证农产品质量显然不够，因此需要从源头处入手，加大科技研发力度，研发出更多的绿色健康无公害农产品，这才是控制好农产品质量的根本方法。

农产品质量安全控制与农药残留检测技术具有极为重要的意义，有效提升农产品的品质，确保流入到市场中的农产品都是经过检验的合格产品，防止人们的身体健康受到危害，为人们提供健康、安全、绿色的食品，从而全方面提升我国农业产品的质量，为我国农业经济的高速发展保驾护航。

促进消费市场的进一步发展。是保证农产品质量安全的另一种方法，在市场中建立专门的鉴定检测制度、专门的销售点，进行专业化的管理。对消费群体进行大范围、全面化的食品安全健康知识宣传，引起人们对相关农产品质量的重视，从而进一步加强农产品安全控制。

加大政府监管力度，完善农产品质量的安全控制。为了更加完善农产品质量的安全控制，相关的政府部门还应该加大自身的监管力度，例如：对广大的消费者加大食品安全教育知识的宣传力度，对农民进行专业的安全生产技能培训，提高农民在种植过程中的安全意识。同时，各地政府应该主动承担起监管控制农产品质量安全工作，对农民进行资金帮助和扶持，另外还要对市场中流通的农产品进行严格把关，确保食品质量，保证消费者的健康。政府相关工作人员还应该强化相关党性学习，提高自身素养和责任感，全面消除农产品质量中可能存在的安全隐患。

无论哪个行业多多少少都会有一些存在侥幸心理的商家，正是因为有这些商家，才会造成我国农产品安全市场的不稳定。因此政府必须要做好农产品的质量安全监察工作，有针对性地完善相关的法律法规，同时给农产品生产者强调食品安全的重要性。法律法规完善之后，相关的检测部门要严格按照法律法规来执行监督，政府也应该完善好这些部门的上级管理工作，做好层层监督，避免在监察方面出现包庇问题。不断对监察方面进行合理化分配，这样对建立农产品质量安全的监督体系起着很大的促进作用。

6.5 农产品安全综合控制措施

优化整体供给体系至关重要。农民是农产品生产源头的关键，作为农产品的提供主体，对农产品相关的质量和安全有着决定性的作用，因此农民们在种植农产品时，应该严格把控相关的农药使用方法和用量，避免农产品上出现农药大量残留的现象。相关的部门还应该在农产品生产的基础上建立更加完善的农业生产供给体系，对农业的发展进行专业的、积极的宏观调控，保证农民们在进行种植的过程中足够重视产品的安全问题，并且利用先进的农业科技技术、生态环境保护技术等对农业发展进行不断地改进和完善，从而实现对农产品质量的严格把控。其生产方式直接会对农产品质量安全造成影响，因此需要从源头上解决添加剂以及农药残留过高的问题，加大检查力度，从源头上减少农药残留过高的问题。此外，需要根据粮食以及农产品的生产能力等数据建立完善的农业生产体系，通过宏观调控的方式，保证农产品的质量，并制定相关的政策进一步提高农民对安全生产的重视程度，推动相关技术的发展，完善整个供给体系，实现对农产品质量安全的有效保障。

主要参考文献

蔡萍瑶，2019. 基于生物传感器检测动物源性食品中氨基糖苷类药物残留研究进展[J]. 食品与发酵工业，45（10）：152-156.

蔡萍瑶，王佳，陶晓奇，2019. 基于生物传感器检测动物源性食品中氨基糖苷类药物残留研究进展[J]. 食品与发酵工业，45（10）：253-257.

程惠新，2016. 常见奶牛疾病的防治及注意事项研究[J]. 中国动物保健，18（10）：37-38.

程天笑，韩小敏，王硕，等，2020. 2018 年中国 4 省脱粒小麦中 9 种真菌毒素污染情况调查[J]. 食品安全质量检测学报，11（12）：3992-3999.

程育春，2016. 化学发光免疫分析技术和酶联免疫吸附试验在乙肝病毒血清学检验中的应用[J]. 中国实用医药，11（15）：53-55.

郭伟，陈丽娜，刘雅辉，2020. 基于专利分析的化学发光免疫分析技术全球发展趋势研究[J]. 世界科技研究与发展，4（2）：172-179.

郭志明，尹丽梅，石吉勇，等，2020. 粮食真菌毒素的光谱检测技术研究进展[J]. 光谱学与光谱分析，40（6）：97-103.

何惠，周迎春，刘基铎，等，2011. 化学发光免疫测定在梅毒螺旋体抗体检测中的临床应用[J]. 国际检验医学杂志，32（13）：1469-1470，1473.

黄晨，陈本龙，王乃福，等，2016. 活体动物中大环内脂类残留检测微生物抑制法的建立[J]. 公共卫生，33（2）：29-33.

黄远祥，2019. 核酸适配体功能材料选择性吸附霉菌毒素的研究及其在乳制品检测中的应用[D]. 广州：广东药科大学.

季宏伟，徐春波，2010. 一起因食用含兽药陆眠灵牛肉引起食物中毒事件调查[J]. 中国初级卫生保健，6（6）：77-80.

李俊玲，王书舟，吴俊威，等，2020. 河南省粮食及其制品中真菌毒素污染情况调查[J]. 中国食品卫生杂志，32（4）：418-421.

李培武，丁小霞，2011. 我国粮油质量安全防控技术研究与发展对策[J]. 中国农业科技导报，13（5）：54-58.

李倩，张玉洁，李丹，等，2020. 兽用喹诺酮类药物的使用情况及药物残留检测进展[J]. 黑龙江畜牧兽医，24（19）：51-54.

廖子龙，于英威，唐坤，等，2019. 农作物中真菌毒素研究进展[J]. 粮油仓储科技通讯，35（2）：51-53，60.

潘程，张云鹏，刘晓萌，等，2020. 农产品中真菌毒素检测技术研究进展[J]. 食品安全质量检测学报，11（11）：3571-3580.

邵黎，2015. 高效毛细管电泳法同时分离氟喹诺酮类和磺胺类药物的研究[J]. 煤炭与化工，5（38）：45-52.

宋慧君，刘淑艳，马惠蕊，等，2011. 液相芯片竞争法检测黄曲霉毒素 B_1[J]. 中国农学通报，27（26）：144-150.

孙兴权，李哲，林维宣，2008. 动物源性食品中多肽类抗生素残留检测技术研究进展[J]. 中国食品卫生杂志，20（3）：264-266.

王晓龙，赵前程，佟长青，等，2016. 从 FDA 通报水产品药残问题数据看我国水产品出口[J]. 河北渔业（7）：63-66.

吴凤琪，岳振峰，张毅，等，2020. 食品中主要霉菌毒素分析方法的研究进展[J]. 色谱，38（7）：759-767.

肖勤，林金明，2017. 化学发光免疫分析新技术研究进展[J]. 分析试验室，36（7）：861-868.

许嘉，林楠，王志，等，2019. 北京市市售谷物及制品中真菌毒素污染状况的调查[J]. 中国食物与营养，25（3）：29-31.

许小炫，2020. 间接竞争化学发光酶联免疫分析方法检测禽肉中金刚烷胺和氯霉素残留[J]. 食品科学，54（3）：102-105.

薛盼，章竹君，张晓明，2011. 化学发光免疫分析检测人血清中的癌胚抗原[J]. 分析化学，39（1）：95-98.

闫磊，李卓，张燕，2010. 牛奶中黄曲霉毒素的放射免疫法检测[J]. 食品研究与开发，31（1）：135-137.

杨勇，罗奕，吴琳琳，等，2015. 薄层色谱法测定牛奶、蜂蜜中 6 种氟喹诺酮类药物残留[J]. 江苏农业科学，43（10）：380-383.

张兆威，李培武，张奇，等，2014. 农产品中黄曲霉毒素的时间分辨荧光免疫层析快速检测技术研究[J]. 中国农业科学，47（18）：3668-3674.

郑晶，2015. 应用放射性免疫分析方法快速筛检烤鳗中四环素族药物残留[J]. 福建水产，8（3）：47-49.

周彬，高雷，金坚，等，2010. 纳米均相时间分辨荧光免疫法检测脱氧雪腐镰刀菌烯醇方法的建立[J]. 食品工业科技，31（8）：338-342.

BERISHA A, DOLD S, GUENTHER S, et al., 2014. A comprehensive high-resolution mass spectrometry approach for characterization of metabolites by combination of ambient ionization, chromatography and imaging methods [J]. Rapid Communications in Mass Spectrometry, 28（16）: 1779-1791.

CAPORASO N, WHITWORTH M B, FISK I D, 2018. Near-Infrared spectroscopy and hyperspectral imaging for non-destructive quality assessment of cereal grains[J]. Applied Spectroscopy Reviews, 2018: 1-21.

CHEN L, WEN F, LI M, et al., 2017. A simple aptamer-based fluorescent assay for the detection of Aflatoxin B_1 in infant rice cereal[J]. Food Chemistry, 215: 377-381.

CHEN Y, DING X, ZHU D, et al., 2019. Preparation and evaluation of highly hydrophilic aptamer-based hybrid affinity monolith for on-column specific discrimination of ochratoxin A [J]. Talanta,

200: 193-202.

DANKSC, OSTOJA-STARZEWSKA S, FLINT J, et al., 2003. The development of a lateral flow device for the discrimination of OTA producing and non-producing fungi[J]. Aspects of Applied Biology (68): 21-28.

GIROLAMO A D, CERVELLIERI S, CORTESE M, et al., 2019. Fourier transform near-infrared and mid-infrared spectroscopy as efficient tools for rapid screening of deoxynivalenol contamination in wheat bran[J]. Journal of the Science of Food and Agriculture, 99: 1946-1953.

GUO Z, REN J, WANG J, et al. , 2011. Single-walled carbon nanotubes based quenching of free FAM-aptamer for selective determination of ochratoxin A[J]. Talanta, 85 (5): 2517-2521.

GUO Z, WANG M, WU J, et al., 2019. Quantitative assessment of zearalenone in maize using multivariate algorithms coupled to Raman spectroscopy[J]. Food Chemistry, 286: 282-286.

HAMID J S, MOHAMMAD R, MOHAMMAD D N, et al., 2018. A novel electrochemical aptasensor for detection of aflatoxin M_1 based on target-induced immobilization of gold nanoparticles on the surface of electrode[J]. Biosensors and Bioelectronics, 117: 487-492.

HICKERT S, CRAMER B, LETZEL M C, et al., 2016. Matrix-assisted laser desorption/ionization time-of-flight mass spectrometry imaging of ochratoxin A and fumonisins in mold-infected food[J]. Rapid Communications in Mass Spectrometry, 25: 2508-2516.

JIN J, TANG L, HRUSKA Z, et al., 2009. Classification of toxigenic and atoxigenic strains of Aspergillus flavus with hyperspectral imaging[J]. Computers and Electronics in Agriculture, 69 (2): 158-164.

LEI F, LI C, ZHOU S, et al., 2016. Hyphenation of supercritical fluid chromatography with tandem mass spectrometry for fast determination of four aflatoxins in edible oil[J]. Rapid Communications in Mass Spectrometry, 30: 122-127.

LIU L H, ZHOU X H, SHI H C, 2015. Portable optical aptasensor for rapid detection of mycotoxin with a reversible ligand-grafted biosensing surface [J]. Biosensors and Bioelectronics, 72: 300-305.

LU Z, CHEN X, HU W, 2017. A fluorescence aptasensor based on semiconductor quantum dots and MoS_2 nanosheets for ochratoxin A detection[J]. Sensors and Actuators B Chemical, 246 (7): 61-67.

MARTHE D B, CHRISTOF V P, NJUMBE E E, et al., 2018. Ultra-high-performance supercritical fluid chromatography as a separation tool for fusarium mycotoxins and their modified forms[J]. Journal of AOAC International, 101 (3): 627-632.

MOHAMMAD K, AKBAR M, MEHRGARDI M A, 2018. Aptamer functionalized magnetic nanoparticles for effective extraction of ultratrace amounts of aflatoxin M_1 prior its determination by HPLC [J]. Journal of Chromatography A, 1564: 85-93.

MOLH G J, PLAZA-BOLAÑOS P, ZOMER P, et al., 2008. Toward a generic extraction method for simultaneous determination of pesticides, mycotoxins, plant toxins, and veterinary drugs in feed and food matrixes[J]. Analytical Chemistry, 80 (24): 9450-9459.

OLGA Z, SANDRA K, BLANGO M G, et al., 2018. UV-Raman spectroscopic identification of fungal spores important for respiratory diseases[J]. Analytical Chemistry, 90 (15): 8912-8914.

PENG S, WEI L, ZHI D, et al., 2018. A competitive aptamer chemiluminescence assay for ochratoxin A using a single silica photonic crystal microsphere [J]. Analytical Biochemistry, 554: 28-33.

RIJIAN M, LEI H, XIEMIN Y, et al. , 2018. A novel aflatoxin B_1 biosensor based on a porous anodized alumina membrane modified with graphene oxide and an aflatoxin B_1 aptamer[J]. Electrochemistry Communications, 95: 9-13.

SHARMA A, CATANANTE G, HAYAT A, et al. , 2016. Development of structure switching aptamer assay for detection of aflatoxin M_1 in milk sample[J]. Talanta, 158: 35-41.

TAO F, YAO H, ZHU F, et al., 2019. A rapid and nondestructive method for simultaneous determination of aflatoxigenic fungus and aflatoxin contamination on corn kernels[J]. Journal of Agricultural and Food Chemistry, 67: 5230.

WANG W, HEITSCHMIDT G W, NI X, et al., 2014. Identification of aflatoxin B_1 on maize kernel surfaces using hyperspectral imaging[J]. Food Control, 42: 78-82.

WANG W, LAWRENCE K C, NI X, et al., 2015. Near-infrared hyperspectral imaging for detecting Aflatoxin B_1 of maize kernels[J]. Food Control, 51: 347-355.

WANG Y, GE N, HAO B, et al. , 2018. A novel ratiometric electrochemical assay for ochratoxin A coupling Au nanoparticles decorated MoS_2 nanosheets with aptamer [J]. Electrochimica Acta, 285: 120-127.

YUAN J, SUN C, GUO X, et al., 2017. A rapid Raman detection of deoxynivalenol in agricultural products[J]. Food Chemistry, 221: 797-801.

ZHANG J, XIA Y K, CHEN M, et al., 2016. A fluorescent aptasensor based on DNA-scaffolded silver nanoclusters coupling with Zn (II) -ion signal-enhancement for simultaneous detection of OTA and AFB1[J]. Sensors and Actuators B Chemical, 235 (11): 79-85.